全国高等职业院校园林类专业任务驱动型“十二五”规划教材
省级精品课程配套教材

园林植物

主　编　范海霞　徐巧萍
副主编　王西坡　闫明旭

黄河水利出版社
·郑州·

内容提要

本教材“以就业为导向”，根据专业人员完成职业岗位实际工作任务所需要的能力、知识、素质要求，以项目化模式组织教材内容，便于教师在教学中按项目实施。全书包括四个项目，十一个工作任务，主要内容包括园林植物器官的识别、园林植物的分类、园林植物的识别、园林植物的应用。

本教材可作为高等职业教育园林技术、园林工程技术、园艺技术等专业教材，也可作为中等职业院校、继续教育、短期培训园林及相关专业的教材，或作为从事园林相关工作专业技术人员的参考书和自学用书。

图书在版编目(CIP)数据

园林植物/范海霞，徐巧萍主编. —郑州：黄河水利出版社，2013.10

全国高等职业院校园林类专业任务驱动型“十二五”规划教材　省级精品课程配套教材

ISBN 978-7-5509-0554-2

Ⅰ.①园…　Ⅱ.①范…　②徐…　Ⅲ.①园林植物－教材　Ⅳ.①S68

中国版本图书馆 CIP 数据核字(2013)第 230254 号

出 版 社：黄河水利出版社

地址：河南省郑州市顺河路黄委会综合楼 14 层　　邮政编码：450003

发行单位：黄河水利出版社

发行部电话：0371－66026940、66020550、66028024、66022620(传真)

E-mail：hhslcbs@126.com

承印单位：黄河水利委员会印刷厂

开本：787 mm×1 092 mm　1/16

印张：17.25

字数：398 千字　　　印数：1—3 100

版次：2013 年 10 月第 1 版　　　印次：2013 年 10 月第 1 次印刷

定价：35.00 元

前 言

园林植物是园林景观中最主要的造园要素,对改善生态环境条件、美化人居环境起着重要作用。识别、应用园林植物是高等职业教育园林类专业学生必须掌握的技能,是学习园林设计、园林工程施工、园林植物栽培与养护、插花等专业课程的基础,也是从事园林景观设计、园林植物生产养护、插花技艺等实际工作的基础。

本教材针对目前高职高专教育的特点,按照高职高专人才培养目标和相应职业岗位实际工作任务所需要的能力、知识、素质要求,结合编者多年的高职高专教学改革成功经验和工作实践经验,以“项目导向、任务驱动”模式编写,内容展现了职业教育教材的针对性、职业性、实用性、可操作性,还具有一定的科学性和先进性。

本教材的特色如下:

(1)以项目化模式编写。本教材打破传统教材的编写格局,以项目化模式组织教材内容,便于教师在教学中按项目实施。学生在学习中没有“章节”,只有工作“任务”,经过课程的各个实训环节,基本具备园林植物识别和应用的能力,从而提高学生的适应能力和综合能力。

(2)内容由浅入深,螺旋上升,符合学生的认知规律。本教材整合原有植物学、园林花卉、观赏树木的相关内容,按照专业工作岗位典型工作任务的能力要求构建基于工作过程的教学内容。整个教材内容分成园林植物的分类基础、园林植物的识别、园林植物的应用三大模块,这三个模块之间隐含着层层递进、逐层深入的逻辑关系,即从局部到整体、从分类识别到应用,充分考虑能力培养的过程性。具体有四个项目(包括园林植物器官的识别、园林植物的分类、园林植物的识别、园林植物的应用)和十一个工作任务(包括园林植物营养器官的识别、园林植物生殖器官的识别、园林植物的分类、利用检索表鉴定植物、本地区常见裸子植物的调查识别、本地区常见阔叶类园林树木的调查识别、本地区常见草本园林植物的调查识别、本地区常见观赏蕨类及多肉植物的调查识别、花坛的设计、花境的设计、园林植物造景案例赏析),其编排从简单到复杂,对应任务也逐渐扩大,图文并茂,符合学生的认知规律。

(3)本教材兼顾南北方地域特点,选集各地常见的园林植物,从科属、识别要点、分布与习性、繁殖与栽培、观赏特征及园林用途等方面加以阐述,各地可根据实际情况选择本地区常见的园林植物种类学习。

本教材由许昌职业技术学院范海霞、浙江广厦建设职业技术学院徐巧萍担任主编，许昌职业技术学院王西坡、重庆城市管理职业学院闫明旭担任副主编；初稿完成后由范海霞、徐巧萍统稿。编写任务分工是：课程导入、项目一由范海霞编写，项目二由范海霞、曾洪学（浙江同济科技职业学院）编写，项目三由范海霞、徐巧萍、王西坡、闫明旭、王新军（许昌职业技术学院）、张伟（商丘工学院）、曾洪学编写，项目四由范海霞、徐巧萍、闫明旭编写。

本教材在编写过程中得到编者所在院校的大力支持。曾参考过有关单位和学者的文献资料，在此一并致以衷心的感谢！

由于编者水平有限，教材中难免存在错误和不足之处，敬请读者批评指正！

编　者

2013 年 5 月

目　录

课程导入 “园林植物”课程概述

一、园林植物及其作用

植物在地球上分布极广，平原、高山、沙漠、戈壁滩、盐碱地，赤道、极地、江河湖海及大气中，都有植物生长。植物种类丰富多样，整个植物界包括藻类、菌类、地衣类、苔藓类、蕨类和种子植物（包括裸子植物和被子植物），约有55万种。园林植物从广义上讲，是具有一定观赏价值和生态效应，适用于园林、花艺以及室内外环境布置和装饰，改善、美化环境的草本植物和木本植物的总称，包括各类观赏树木、草本花卉、草坪植物等。我国园林植物资源十分丰富，素有“世界园林之母”、“世界花园宝库”的美称。我国拥有蕨类植物2 600多种，裸子植物236种，被子植物25 000多种，分别占全世界种数的21.6%、29.5%、10%；有许多仅产我国的特有植物，如银杏、金钱松、水杉、水松、珙桐、杜仲等。我国丰富的植物资源为园林花卉产业的发展提供了得天独厚的条件。

园林植物可构成优美的景观，是园林绿化的主体材料。园林植物种类繁多，每种植物都有自己独特的形态、色彩、风韵、芳香等美的特色。园林设计中，常通过各类植物的合理搭配，创造出景致各异的景观，愉悦人们的身心，甚至将植物人格化。如松、竹、梅被称为“岁寒三友”，象征坚贞、气节和理想，代表着高尚的品质；传统风格的园林庭院或家中，种植或摆放玉兰、海棠、迎春、牡丹、桂花，象征“玉、堂、春、富、贵”，借以寄托对美好生活的期盼。

园林植物能够改善人居环境，净化空气。植物通过光合作用，可吸收二氧化碳放出氧气。科学数据显示，植物每吸收44 g二氧化碳可放出32 g氧气。城市中，园林植物是空气中二氧化碳和氧气的调节器。园林植物还能分泌杀菌素，吸收有毒气体，起到阻滞尘埃，保持水土，改善小环境内的空气湿度，减弱光照和降低噪声等作用。

园林植物还具有一定的生产功能。如进行园林植物的商品化生产，直接出售苗木、大树、木材等，可获得一定的经济效益；也可提供一些副产品，如玫瑰、月季等可提供香精原料，银杏、柿、梨、葡萄、荔枝等可供食用，部分树木的叶、花、果实、树皮等可供药用，杨树、竹类等可提供造纸原料，漆树可割漆，杜仲可用于制造橡胶，松树可取树脂等；草坪草大多是优良的牧草，在城市中种植草坪，可以与家畜养殖业有机地结合起来，以取得更好的经济效益。

二、园林及其专业人员所从事的就业岗位

园林就是在一定的地域运用工程技术和艺术手段，通过改造地形（或进一步筑山、叠石、理水）、种植树木花草、营造建筑和布置园路等途径创作而成的美的自然环境和游憩境域。美国造园家劳克斯顿提出：园林设计归根到底是植物材料的设计，其目的就是改善人类的生活环境，其他的内容只能在一个有植物的环境中发挥作用。近年来，随着人们生

活水平的提高、居住条件的改善，城镇建设、新农村建设、生态文明建设等方面的不断推进，园林行业各方面都取得了长足的进步。预计今后5～10年，中国园林产业将以25%～30%的年增长速度增长，这将促使社会对园林类专业人才的需求日益增加。

通过市场调查发现，目前园林行业的分化越来越明显，相应岗位的分工也更加明细。据调查，园林技术专业人员所从事的初始就业岗位主要有：园林景观设计员、园林施工员、质检员、安全员、材料员、资料员、监理员、绿化工、花卉园艺工、草坪工、育苗工、养护工、盆景工、植保工、假山工、插花员等。其核心工作岗位群是园林设计、园林工程施工与管理、园林植物生产养护应用。

三、课程与对应岗位的关系

识别、应用园林植物是高等职业教育园林类专业学生必须掌握的技能。本课程主要对应园林植物栽培生产、管理、养护、应用，如景观设计员、花卉园艺工、绿化工、销售人员等（这些职业岗位均需要掌握园林植物识别及应用的基本知识，能够认识常见的园林植物），培养学生对园林植物的识别和应用能力，直接为学生考取景观设计员、花卉园艺师（三级）、高级绿化工等职业资格服务，为从事园林景观设计、园林植物生产销售、园林绿化、插花技艺等工作奠定基础。

四、课程与后续课程的关系

通过本课程的学习，使学生掌握识别园林植物的基本知识与技能，如观察园林植物根、茎、叶、花、果实、种子的形态特征，观察园林植物的整体特征等，认识常见的园林植物，包括其识别要点、习性分布、繁殖与栽培、观赏特征及园林应用等；具有一定的园林植物应用的相关知识，能够进行简单的花坛设计、花境设计等；此外还具有园林植物标本采集和制作、使用植物分类检索表的能力。这些知识和技能为后续园林花卉生产技术、园林树木栽培与养护、园林植物造景、园林规划设计等课程的学习、顶岗实习和实际工作奠定基础，同时让学生养成细心观察、独立思考的习惯和团队协作、吃苦耐劳的精神，从而促进学生良好职业素养的形成。

五、课程内容与实施

本课程与企业紧密结合，以岗位需求为导向，以花卉园艺师、绿化工等职业技能鉴定为依据，以实际工作任务构建教学内容，具体分为三大模块：园林植物的分类、园林植物的识别、园林植物的应用；四个能力训练项目：园林植物器官的识别、园林植物的分类、园林植物的识别、园林植物的应用；十一个工作任务，从园林植物营养器官的识别、园林植物生殖器官的识别、园林植物的分类、利用检索表鉴定植物，到常见裸子植物的识别、常见阔叶类园林植物的识别、常见草本园林植物的识别、常见观赏蕨类及多肉植物的识别，以及简单花坛的设计、花境的设计、园林植物造景案例赏析。植物识别选择南北有代表性的品种，从科属、识别要点、分布与习性、繁殖与栽培、观赏特征及园林用途等方面加以阐述。每个任务的设计是从“任务提出”、“任务分析”到“任务实施”，然后是“巩固训练（实训项目）”和“思考与练习”。

具体实施的过程中,突出以学生为主体,教师为主导,以职业能力为核心,注重采用多样化、个性化的教学方法与手段;按照以工作过程为导向的职业教育理念,结合园林植物生长地域性、季节性较强的特点,灵活多样地采用任务驱动、项目导向、“教学做”一体化等教学模式,充分利用当地的地域优势及校内外实训基地开展实践教学活动。植物分类基础,通过多媒体、示范、分类练习、讨论以及点评等方式,使学生掌握园林植物分类的基本知识与基本技能,熟悉分类的方法、植物学名的组成,能熟练地对植物进行分类,制作植物标本。园林植物的识别,通过多媒体、现场教学、情境教学、项目教学等方式,使学生熟练识别本地区常见园林植物,掌握其识别要点、习性、主要观赏特征及园林用途。园林植物的应用,则是在老师的指导下,组织学生博览群书,结合知识的积淀,灵活地将园林植物书本知识应用到实际园林工程中。

除专业能力外,社会能力和方法能力的培养是通过学生的学习行为贯穿于整个学习情境的教学过程中,做到职业素质和综合能力并重,为学生的职业生涯和可持续发展打下良好基础。

园林植物是园林技术、园艺技术(观赏园艺方向)专业基础课,一般安排在第一学期,总学时按 18 个教学周,每周 4 个学时,总学时 72 个。建议根据当地气候条件和各自院校的具体情况安排 3 天或者 1 周的集中综合实训:调查识别本地常见园林植物。或者把学生组建成若干个园林绿化公司(每个公司 10 人左右),而且每个公司都有自己的名称。教学过程中以园林公司设计部实际承担的典型工作任务为依据,设计“本地区常见园林植物的识别与应用”为本课的一个贯穿综合训练项目,展开教学。

第一节课梗概:教师首先进行自我介绍,然后通过多媒体展示大量美丽的园林植物图片,让学生识别、讨论,激发学生学习兴趣;接着展示大量植物景观图片,让学生欣赏,进一步激发学生学习欲望;教师再引导到学生将来的就业岗位、要承担的工作任务、完成这些任务需要具备的能力、知识和素质等,这些能力、知识和素质与本课程的关系(让学生知道本课程的学习内容与目标),本课程与后续课程的关系。另外,告诉学生本课程能力训练项目(本课围绕本地区常见园林植物的识别及应用展开教学)及实施途径(组建园林公司设计部、承担哪些项目任务),让学生知道本课程怎么学,同时告知考核方案。

项目一　园林植物器官的识别

学习目标

能力目标:能够正确识别园林植物的根、茎、叶、花、果实、种子等六大器官,能够准确判断、描述园林植物各器官的形态类型。

知识目标:掌握根与根系类型、根的变态类型,茎的特征、茎的类型、茎的变态类型,叶的组成及形态、叶及叶序的类型、叶的变态类型,花的组成及形态、花及花序的类型,果实的类型,种子的一般结构和类型。

项目导言

园林植物有根、茎、叶、花、果实、种子六大器官,其中根、茎、叶称为营养器官,花、果实、种子称为生殖器官。园林植物种类繁多,形态各异。人们在生产、栽培、应用中,为了方便,首先需要对园林植物进行分门别类,主要的分类依据就是植物器官的形态特征。如裸子植物和被子植物都能产生种子,因此合称种子植物。但是裸子植物的种子裸露,不形成果实;而被子植物的种子外有果皮包被,不裸露。所以,要对园林植物进行分类、识别,首先应从园林植物器官的识别开始。

我们周围的园林植物除松柏类、银杏、苏铁、水杉、罗汉松等属于裸子植物外,大部分都属于被子植物。因此,本项目主要以被子植物为例,识别园林植物的营养器官和生殖器官。

任务一　园林植物营养器官的识别

学习目标

能力目标:能够正确识别根和根系的类型,根的变态类型;能够识别茎的类型,茎的变态类型;能够识别叶的变态类型,区分单叶、复叶及复叶的类型,判断叶序的类型。

知识目标:掌握园林植物营养器官根、茎、叶的形态特征及各种类型。

【任务提出】 识别园林植物一般从根、茎、叶开始,校园中就有很多园林植物,我们该如何识别其根、茎、叶,并准确描述其特征,判断其类型呢?

【任务分析】 园林植物营养器官的发育始于种子的萌发。种子萌发时,胚根向下伸长,扎根土壤,胚轴和胚芽向上生长,伸出土面,形成地上的茎叶系统。根、茎、叶共同担负着植物体的营养生长活动,所以称为营养器官。其形、姿、色丰富多彩,均有重要的观赏价值。识别园林植物的根、茎、叶,首先要了解其形态特征、类型,熟练掌握描述各器官形态的名词术语,然后才能准确描述、鉴定、识别。

【任务实施】 教师准备不同类型的根、茎、叶实物标本或新鲜植物材料及多媒体课件,结合校园中及同学们比较熟悉的园林植物,简单介绍其特征、类型、识别方法等,然后启发、引导学生依次观察、识别。

一、根的识别

根一般生长在土壤中,个别植物的根也会生长在地上,如榕树上的气生根。根与茎外部形态上的不同在于:根无节,不着生叶,而茎则有。根的主要生理功能有吸收、固着与支持、输导、合成、贮藏与繁殖等。

(一)识别根与根系的类型

1.根的类型:主根、侧根及不定根

主根是由种子的胚根直接发育形成的、向下垂直生长的根。侧根是主根一定部位上侧向生长出的许多支根,侧根还可以进一步生出多级侧根,根愈分愈细。这两种根都是从植物体固定的部位长出的,故称为定根。有些植物除定根外,还有由茎、叶、老根及胚轴上发育出的根,由于这些根的发生位置不固定,故称为不定根。

2.根系的类型:直根系与须根系

一株植物地下部分的所有根总称为根系。根系是由主根、侧根及不定根所构成的。

直根系:从外形上看,有明显而发达的主根,与侧根有明显的区别。绝大多数双子叶植物和裸子植物属于此类型(见图1-1-1)。

须根系:主根生长缓慢或停止,主要由不定根组成,其主根与侧根无明显区别,呈丛生状态。大多数单子叶植物属于此类型(见图1-1-2)。

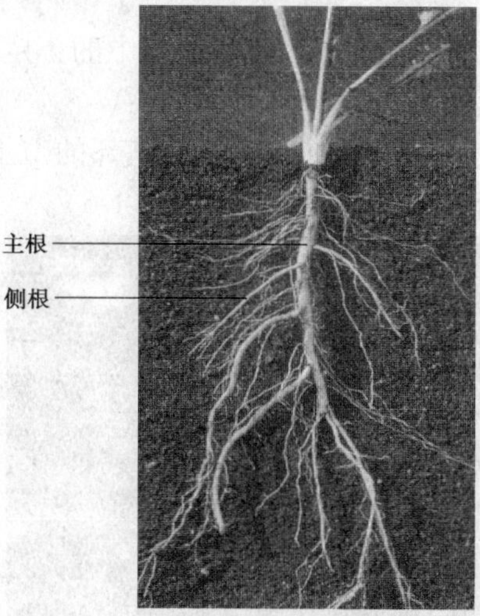

图1-1-1　直根系

图1-1-2　须根系

一般来讲,直根系入土较深,属深根系;须根系常分布在较浅的土层,属浅根系。但这种根系的深与浅是相对的,往往易随环境条件的改变而发生变化。

(二)识别根的变态类型

1. 贮藏根

贮藏有大量营养物质的根,称为贮藏根。由于来源不同,又可以分为肉质直根和块根两类:

(1)肉质直根:主要由主根和胚轴发育而成。观察萝卜、胡萝卜和甜菜的根,一株植物上仅有一个肉质肥大的直根(见图1-1-3)。

(2)块根:由侧根或不定根发育膨大而成。观察甘薯和大丽花的根,与肉质直根不同,一株植物上可以形成许多块根(见图1-1-4)。

图1-1-3　胡萝卜的肉质直根

图1-1-4　甘薯的块根

2. 气生根

气生根广义上指由植物茎上发生的、生长在地面以上的、暴露在空气中的不定根,如吊兰和龟背竹等。根据其功能又分为下列4种类型:

(1)支柱根:也叫支持根,由茎节上长出,具有支持作用。如玉米茎基部的节上发生的不定根(见图1-1-5),榕树树枝上产生的垂直向下生长的支柱根(见图1-1-6)。

图1-1-5　玉米的支柱根

图1-1-6　榕树的气生根

(2)攀缘根:常春藤、凌霄花和络石等的茎细长、不能直立,上生许多很短的气生根,能分泌黏液，固着于其他物体之上，借此向上攀缘生长（见图 1-1-7）。

（3）呼吸根：一部分生长在湖沼或热带海滩地带的植物，如海桑、红树和水松等，生长在泥水中呼吸十分困难，因而有部分根垂直向上伸出，暴露于空气之中，便于进行呼吸（见图 1-1-8）。

（4）寄生根：也称吸根。有些寄生植物，如桑寄生和菟丝子等，它们的不定根常发育为吸器，可以钻入寄主的茎内，以吸取寄主的营养为生（见图 1-1-9）。

图 1-1-7　常春藤的攀缘根

图 1-1-8　水松的呼吸根

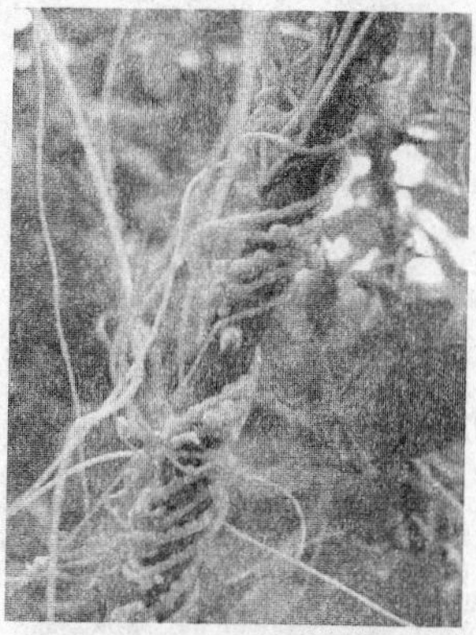

图 1-1-9　菟丝子的寄生根

二、茎的识别

茎一般生长在地面以上（也有些生长在地下或水中），多为圆柱形，有节和节间，节上着生叶、花和果实。着生有叶和芽的茎称为枝或枝条（见图 1-1-10）。有的植物节很明显，如竹类、香石竹、百合等；但多数植物的节不很明显，只在叶柄着生处略显突起。各种植物的节间长短不一。茎的顶端有芽，称顶芽；侧面的芽称侧芽。多年生落叶乔木和灌木的冬枝，除了节、节间和芽，还有叶痕、枝痕等。叶痕是叶子脱落后留下的痕迹；枝痕是花枝或小枝脱落留下的痕迹。因此，多年生落叶乔木和灌木的冬枝，可以利用上述形态特征进行鉴别。

茎的主要功能是输导和支持，也有贮藏和繁殖作用。

（一）识别茎的类型

1. 根据茎的性质、寿命分类

（1）木本植物：茎的木质部发达，一般比较坚硬（见图 1-1-11）。这类植物均为多年生，它们又可分为乔木、灌木和木质藤本。

乔木：有明显主干的高大树木。如毛白杨、悬铃木等。

灌木：主干不明显，比较矮小，常由基部分枝，如月季、蔷薇、紫荆等。

木质藤本：如葡萄、紫藤等。

（2）草本植物：茎中含木质成分很少，柔软，易折断（见图 1-1-12）。这类植物又可分为以下几种：

一年生草本植物：生活周期为一年或更短的草本植物。它们从种子萌发到开花结果，直到枯萎死亡，均在一个生长季内完成。如鸡冠花（见图 1-1-13）、一串红等。

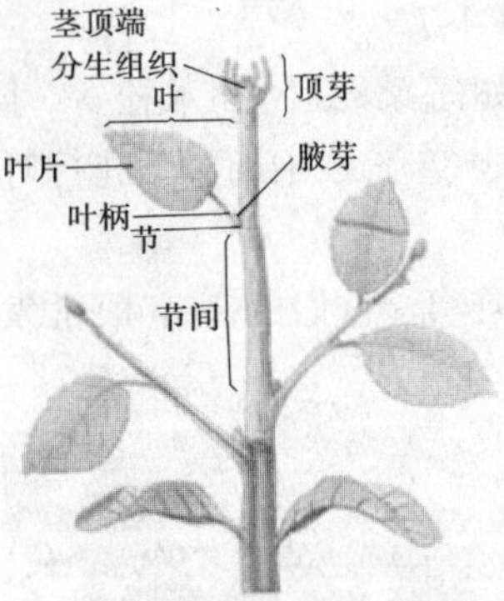

图 1-1-10　树枝的形态

图 1-1-11　木本植物

图 1-1-12　草本植物

二年生草本植物：生活周期跨越两个年份，即第一年营养生长，第二年开花结果后枯死。如虞美人（见图 1-1-14）、金盏菊等。

多年生草本植物：能连续生存三年以上的草本植物。地上部分每年枯死，而植物的地下部分能生活多年，每年都发芽生长。如大丽菊（见图 1-1-15）、菊花等。

图 1-1-13　鸡冠花

图 1-1-14　虞美人

图 1-1-15　大丽菊

2. 根据茎的生长习性分类

（1）直立茎：茎垂直地面直立生长。大多数植物的茎是这样的，如向日葵、杨树（见图 1-1-16）等。

（2）平卧茎：茎平卧地面生长，不能直立，节上无根，如地锦等。

（3）匍匐茎：茎平卧地面生长，但节上能产生不定根，如草莓、甘薯、吊兰（见图 1-1-17）等。

（4）攀缘茎：茎上具有不定根、卷须、吸盘、倒钩刺等攀缘器官的茎，如爬山虎（见图 1-1-18）、葡萄、常春藤等。

（5）缠绕茎：无攀缘器官，靠自身缠绕，如茑萝（见图 1-1-19）、牵牛花、紫藤等。

（二）识别芽及其类型

芽是处于幼态而未伸展的枝、花或花序。根据芽的特性，其基本功能可概括为生长、繁殖、休眠。

图 1-1-16　白杨的直立茎

图 1-1-17　吊兰的匍匐茎

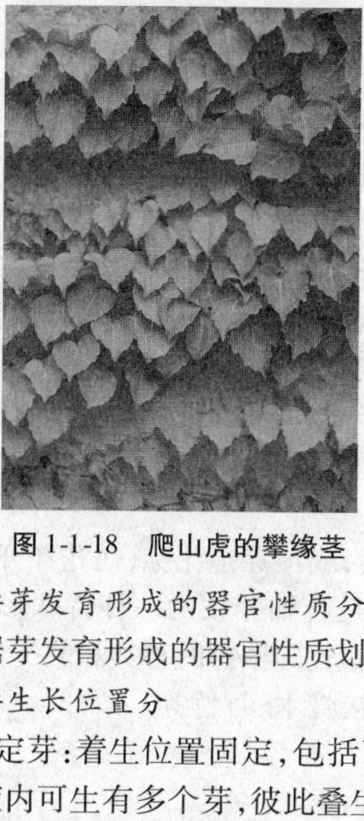

图 1-1-18　爬山虎的攀缘茎

图 1-1-19　茑萝的缠绕茎

1. 按芽发育形成的器官性质分

根据芽发育形成的器官性质划分为叶芽、花芽、混合芽。

2. 按生长位置分

(1)定芽:着生位置固定,包括顶芽与腋芽(侧芽),它们分别着生于枝顶端和叶腋。一个叶腋内可生有多个芽,彼此叠生叫叠生芽,如忍冬;几个芽并列叫并列芽,如桃;个别植物如法国梧桐的腋芽被叶柄膨大的基部覆盖,叫柄下芽。

(2)不定芽:生于老根、老茎的节间或叶片上,位置不固定的芽,如柳属、桑属老茎上,刺槐、杨树根上,秋海棠、落地生根的叶上长的芽。

3. 按芽外围有无芽鳞分

(1)鳞芽(见图 1-1-20):芽外有鳞片包被,如毛白杨、玉兰、柳的冬芽。芽鳞是具有保护作用的变态叶。

(2)裸芽(见图 1-1-20):芽外面没有鳞片包被,只有幼叶包着,如枫杨、元宝枫的芽。

所有一年生草本园林植物及生活在热带潮湿气候的木本植物常是裸芽。

4. 按芽的生长状态分

(1)活动芽:在生长季节活动的芽,即当年能形成新枝、花或花序的芽(见图1-1-21)。

(2)休眠芽:在其形成当年的生长季节不活动,通常茎下部的腋芽是休眠芽。

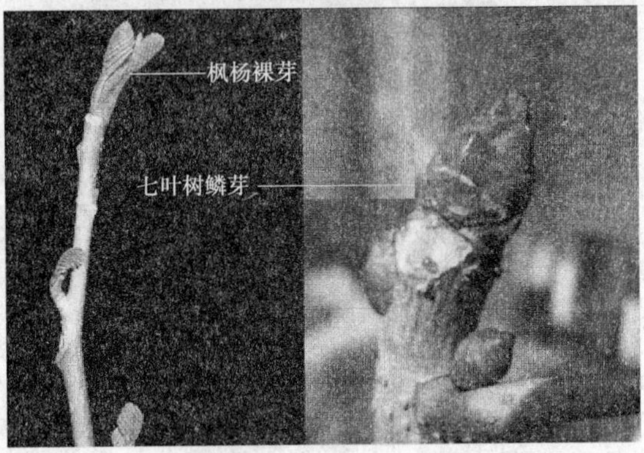

图1-1-20　裸芽与鳞芽

图1-1-21　柳树的活动芽

(三)识别茎的分枝方式

1. 单轴分枝

单轴分枝也称为总状分枝,主干也就是主轴,由顶芽不断地向上伸展而成,极显著。一部分被子植物如杨、山毛榉等,多数裸子植物如松、杉、柏科等的落叶松、水杉等,都属于单轴分枝。

2. 合轴分枝

合轴分枝类型的主干顶芽在生长季节中,生长迟缓或死亡,或顶芽为花芽,由紧接着顶芽下面的腋芽伸展,代替原有的顶芽,每年同样地交替进行,使主干继续生长。这种主干是由许多腋芽发育而成的侧枝联合组成,所以称为合轴。合轴分枝是先进的分枝方式,大多数被子植物属于这种分枝方式,如无花果、梧桐、桑、菩提树、桃、苹果等。

3. 假二叉分枝

假二叉分枝是具对生叶的植物,在顶芽停止生长后,或顶芽是花芽,在花芽开花后,由顶芽下的两侧腋芽同时发育成二叉状分枝。它实际上是合轴分枝的一种特殊形式,因为真正的二叉分枝多见于低等植物,在部分高等植物中,如苔藓植物的苔类和蕨类植物的石松、卷柏等也存在。具假二叉分枝的被子植物如丁香、接骨木、石竹等。

(四)识别茎的变态类型

茎的变态类型可分为地上变态茎和地下变态茎两大类。

1. 地上变态茎

(1)叶状枝:茎扁化如叶的绿色叶状体。叶完全退化或不发达,而由叶状枝进行光合作用。如昙花、令箭、文竹(见图1-1-22)、天门冬、假叶树和竹节蓼等的茎,外形很像叶,但其上具节,节上能生叶和开花。

(2)枝刺:茎变态为具有保护功能的刺。如山楂、皂荚、沙棘(见图1-1-23)茎上的刺。

(3)茎卷须:茎变态成的具有攀缘功能的卷须。如黄瓜和南瓜的茎卷须、葡萄的茎卷须。

(4)肉质茎:肥厚多汁,呈球状、柱状或扁圆柱形等多种形态,可进行光合作用,叶常退化,适于干旱地区的生活。如仙人掌类肉质植物(见图 1-1-24)。

图 1-1-22　文竹的叶状枝

图 1-1-23　沙棘的枝刺

图 1-1-24　仙人掌的肉质茎

2. 地下变态茎

(1)根状茎:横卧于地下,形状似根,有明显的节和节间,具有顶芽和腋芽,节上往往还有退化的鳞片状叶,呈膜状,同时节上还有不定根。如美人蕉属、竹类、莲(见图 1-1-25)等。

(2)块茎:呈球形、椭圆形或不规则的块状,由茎的侧枝变态成的短粗的肉质地下茎。贮藏组织特别发达。有节和节间,节上有鳞叶、腋芽、顶芽。如马铃薯、大丽花的块茎(见图 1-1-26)。

(3)球茎:呈球状、扁球形或长圆形,由植物主茎基部膨大形成。如唐菖蒲球茎(见图 1-1-27)。节与节间明显,节上生有退化的膜状叶和腋芽,顶端有较大的顶芽。

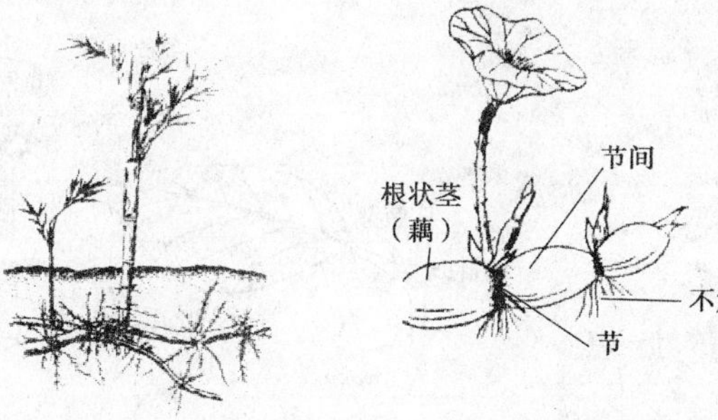

图 1-1-25　竹、莲的根状茎

(4)鳞茎:扁平或圆盘状的地下变态茎。其枝(包括茎和叶)变态为肉质的地下枝,茎的节间极度缩短为鳞茎盘,顶端有一个顶芽。鳞茎盘上着生多层肉质鳞片叶。如水仙、百合(见图 1-1-28)和洋葱等。

图 1-1-26　大丽花的块茎

图 1-1-27　唐菖蒲的球茎

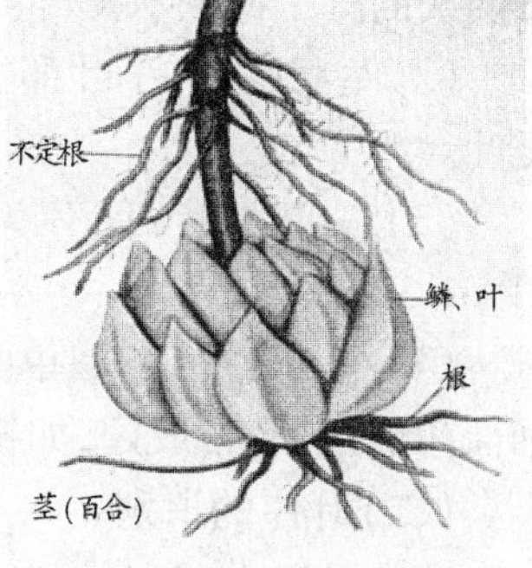

图 1-1-28　百合的鳞茎

三、叶的识别

叶是植物重要的营养器官，一般为绿色扁平体。典型的双子叶植物叶可分为叶片、叶柄和托叶。具备这三部分的叶称完全叶，如桃、梨、柳的叶；缺少其中一部分或两部分的叶，如石竹的叶缺少叶柄和托叶，女贞、丁香的叶无托叶，都称为不完全叶。

禾本科植物的叶由带状的叶片、叶鞘、叶舌和一对叶耳组成。叶舌和叶耳可缺一或俱无，有的还有叶颈或叶环。

叶的主要生理功能是光合作用、蒸腾作用、吸收作用、气体交换，还有一些植物的叶具有繁殖功能，如落地生根、秋海棠等。

在进行叶的识别时，首先区分是单叶还是复叶，是对生、互生还是轮生，有无托叶，叶的颜色及形态怎样等。

（一）识别叶的类型

1. 单叶

单叶的叶柄上只有一个叶片（见图 1-1-29）。

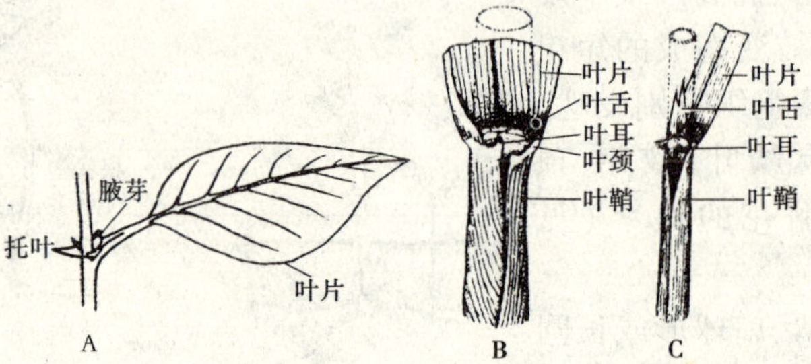

A—双子叶植物的单叶；B～C—禾本科植物的叶

图 1-1-29 单叶

2. 复叶

复叶的叶柄上着生两个以上完全独立的小叶片。复叶又可分为以下几种类型：

（1）羽状复叶：小叶片在叶轴两侧排列成羽毛状。小叶数目为单数称奇数羽状复叶，如刺槐、月季（见图 1-1-30）等；小叶数目为偶数称偶数羽状复叶，如皂荚、决明等。羽状复叶中，总叶柄不分枝的称一回羽状复叶，总叶柄分枝一次的称二回羽状复叶，总叶柄分枝两次的称三回羽状复叶。

（2）掌状复叶：小叶都生在叶轴顶端，排列如掌状，如七叶树（见图 1-1-31）、发财树的复叶。

（3）三出复叶：仅有 3 片小叶着生在总叶柄的顶端，如刺桐、酢浆草、车轴草（见图 1-1-32）等的叶。

（4）单身复叶：形似单叶，总叶柄顶端只有一个正常小叶，该小叶基部有一个关节，叶轴向两侧延展，常成翅，如柑橘（见图 1-1-33）、金橘等的叶。

（二）叶序的识别

叶序是叶在茎上排列的方式。常见的叶序类型（见图 1-1-34）如下：

（1）互生：每个节上只长一片叶，如樟树、红花羊蹄甲、梅花、月季等。

图 1-1-30　月季的羽状复叶

图 1-1-31　七叶树的掌状复叶

图 1-1-32　车轴草的三出复叶

图 1-1-33　柑橘的单身复叶

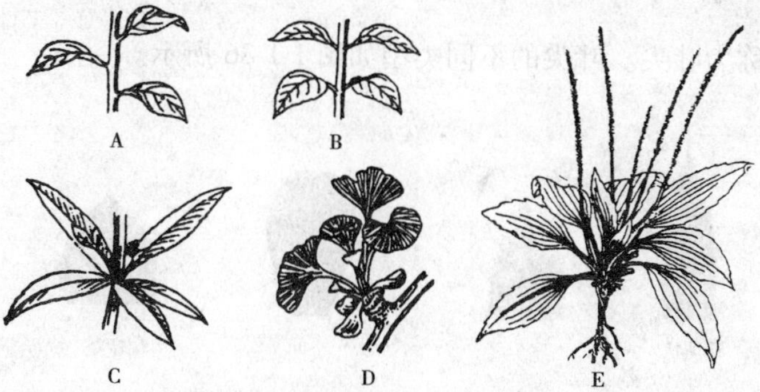

A—互生；B—对生；C—轮生；D—簇生；E—基生

图 1-1-34　叶序类型

(2)对生：每个节上长有相对的两片叶，如女贞、丁香、白蜡等。

(3)轮生：每个节上长有三片以上的叶，成轮状着生，如夹竹桃、刺柏等。

(4)簇生：由于节间密集，各叶聚生在一起，如银杏的短枝、金钱松等。

(5)基生：无地上茎或者很短，叶从茎的基部（或地下）生出，如车前草、非洲菊、蒲公英等。

(三)识别叶的形态

叶的形态包括叶的整体形状、叶尖、叶基、叶缘、叶裂及叶脉脉序等方面。

1. 叶片的整体形状

根据叶片长宽比例、叶片最宽处所在的部位分类如图 1-1-35 所示。

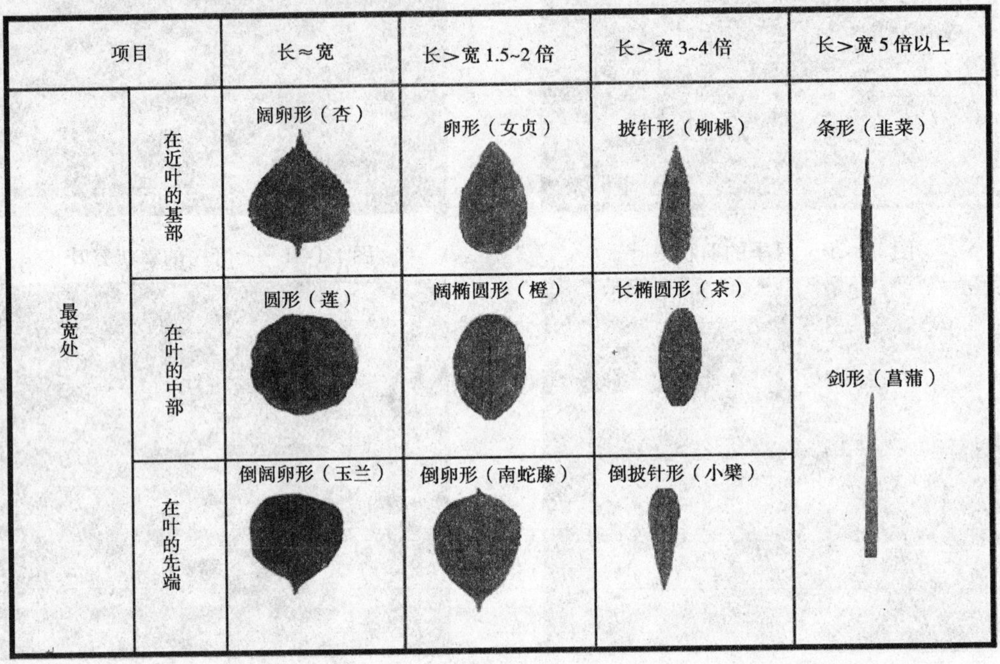

图 1-1-35　叶片的整体形状

2. 叶尖

叶片的尖端称为叶尖。叶尖的不同类型如图 1-1-36 所示。

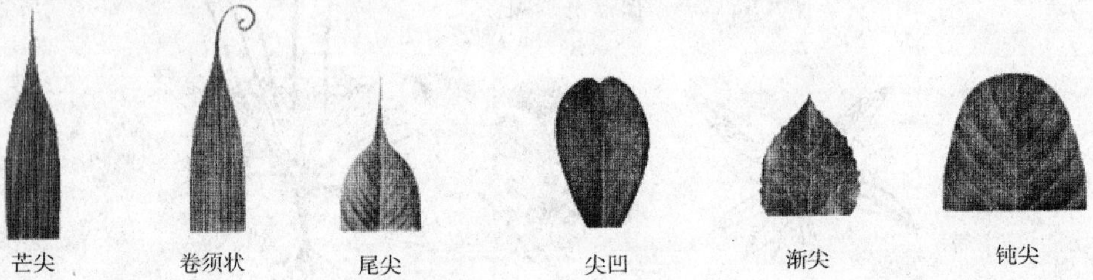

图 1-1-36　叶尖类型

3. 叶基

叶基的不同类型如图 1-1-37 所示。

4. 叶缘

叶的边缘是叶缘。叶缘有全缘、锯齿缘和牙齿缘等类型(见图 1-1-38)。

5. 叶裂

叶片产生不同的分裂称为叶裂。叶裂有羽状裂和掌状裂之分(见图 1-1-39)。

6. 叶脉脉序

叶脉脉序是指叶片上叶脉的分布形式,常见类型(见图 1-1-40)如下:

图 1-1-37　叶基类型

图 1-1-38　叶缘类型

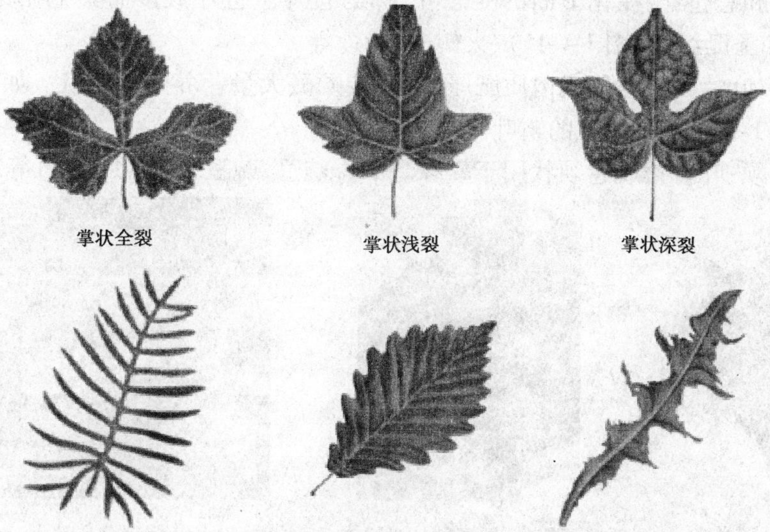

图 1-1-39　叶裂类型

(1)网状脉:以双子叶植物为主。又分为羽状网脉、掌状网脉。

(2)平行脉:以单子叶植物为主。又分为直出脉、横出脉、弧形脉、射出脉。

(3)三出脉:如枣树、铜钱树、肉桂等的叶脉。

(4)叉状脉序:如银杏的脉序。这种是最原始的脉序,常见于蕨类植物。

(四)识别叶的变态类型

常见叶的变态有以下几种类型:

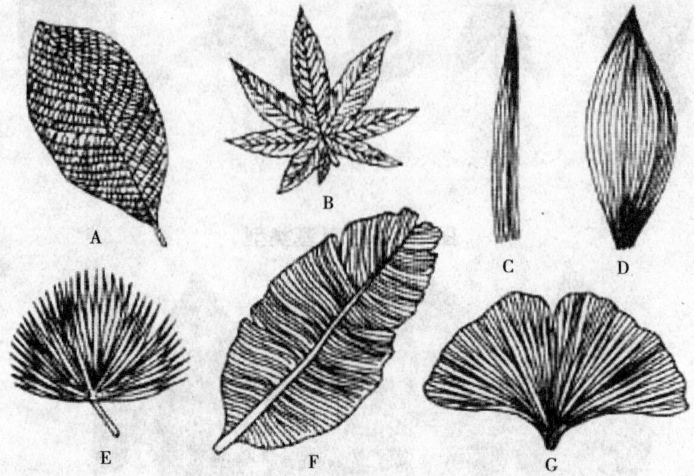

A—羽状网脉;B—掌状网脉;C—直出脉;D—弧形脉;E—射出脉;F—侧出脉;G—叉状脉

图 1-1-40　叶脉的类型

(1)苞片和总苞:生在花下面的变态叶,称为苞片。苞片数多而聚生在花序外围的,称为总苞。如圣诞红(见图 1-1-41)、火鹤、马蹄莲等。

(2)鳞叶:叶特化或退化成肉质肥厚多汁,能贮藏大量营养的鳞片状。如洋葱、百合、风信子(见图 1-1-42)、朱顶红的鳞叶。

(3)叶卷须:叶特化成卷须状用于攀缘。如香豌豆、豌豆(见图 1-1-43)等。

图 1-1-41　圣诞红的变态叶

图 1-1-42　风信子的鳞叶

图 1-1-43　豌豆的叶卷须

(4)叶刺:叶或叶的一部分(如托叶)变成刺状。如小檗长枝上的叶刺(见图 1-1-44),洋槐的托叶变成的刺。

(5)叶状柄:叶柄变成扁平的片状,并行使叶的功能。如台湾相思树(见图 1-1-45)和澳大利亚干旱地区的一些金合欢属植物后期长出的叶,小叶都退化,仅存叶状柄。

(6)捕虫叶:叶特化成囊状或盘状,能捕食小虫。如瓶状的猪笼草(见图 1-1-46)、盘状的茅膏菜(见图 1-1-47)等。

图 1-1-44　小檗的叶刺

图 1-1-45　台湾相思树叶状柄

图 1-1-46　猪笼草的捕虫叶

图 1-1-47　茅膏菜的捕虫叶

(五)识别叶色的类型

(1)绿色类:绿色是叶片的基本颜色,正常的生长环境下,有嫩绿、浅绿、鲜绿、浓绿、蓝绿、墨绿、暗绿等差别。如叶色浓绿的有油松、圆柏、侧柏、女贞、桂花、槐、榕、毛白杨等;叶色浅绿的有水杉、鹅掌楸、玉兰、七叶树等。

(2)春色类及新叶有色类:春季新生嫩叶与其他季节叶色有显著的不同。如臭椿、五角枫、乌桕、日本红枫、红叶石楠等春叶呈红色,黄连木、天竺葵春叶呈紫红色,金叶卫矛、金叶女贞、金叶连翘的新叶为金黄色等。

(3)秋色类:每年秋季树叶变色比较一致,持续时间长。如秋叶呈红色或紫色的有鸡爪槭、五角枫、樱花、漆树、黄栌、南天竹、山楂、紫薇、火炬树等,秋叶呈黄色或褐色的有银杏、复叶槭、七叶树、鹅掌楸、梧桐、紫荆、悬铃木、栾树、水杉等。

(4)常色类:其叶常年均呈异色,特称为常色叶树。如树冠全年呈紫色的有紫叶小檗、紫叶李等;全年呈金黄色的有金叶鸡爪槭、金叶接骨木、金叶红瑞木、金叶刺槐、金叶榕等。

(5)双色类:叶面与叶背色彩显著不同。如红背桂、银白杨、毛白杨、栓皮栎、银桦等。

(6)斑色类:叶片上具有其他颜色的斑点或条纹。如金心黄杨、银边黄杨、变叶木、洒金珊瑚、花叶芋、花叶龙血树等。

【巩固训练】

实训一　根、茎、叶的识别

一、实训目的

通过实训,使学生进一步熟练掌握园林植物根、茎、叶的基本形态特征及类型,能够准确识别、描述各类型的根、茎、叶;同时培养学生团队协作、独立分析问题、解决问题的能力及其创新能力、

二、实训材料

校园及其附近游园绿地中各种类型的园林植物。

三、实训内容

识别校园及其附近游园绿地中园林植物根、茎、叶的形态类型。

四、实训步骤

(1)教师下达任务,并简单介绍如何对园林植物营养器官进行识别。
(2)学生分组识别,并记录,完成实训报告。
(3)教师归纳总结,选取10种典型的根、茎、叶,对学生进行技能考核测试。

五、实训作业

总结根、茎、叶的识别特征,提交一份调查报告,内容记录要准确、全面,总结要有条理。

六、实训考核

实训考核方式采用实操考评、素质考评、小组互评与自评等相结合。实训成绩包括:实操成绩占60%,素质考评成绩占20%,小组互评或自评成绩占20%。实操成绩由授课教师根据学生的技能测试成绩、实训报告的规范性、实习内容记录的准确性及全面性、任务完成情况等综合评定,素质考评由授课教师根据学生的表现、团队合作、观察是否认真等情况进行打分。

【思考与练习】

(1)举例简述根与根系的类型及其识别特征。
(2)举例简述茎的变态类型及其识别特征。
(3)根与茎在外形的区别是什么?
(4)简述从哪几方面识别植物的叶。

任务二　园林植物生殖器官的识别

学习目标

能力目标：能够正确识别花的各部分形态，准确判断花和花序的类型；能够正确识别、判断果实的类型，种子的类型。

知识目标：掌握园林植物花的组成及形态，花和花序的类型，果实、种子的一般结构、形态特征及类型。

【任务提出】 (1)园林植物的生殖器官有哪些类型?

(2)我们如何识别、判断各生殖器官的类型呢?

【任务分析】 园林植物生殖器官包括花、果实、种子。观花的园林植物全部是被子植物，其色、香、形等给人以美的享受；许多植物的果实也具有观赏价值。花和果实的形态是识别植物的主要依据，所以必须仔细观察。观察时，首先区分是单花还是花序，若是花序判断是什么花序，然后再解剖一朵花，并注意其颜色、形状、大小等；观察果实和种子，主要分清果实的类型，果实和种子的形状、大小、颜色等。

【任务实施】 教师准备各类花、果实、种子的标本及多媒体课件，根据季节准备一些新鲜植物材料，分别简单介绍其组成、功能，然后启发、引导学生依次观察、识别。条件允许的话，可以同时让学生自己动手解剖观察。

一、花和花序的识别

花是适应于生殖的变态短枝。花是被子植物分类中最重要的依据。一朵完整的花可分为五个部分，即花柄、花托、花被、雄蕊群、雌蕊群。花柄、花托起支持花各部的作用；花被是花萼和花冠的总称，有保护花蕊和引诱昆虫传粉的作用；雄蕊群是一朵花中雄蕊的总称，大多数是由花丝和花药两部分组成的；雌蕊群是一朵花中雌蕊的总称，位于花的中央或花托顶部，每一雌蕊由柱头、花柱和子房三部分组成。雄蕊和雌蕊是花中最重要的生殖部分。花的基本结构如图 1-2-1 所示。

(一)花的类型

1. 完全花和不完全花

一朵具备花萼、花冠、雄蕊、雌蕊四部分的花称为完全花；如果缺少其中一部分或几部分，则称为不完全花。

花冠由花瓣组成，分为离瓣和合瓣。具体类型如图 1-2-2 所示。

雄蕊的类型分为离生雄蕊、单体雄蕊、二体雄蕊、多体雄蕊、聚药雄蕊、二强雄蕊、四强雄蕊等(见图 1-2-3)。如桃的离生雄蕊(见图 1-2-4)、朱槿的单体雄蕊(见图 1-2-5)、向日葵的聚药雄蕊(见图 1-2-6)等。

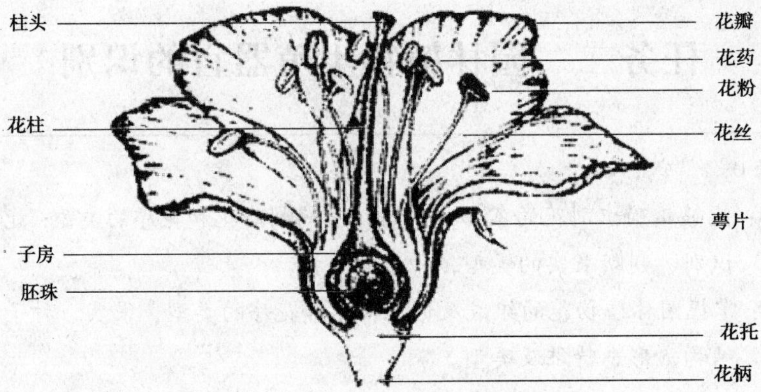

图 1-2-1　花的基本结构

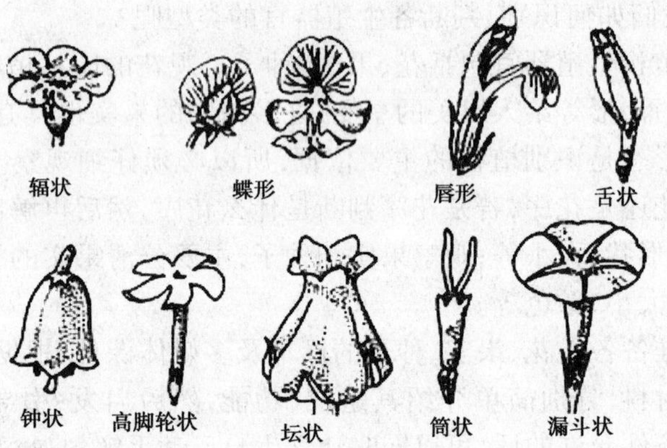

图 1-2-2　花冠的类型

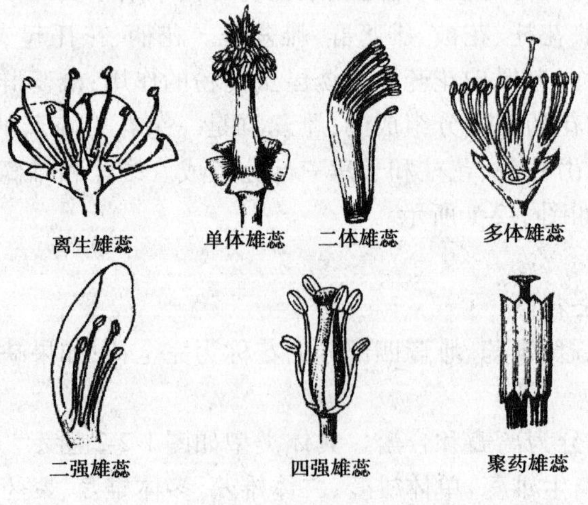

图 1-2-3　雄蕊的类型

图 1-2-4　桃的离生雄蕊

图 1-2-5　朱槿的单体雄蕊

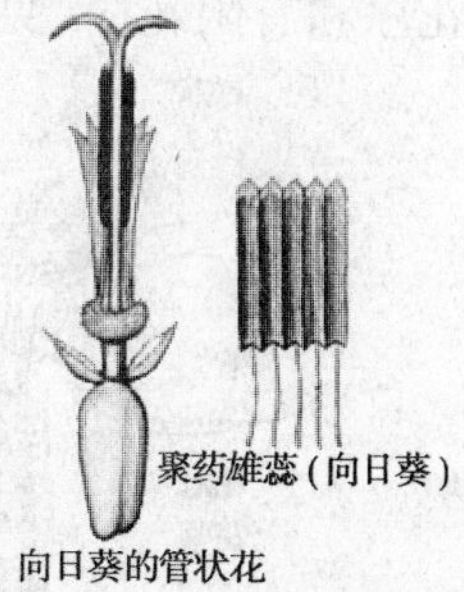

图1-2-6　向日葵的聚药雄蕊

雌蕊由一个或多个心皮组成。根据心皮的离合与数目，雌蕊的类型分为单雌蕊、离生单雌蕊、复雌蕊（见图 1-2-7）。

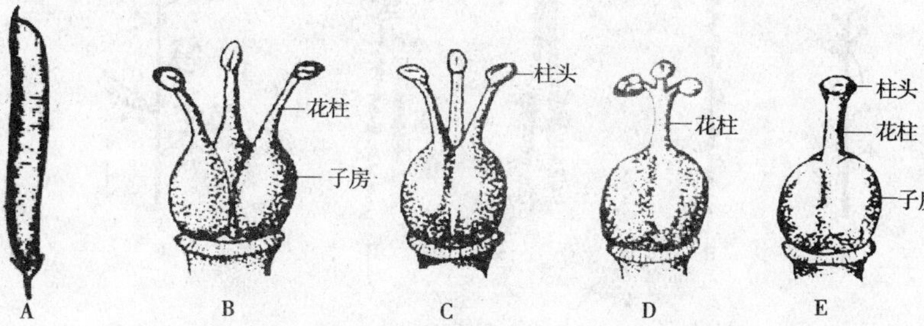

A—单雌蕊；B—离生单雌蕊；C ~ E—复雌蕊

图 1-2-7　雌蕊类型

2. 重被花、单被花、无被花

重被花是花萼和花冠都有，如油菜花等；单被花仅有花萼或花冠，如玉兰、百合等；无被花花萼和花冠全无，如杨、柳等。

3. 两性花、单性花、无性花

一朵花上雌蕊和雄蕊同时兼备的称为两性花，如桃、杏的花；仅具雄蕊或雌蕊其中一种的称为单性花，其中只有雌蕊的称雌花，只有雄蕊的称雄花。

花被保存而花蕊全缺的称无性花或中性花。无被花、单被花、单性花和中性花都属不完全花。雌花和雄花生于同一植株上的，称为雌雄同株；分别生于两植株上的，称为雌雄异株。在同一植株上，两性花和单性花都存在的，称为杂性同株，如槭、柿等。

4. 辐射对称花、两侧（左右）对称花

辐射对称花又称整齐花（见图 1-2-8），是一朵花的几个花瓣相互同形，通过花的中心，有多个对称面，如油菜花、茶花、牵牛花。两侧对称花又称不整齐花（见图 1-2-9），是一朵花的几个花瓣互不同形，通过花的中心，只有一个对称面，如豆类的花、兰花、三色堇。

（二）花序的类型

被子植物的花，有的是单独一朵生在茎枝顶上或叶腋部位，称单生花，如玉兰、牡丹、芍药、莲、桃等。但大多数植物的花，密集或稀疏地按一定排列顺序，着生在特殊的总花柄上。花在总花柄上有规律的排列方式，称花序。花序的总花柄或主轴称花轴，也称花序轴。根据花序轴的特性、花在花序轴上的开花顺序等差异，花序分为两种大的类型，即无限花序和有限花序(见图 1-2-10)。

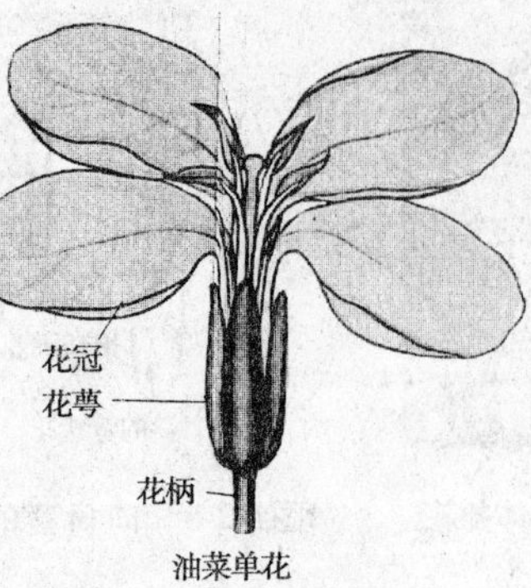

图 1-2-8 辐射对称花

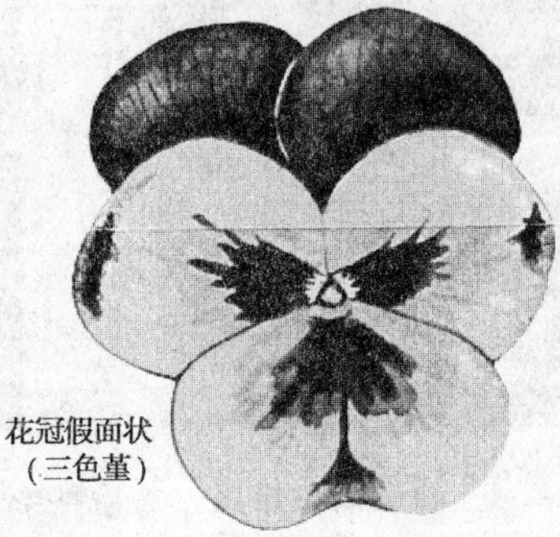

图 1-2-9 两侧(左右)对称花

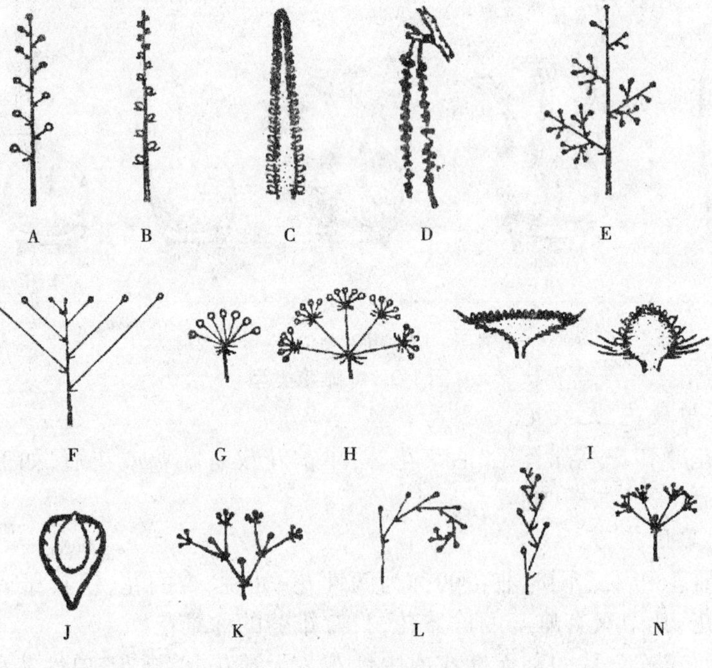

A—总状花序;B—穗状花序;C—肉穗花序;D—柔荑花序;E—圆锥花序;
F—伞房花序;G—伞形花序;H—复伞房花序;I—头状花序;J—隐头花序;
K—二歧聚伞花序;L、M—单歧聚伞花序;N—多歧聚伞花序
A ~ J 无限花序;K ~ N 有限花序

图 1-2-10 花序类型

1. 无限花序

花序轴可以不断伸长,开花次序从下而上;或花序轴缩短膨大,开花次序从边缘到中央。

根据花序轴的特点,花柄的有无、长短等进行划分,无限花序又可以分为:

(1)总状花序,如一串红(见图 1-2-11)、墨兰、金鱼草、紫藤(见图 1-2-12)等。

(2)穗状花序,如鸡冠花(见图 1-2-13)、虾衣花等。

图 1-2-11　一串红的总状花序

图 1-2-12　紫藤的总状花序

图 1-2-13　鸡冠花的穗状花序

(3)柔荑花序,如杨(见图 1-2-14)、柳、核桃、板栗。

(4)肉穗花序,如马蹄莲(见图 1-2-15)、红掌、龟背竹、香蒲(见图 1-2-16)等。

图1-2-14　杨的柔荑花序

图 1-2-15　马蹄莲的肉穗花序

(5)伞房花序,如梨、苹果、石竹、八仙花(见图 1-2-17)等。

(6)伞形花序,如君子兰(见图 1-2-18)、美女樱、朱顶红、蜘蛛兰等。

图 1-2-16　香蒲的肉穗花序

图 1-2-17　八仙花的伞房花序

图 1-2-18　君子兰的伞形花序

(7)头状花序,如翠菊、金盏菊(见图 1-2-19)、百日草、三叶草、含羞草、向日葵、蒲公英等。

(8)隐头花序,如无花果(见图 1-2-20)、榕树、橡皮树等,是桑科榕属的专一性特征。

(9)圆锥花序,如女贞、珍珠梅、泡桐、米兰、凤尾丝兰(见图 1-2-21)等。

图 1-2-19　金盏菊的头状花序

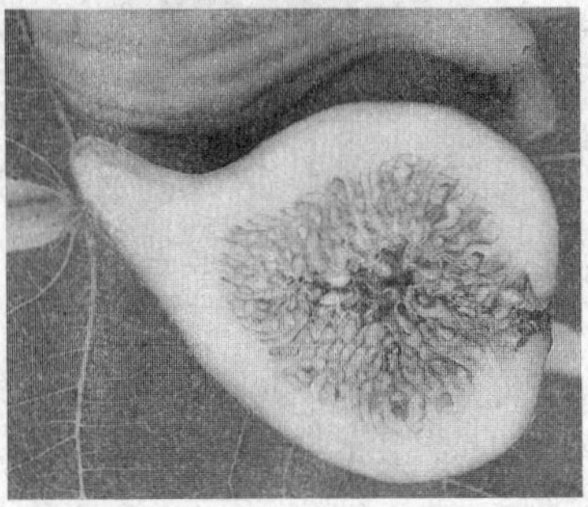

图 1-2-20　无花果的隐头花序

图 1-2-21　凤尾丝兰的圆锥花序

2. 有限花序

有限花序也称聚伞类花序,花轴顶端或最中心的花先开,故其开花的顺序为由上而下或由内向外。它又可以分为以下几种类型:

(1)单歧聚伞花序,包括两种情况:蝎尾状聚伞花序,如唐菖蒲(见图 1-2-22)、鸢尾、小苍兰、鹤望兰等;螺状聚伞花序,如勿忘我等。

(2)二歧聚伞花序,也称歧伞花序,如大叶黄杨、石竹、满天星(见图 1-2-23)等。

(3)多歧聚伞花序,如一品红、泽漆等。

(4)轮伞花序:聚伞花序生于对生叶的叶腋处,轮状排序,称轮伞花序,如益母草(见图 1-2-24),薄荷等。

图 1-2-22　唐菖蒲的单歧聚伞花序

图 1-2-23　满天星的二歧聚伞花序

图 1-2-24　益母草的轮伞花序

二、果实的识别

开花、传粉、受精之后,花的各部分发生了不同的变化:胚珠发育成为种子,子房发育成为果实,花萼枯萎或宿存,花瓣、雄蕊、雌蕊的柱头和花柱均凋谢枯萎(见图 1-2-25)。果实部分除保护种子外,还有贮藏营养和协助种子传播的作用。

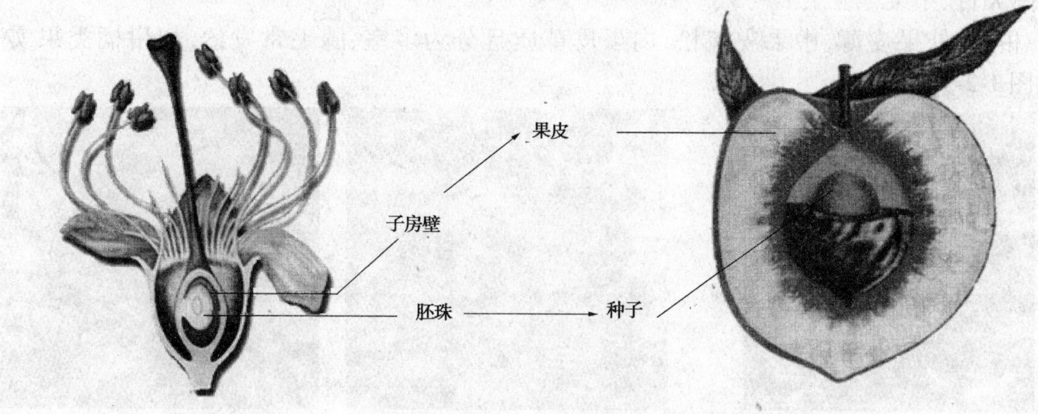

图 1-2-25　花与果实

(一)真果和假果

单纯按照果实发育的来源可将果实分为真果和假果。

1. 真果

单纯由子房发育而成的果实，称为真果，如柑橘(见图 1-2-26)、桃、李等。真果结构包括果皮和种子两部分。果皮由子房壁发育形成，包在种子的外面，一般又分外果皮、中果皮、内果皮三层，由于各层质地不同而形成不同的果实类型。

2. 假果

由子房和花的其他部分如花托、花被筒甚至整个花序共同参与形成的果实称为假果。假果的结构比较复杂，如苹果(见图 1-2-27)、梨的食用部分主要由花托和花被愈合而成，中部才是由子房发育而来。

图 1-2-26　柑橘(真果)

图 1-2-27　苹果(假果)

(二)单果、聚合果、聚花果

果实的类型很多，根据果实的来源和结构分为单果、聚合果和聚花果。

1. 单果

单果是由一朵花的一个雌蕊(只有一个雌蕊，单雌蕊或复雌蕊)的子房发育而成的果实，如桃、梨、梅、杏、葡萄、榴莲等。根据成熟时果皮的性质分为肉质果和干果。

(1)肉质果。果实成熟时果皮肉质多汁，常见有如下类型：

核果：外果皮薄，中果皮肉质，内果皮坚硬，如桃、樱桃(见图 1-2-28)、李、杏、山茱萸等。

浆果：外果皮薄，中果皮和内果皮肉质，内含多数种子，如葡萄(见图 1-2-29)、十大功劳、南天竹、小檗等。

柑果:外果皮薄,中果皮疏松,内果皮革质且分为多室、腺毛常发达,如柑橘类果实(见图1-2-30)。

图1-2-28　樱桃的核果

图1-2-29　葡萄的浆果

图1-2-30　柑橘的柑果

梨果:由下位子房,即花托凹陷与子房壁愈合后形成的果实,如梨、苹果、海棠、山楂、火棘、石楠、木瓜(见图1-2-31)等。

瓠果(瓜类):由具侧膜胎座的下位子房发育而成的果实,花托与子房壁不能区分,均肉质,如南瓜(见图1-2-32)、西瓜、甜瓜等。瓠果为葫芦科植物所特有。

图1-2-31　木瓜的梨果

图1-2-32　南瓜的瓠果

(2)干果。成熟时果皮干燥,根据果皮开裂与否分为裂果和闭果。

①裂果:成熟时果皮开裂,常见以下几种类型:

蓇葖果:由单雌蕊发育成的果实,成熟时沿一条缝线开裂。如梧桐、芍药、牡丹等(见图1-2-33)。

荚果:由单雌蕊发育成的果实,成熟时沿背缝线和腹缝线两侧开裂。荚果为豆科植物所特有,如合欢、皂荚、紫藤、刺槐、锦鸡儿等。

角果:由两个或多个心皮构成,成熟时沿两侧开裂,假隔膜缩存。角果为十字花科的特有特征,如萝卜、油菜(见图1-2-34)等。

蒴果:由复雌蕊发育成的果实,成熟时多侧或多孔开裂。蒴果是最常见的裂果类型,如紫薇(见图1-2-35)、乌桕、丝绵木、黄杨、海桐、山茶等。

②闭果:成熟时果皮不开,常见以下几种类型:

瘦果:果皮与种皮易分开,含一粒种子,如菊花、非洲菊、翠菊、蜡梅、向日葵(见图1-2-36)等。

坚果:果皮坚硬,内含一粒种子,如板栗(见图1-2-37)。

图1-2-33　牡丹的蓇葖果

图1-2-34　油菜的角果

图1-2-35　紫薇的蒴果

颖果：种皮与果皮全部愈合不能分开，内含一粒种子。颖果为禾本科所特有（见图1-2-38）。

图1-2-36　向日葵的瘦果

图1-2-37　板栗的坚果

图1-2-38　小麦的颖果

翅果：果皮向外延伸呈翅状，利于果实传播，如榆、元宝枫、枫杨、白蜡等。

双悬果：两个心皮，两室，成熟时两个果瓣"个字形"分开，是伞形科植物的特征，如小茴香。

分果：由两个以上心皮构成，各室各含一粒种子，成熟时分开，如锦葵、蜀葵。

2. 聚合果

由一朵花的多个离生子房构成的果实（其每个子房是一个单果）。如草莓（见图1-2-39）、八角、含笑、玉兰、悬铃木等。

3. 聚花果（复果）

由整个花序发育形成的果实。如桑树（见图1-2-40）、无花果、菠萝蜜、构树、菠萝等。

三、种子的识别

许多园林植物，尤其是一二年生草本花卉几乎全部利用种子繁殖。

（一）种子的形态与类型

不同植物的种子的大小、形状、颜色等有着明显的差别，但是其基本结构却是一致的，通常由种皮、胚乳、胚组成。种皮由珠被发育而成，具有保护作用；胚乳由受精极核发育而成，具有贮藏养料的作用；胚是种子的最重要部分，由受精卵发育而成，是雏形植物体，包括胚根、胚芽、胚轴和子叶四部分。被子植物中双子叶植物种子中的胚有两枚子叶，单子叶植物只有一枚子叶。

图 1-2-39　草莓的聚合果

图 1-2-40　桑树的聚花果

根据成熟种子是否有胚乳结构，将种子分为两类：一是有胚乳种子，如蓖麻（见图 1-2-41）、小麦等；二是无胚乳种子，成熟时以肥厚子叶贮藏营养，如蚕豆（见图 1-2-42）、大豆、落花生等。

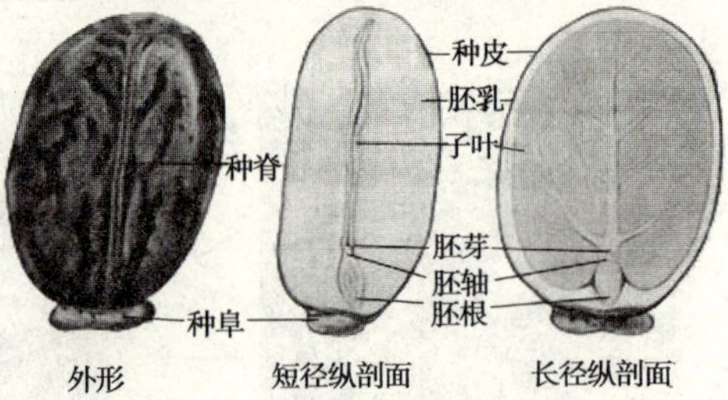

图 1-2-41　蓖麻的有胚乳种子

（二）种子的萌发、寿命与休眠

种子是有生命的，能否顺利萌发与其内在的因素和外界条件有关。

1. 种子的萌发

种子萌发的条件分内部条件及外界条件两方面。内部条件是种子本身必须具备健全的发芽力。外界条件主要表现在必须有充足的水分、足够的氧气、适宜的温度。

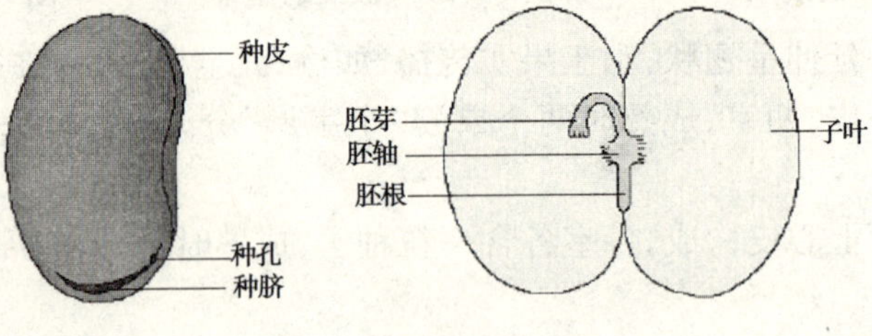

图 1-2-42　蚕豆的无胚乳种子

种子萌发时，通常是胚根先突破种皮向下生长，形成主根，然后胚芽突破种皮向上生长，伸出地面形成茎和叶，进而成为幼苗。幼苗的类型有两种：子叶出土的幼苗和子叶留土的幼苗。

2. 种子的寿命

不同的种子寿命不同。短寿命种子一般在 3 年以内，有的保存期只有几天，如菊花、报春、杨、柳等，一般随采随播。中寿命种子一般为 3 ~ 15 年，如针叶树种子。长寿命种子在 15 年以上，如刺槐、合欢、美人蕉、莲等。

3. 种子的休眠

一般来说，种子的休眠有两种：一是强迫休眠，即种子已具备发芽能力，因不具备发芽条件而被迫处于休眠状态；二是生理休眠，即种子本身还未完全通过生理成熟，即使供给合适的发芽条件仍不能萌发。

【巩固训练】

实训二　花、果实、种子的识别

一、实训目的

通过实训，使学生进一步熟练掌握园林植物花的组成及形态，花及花序的类型，果实、种子的基本形态特征及类型，能够准确识别、描述各类型的花、果实；同时培养学生团队协作、独立分析问题和解决问题的能力及其创新能力。

二、实训材料

校园及其附近游园绿地中各种类型的园林植物。

三、实训内容

识别校园及其附近游园绿地中园林植物花、果实、种子的形态及类型。

四、实训步骤

(1)教师下达任务，并简单介绍如何对园林植物生殖器官进行识别。
(2)学生分组识别，并记录，完成实训报告。
(3)教师归纳总结，选取10种典型类型的花、果实、种子，对学生进行技能考核测试。

五、实训作业

总结花、果实、种子的识别特征，提交一份调查报告，内容记录要准确、全面，总结要有条理。

六、实训考核

实训考核方式采用实操考评、素质考评、小组互评与自评等相结合。实训成绩包括：实操成绩占60%，素质考评成绩占20%，小组互评或自评成绩占20%。实操成绩由授课教师根据学生的技能测试成绩、实训报告的规范性、实习内容记录的准确性及全面性、任务完成情况等综合评定，素质考评由授课教师根据学生的表现、团队合作、观察是否认真等情况进行打分。

【思考与练习】

(1)简述完全花的组成及各部分的功能。
(2)举例简述花序的类型。
(3)举例简述果实的类型及其识别特征。

项目二　园林植物的分类

学习目标

能力目标：能够运用正确的分类方法，如依据人为分类法及园林植物的生态习性等，对园林植物进行简要的分类；能熟练使用植物分类检索表。

知识目标：掌握园林植物分类及植物命名的方法；了解标本采集与制作方法，掌握检索表的使用方法。

项目导言

地球上已经发现的高等植物约有30万种，其中约1/6具有观赏价值。园林植物不仅种类多样，而且在形态、习性、繁殖与栽培管理、观赏特性及园林应用等方面都各不相同，要进行识别、应用、研究，首先必须对它们进行分门别类。

任务一　园林植物的分类及命名

学习目标

能力目标：能够对常见园林植物进行正确分类。

知识目标：掌握园林植物分类常用的方法；熟悉植物分类的各级单位，掌握植物命名方法。

【任务提出】园林植物种类繁多，为了识别方便，首先要对其进行分类。我们该如何识别这些园林植物种类，可以按照哪些方法对其进行分类呢？

【任务分析】园林植物分类就是按一定标准和方法将这些植物划分为不同的类别，为其栽培、育种、应用提供科学依据。目前，国内外常按植物的生物学特性、栽培方式、观赏部位、园林用途、自然分类系统等不同标准进行分类。

【任务实施】教师准备不同种类的植物图片，简单介绍植物分类的方法、命名方法，然后引导观察，并按照不同标准和方法对其进行分类。

一、园林植物的分类

人为分类法即根据植物的一个或几个明显的形态特征进行分类的方法。这种分类方法不能客观地反映植物间在演化上的亲疏关系，但比较实用，现时还常被采用。如：园林植物按生物学特性可分为木本（分为乔木、灌木、藤本三种类型）、草本（分为一年生、二年生、多年生）、宿根类、球根类、水生花卉、兰科花卉、仙人掌及多肉植物等。还常根据园林植物观赏部位、园林用途等对其进行简要归类。

1. 根据观赏部位的不同分类

(1)观叶植物:以观赏叶形、叶色为主的园林植物。这类植物因叶色光亮、叶形奇特和叶色鲜艳而引人注目,观赏期长,如龟背竹、芭蕉、苏铁、橡皮树等。

(2)观花植物:以花朵为主要的观赏部位,包括木本观花植物与草本观花植物。木本观花植物有玉兰、杜鹃、碧桃等,草本观花植物有菊花、兰花、一串红、大丽花等。

(3)观果植物:以其果实色泽美丽、经久不落、果实色形俱佳而吸引人的植物,如石榴、五色椒、金橘、山楂等。

(4)观芽植物:此类植物的芽特别肥大而美丽,如银柳、结香等。

(5)观茎植物:其茎干因其树皮色泽或形状异于其他植物而供观赏,常见的有红瑞木、桃、杏、白皮松、梧桐等。

(6)观根植物:这类植物裸露的根具有观赏价值,如榕树、蜡梅等。

(7)观姿态植物:以观赏树木树形、树姿为主,其树形、树姿或端庄或高耸,或似游龙或如伞盖,如雪松、龙柏、合欢、龙爪榆等。

2. 根据园林用途分类

(1)园景植物:又称为景观植物,外形富有特点而成为园林中的一景,如各类盆景植物及各类观赏植物都可归属于园景植物。

(2)防护林植物:具备防风固沙、涵养水源、保持水土、降低噪声、营建小气候的园林植物,如珊瑚树、石楠、水杉、悬铃木、马尾松、香樟等。

(3)庭荫植物:能形成绿荫以降低气温,并提供良好的休憩娱乐环境的园林植物。庭荫植物分孤植树和藤本植物两类,常见孤植树有悬铃木、白蜡、银杏、榉树等,藤本植物有茑萝、凌霄、紫藤、葡萄等。

(4)行道树:种植于道路两旁起到遮阴、绿化、降噪、防尘以及美化道路作用的植物,如垂柳、银杏、水杉、雪松、香樟、钻天杨等。

(5)绿篱植物:种植于道路旁或园林中起到隔离、防护、遮蔽、防尘、防噪兼具观赏功能的植物。常用的绿篱植物有黄杨、女贞、红叶小檗、龙柏、侧柏、木槿、黄刺玫、蔷薇等。

(6)地被植物:株丛密集、低矮,经简单管理即可用于代替草坪覆盖在地表,防止水土流失,能吸附尘土、净化空气、减弱噪声、消除污染并具有一定观赏和经济价值的植物。它不仅包括多年生低矮草本植物,还包含一些适应性较强的低矮、匍匐型的灌木和藤本植物。常见的地被植物有杜鹃、麦冬、常春藤、鸢尾、玉簪、萱草、马蔺等。

3. 根据植物对环境的要求分类

(1)根据植物对温度的要求分类如下:

①耐寒花卉:耐寒而不耐高温,冬季能忍受 -10 ℃或更低的气温而不受害。如牡丹、榆叶梅、珍珠梅、锦带花、芍药、荷包牡丹等。

②喜凉花卉:稍耐寒而不耐严寒,但也不耐高温。一般在 -5 ℃左右不受冻害。如梅花、桃、蜡梅、菊花、萱草、三色堇、雏菊等。

③中温花卉:一般耐轻微短期霜冻。如苏铁、山茶花、桂花、栀子花、含笑、杜鹃花、金鱼草、报春花等。

④喜温花卉:性喜温暖而绝不耐霜冻,一般在 5 ℃以上安全越冬。如茉莉花、叶子花、

白兰花、含羞草、瓜叶菊、非洲菊等。

⑤耐热花卉:喜温暖而能耐40 ℃或以上的高温,但极不耐寒,在10 ℃甚至15 ℃以下便不能适应。如米兰、扶桑、变叶木、凤梨科、仙人掌科等。

(2)根据植物对光照强度的要求分类如下:

①喜光花卉:也称阳生花卉,只有在全光照下才能发育好并正常开花结果。如山楂、贴梗海棠、荷花、唐菖蒲、半枝莲等。

②耐阴花卉:也称中生花卉,在充足光照下生长良好,但能忍耐不同程度的荫蔽。如龟背竹、米兰、南天竹、含笑、袖珍椰子等。

③喜阴花卉:也称阴生花卉,只有在一定的荫蔽环境下才能生长良好,适于在散射光下生长。如蕨类、玉簪属、秋海棠属等。

(3)根据植物对光周期的要求分类如下:

①短日性花卉,如叶子花、一品红、菊花、波斯菊等。

②长日性花卉,如八仙花、唐菖蒲、紫茉莉等。

③中日性花卉,如月季花、扶桑、香石竹、矮牵牛等。

(4)根据植物对水分的要求分类如下:

①旱生花卉:适应于干旱环境下生长发育的花卉,如仙人掌类、景天类及许多肉质多浆植物等。

②中生花卉:既能适应干旱环境,也能适应多湿环境的花卉,如月季、菊花、山茶花等。

③湿生花卉:喜欢土壤疏松和空气多湿环境的花卉,如兰花、杜鹃花、茉莉花等。

④水生花卉:整个植物体或根部必须生活在水中或潮湿地带,遇干旱则枯死,如荷花、睡莲、王莲、千屈菜等。

4.按照自然分类法分类

自然分类法是从比较形态学、比较解剖学、古生物学、植物化学、植物生态学等不同角度对植物进行分门别类,以反映植物界自然演化过程和植物间彼此亲缘关系的分类方法。以自然分类法为基础将植物进行分门别类而建立起来的分类系统称之为自然分类系统。其中最具代表性的是恩格勒(A. Engler)系统和哈钦松(J. Hutchinson)系统。

植物分类的各级单位(即植物分类阶元)按照高低和从属关系顺序排列,主要包括界、门、纲、目、科、属、种。有时根据需要在主要分类单位中可分别加入亚门、亚纲、亚目、亚科、族、亚族、亚属、亚种等。种是生物分类的基本单位,是具有一定自然分布区、一定形态特征和生理特性的生物类群。同一种中的各个个体具有相同的遗传性状,而且彼此交配可以产生后代。种是生物进化与自然选择的产物。

根据自然分类系统,园林植物通常包括蕨类植物门、种子植物门的裸子植物亚门和被子植物亚门,其中被子植物亚门又分为单子叶植物纲和双子叶植物纲。实际生产中常常将观赏形态相似、生态习性相近的园林植物按科划分,如苏铁类、兰科、仙人掌类、棕榈类等,都是以科或亚科称呼的。植物分类的各级单位见表2-1-1。

二、认识植物的命名

由于世界各地语言的差异,同一植物在不同的国家、不同的民族、不同的地区往往有不同的叫法，甚而出现同名异物或同物异名的现象，由此而妨碍国内和国际间的科学交流以及生产流通。因此，植物学家在很早以前就对创立世界通用的植物命名问题进行探索。18 世纪中叶以前曾采用过多名法，因过于烦琐而被后来的双名法所取代。现代植物的种名，即世界通用的科学名称的命名，都是采用双名法。

表 2-1-1　植物分类的各级单位

分类单位	英文名	拉丁名	分类举例	拉丁文
植物界	Vegetable Kingdom	Regnum Vegetable	植物界	Regnum Vegetable
门	Division	Divisio	被子植物门	Angiospermae
纲	Class	Classis	木兰纲	Magnoliopsida
目	Order	Ordo	蔷薇目	Rosales
科	Family	Familia	蔷薇科	Rosaceae
属	Genus	Genus	蔷薇属	*Rosa*
种	Species	Species	野蔷薇	*Rosa multiflora* Thunb.

双名法是由瑞典植物分类学家林奈(Carolus Linnaeus)所创立的。所谓双名命名法是指用拉丁文给植物的种起名字，每一种植物的种名，都由两个拉丁词或拉丁化形式的词构成，第一个词是属名；第二个词是种加词；第三个词是命名人的姓氏或姓氏缩写。每种植物只能有一个合法的名称，即用双名法定的名，也称学名。如银杏的种名为 *Ginkgo biloba* L.。

种以下的分类单位如亚种、变种、变型，采用三名命名法。亚种是属名 + 种加词 + subsp. + 亚种加词 + 亚种命名人的姓氏或姓氏缩写；变种是属名 + 种加词 + var. + 变种加词 + 变种命名人的姓氏或姓氏缩写；变型是属名 + 种加词 + f. + 变型加词 + 变型命名人的姓氏或姓氏缩写。

品种是不属于植物自然分类系统的分类单位，是经由人工栽培之后产生的植物种类，也称为栽培品种。

任务二　利用检索表鉴定植物

学习目标

能力目标：能够科学地采集植物标本并将其制作成腊叶标本或浸制标本；能够应用分类检索表检索鉴定植物。

知识目标：掌握植物标本采集与制作的基本步骤和方法；了解植物检索表的类型及其编制原理，掌握检索表的使用方法。

【任务提出】 植物种类繁多，什么方法能帮助我们认识常见的树木、花卉、杂草等植物种类呢？本任务就是利用植物检索表鉴定植物。

【任务分析】 调查识别花草树木，有一个重要环节就是采集植物标本，因为标本是辨认植物的第一手资料，也是永久性考查资料。但是野外的植物活体难于收集、转运和保藏,且有显著的季节性和区域性,植物活体原本的色泽和形态无法长时间保存,不利于植物分类研究工作随时随地地进行。因此,需对新采集的植物活体或其器官进行处理,使其得以长时间保存,作为研究之用。植物分类检索表是鉴别植物种类的常用工具,学会了植物检索表的使用,就能迅速地查对和鉴别植物。

【任务实施】 安排一次室外或野外课,教师首先展示一些植物标本或标本图片,简单介绍植物标本的种类及采集要求,然后,让学生完成植物标本的采集与制作任务。植物分类检索表的使用,则需在室内完成。准备好植物检索表及一些具有典型特征的植物材料或标本,教师首先简单介绍植物检索表的类型、编制原理及使用方法,然后由教师引导同学们观察植物材料特征,把植物特征用形态术语准确描述,鉴定植物。

一、植物标本的采集与制作

植物标本主要有两种类型:浸制标本(见图 2-2-1)和腊叶标本(见图 2-2-2)。植物浸制标本是将新鲜的植物材料,浸制保存在化学药品配制的溶液里,使其保持原有的形态结构及固有颜色的一种植物标本制作方法。腊叶标本又称压制标本,是干制植物标本的一种。通常采集带有花、果实的植物的一段带叶枝,或带花或果的整株植物体,经在标本夹中压平、干燥后,装贴在台纸上,即成腊叶标本。

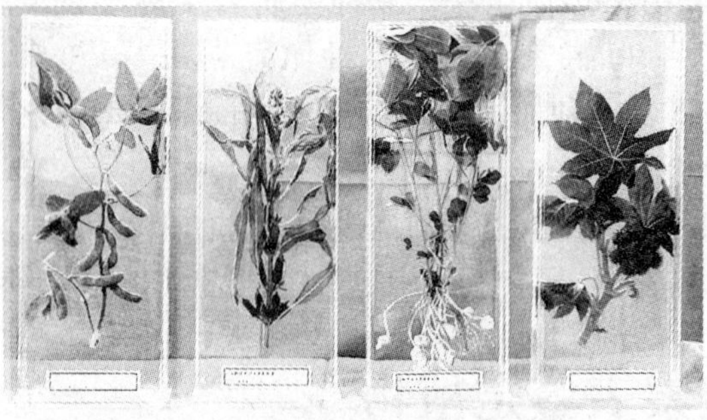

图 2-2-1　植物原色浸制标本

图 2-2-2　腊叶标本

(一)植物标本采集的基本要求

(1)采集完整的标本。花和果是鉴定植物种类的重要依据,标本必须采集具备花或果的材料,或两者都有。

(2)标本大小以每份长度不超过 40 cm 为宜。株高 40 cm 以下的草本整株采集;更矮小的草本则采集数株,以采集物布满整张台纸为宜;更高者需要折叠全株或选取有代表性的上、中、下三段作为一份标本。木本植物选有花或果的带叶枝条,有多型叶时要收齐不同形态的叶片。

(3)每株植物标本应至少采集 2 ~ 3 份。

(4)采集植物标本的同时,应调查植物土名和用途,注意观察植物本身的性状和其生长环境,以充实植物资源数据。不采集或尽量少采集重点保护和珍稀濒危植物,更好地了解、保护和利用植物。

(5)采集木本植物时,应注意记录植株全形;采集草本植物时,应注意一年生、多年生、土生、附生、石生、常绿、冬枯等习性特征;采集水生植物时,应注意其异型叶的特征;注意观察花的颜色和气味,并对其进行详细的记录。

(二)植物标本的制作

1.腊叶标本的制作程序

压制标本:将采集的标本逐个地平铺在吸水纸上,尽量使枝、叶、花、果平展,并且使部分叶片背面向上;花的标本最好有一部分侧压,以展示花柄、花萼、花瓣等各部位形状;初压的标本水分多,通常每天要换2~3次纸,第三天后可每天换一次,以后可以几天换一次,直至干燥。

标本装订:装订是将标本固定在一张白色的台纸上,装订标本也称上台纸。装订目的一方面是为长期保存标本不受损伤,另一方面也是为了便于观察研究。装订标本通常分三个步骤,即消毒、装订和贴记录签。标本消毒通常是使用1%升汞酒精溶液或二氧化硫等药剂,用于杀死害虫、虫卵以及病原菌、孢子等,以防止标本虫蛀和霉变。装订是通过粘贴等方法将标本固定于台纸上适当的位置。贴标签即在标本装订好后,在台纸右下角贴上标签,注明植物类别、名称、采集地、日期、采集者等信息;植物分类学用的标本,通常在左上角贴采集记录,右下角贴定名签;定名签要标明采集号、科、拉丁学名、鉴定人和鉴定日期;贴标签时将四个角或上下两边粘牢即可,以便必要时可取下更换。

2.浸制标本的制作程序

标本清理:标本采集后,在制作前还必须经过清理,使要展示的特征更为突出。一是要除去枯枝烂叶,除去凋萎的花果,若叶子太密集,还应适当修剪;二是用清水洗去泥沙杂质。标本清理后,应尽快进行制作,否则时间太久,有的标本的花、叶容易变形,影响效果。

配制固定溶液:制作原色浸制标本要根据所浸制的材料色泽来配制不同的固定溶液。如:绿色植物标本通常用醋酸铜或硫酸铜溶液作为原色固定液,红色标本通常以福尔马林-硼酸溶液作为原色固定液。

标本浸制:将植物泡在特定的固定液中加热,至原色退却尔后又恢复到原色时即可取出,洗净后放入准备好的保存液(5%福尔马林)中保存,经此处理可长期保持标本的原色不退。

也可将清理好的标本直接浸泡在5%的福尔马林溶液或70%的酒精溶液中保存,但所浸标本容易退色。

标本保存:植物浸制标本装瓶后,瓶口要加盖,用熔化的石蜡涂在瓶口接缝处封口;目的是防止保存液挥发,以及标本发霉变质;封口后,在标本瓶的上方贴上标签,注明名称、产地、制作日期、制作人等。标本瓶存放在阴凉处,避免阳光直射,这样可以使标本原有的色泽保持较长时间。

二、植物分类检索表的使用

(一)认识检索表的类型及样式

植物检索表是根据二歧分类原则编制的,将一群植物相对的特征、特性分成对应的两个分支,如双子叶类和单子叶类,从每类中再找出相对的特征区分为两类,依次层递,最后分出科、属、种或品种；为便于使用，各分支按其先后出现的顺序，前边加上一定的顺序数字，相对应的两个分支前的数字或符号应是相同的。常用的植物分类检索表有等距检索表和平行检索表两种。

(1)等距检索表：又称为定距式检索表，通常将每对特征写在检索表左侧一定距离处，前面标注有相应的序号，与之相对立的特征写在同样距离处，依次逐级向右排列收缩，直至种的名称出现为止。植物等距检索如下所示。

1. 叶3针(罕2针)或5针一束
　2. 叶3针(罕2针)一束
　　3. 叶3针一束，叶鞘早落，树皮白色………………………… 白皮松
　　3. 叶3针(罕2针)一束，叶鞘宿存，树皮淡褐色 ……………… 火炬松
　2. 叶5针一束
　　3. 针叶短，长35～55 cm，树脂道2，边生…………………… 日本五针松
　　3. 针叶长，长8～15 cm，树脂道3，多中生或
　　　背面2个边生，腹面1个中生 ……………………………… 华山松
1. 叶2针(罕3针)或2,4针一束并存
　2. 叶2针一束
　　3. 树脂道4～8，边生，针叶细软，长12～20 cm ……………… 马尾松
　　3. 树脂道3～7(9)，中生，针叶稍粗硬，长5～13 cm ………… 黄山松
　2. 叶2,3针并存，或2针(罕3针)一束

(2)平行检索表：与等距检索表不同处在于平行检索表每一对立的特征是紧密排列在一起的，易于比较，在每一行叙述末尾为一数字或名称。植物平行式检索表如下所示。

1. 落叶乔木，叶条形，长枝上互生，短枝上15～30枚轮状着生……… 金钱松
1. 常绿乔木，叶条形或针形……………………………………………… 2
2. 叶针形，长枝上螺旋状排列，短枝上20～60枚聚生顶端 …………… 雪松
2. 叶条形 ………………………………………………………………… 3
3. 叶条形，先端有凹缺 ………………………………………………… 黄杉
3. 叶条形，先端微凹或钝………………………………………………… 4
4. 叶长1.5～3.0 cm，叶缘反卷或微反卷 ……………………………… 冷杉
4. 叶长0.8～1.3(1.8) cm，横断面菱形或扁菱形，小枝上有显著的叶枕，叶枕间由深凹槽隔开……………………………………………………… 青杄

(二)植物分类检索表的使用

(1)使用植物分类检索表时，先认真观察植物形态特征，用科学规范的形态术语对待鉴定植物的形态特征进行准确的描述。注意待鉴定植物要尽可能完整，不仅要有茎、叶部分，最好还有花和果实。

(2)根据待鉴定植物的特点，对照检索表中所列的特征，从头按次序逐项检索。首先鉴定出该种植物所属的科，再用该科的分属检索表查出其所属的属，最后利用该属的分种

检索表检索确定其为哪一种植物。如能直接判断所查植物的分类等级,可直接查那一级的检索表。

(3)检索到了最后名称,借图鉴和植物志等,对照图文相符与否,进一步确定检索无误。

【巩固训练】

实训一　常见园林植物的分类

一、实训目的

掌握常见园林植物的分类鉴定特征、主要生态习性以及园林观赏特性,并能熟练应用分类检索表检索园林植物,确定其种名,了解其分类地位。

二、实训材料

常见园林植物标本若干份,放大镜,记录本,园林植物志。

三、实训内容

(1)观察园林植物标本;
(2)实地观察园林植物,用专业的形态术语描述、记录观察到的园林植物分类特征;
(3)利用园林植物志上的分类检索表,确定园林植物种名。

四、实训步骤

(1)观察园林植物标本,熟悉其分类特征;
(2)实地观察园林植物实物,记录观察到的形态特征及生态习性、观赏特征;
(3)根据观察、记录下来的形态特征,检索园林植物分类检索表,确定园林植物种名;
(4)教师归纳总结,选取典型植物类型,对学生进行技能考核测试。

五、实训作业

提交至少50种园林植物的定名记录,每种园林植物的定名记录包括种名、科属名称、定名分类特征、生态习性及观赏特性。

六、实训考核

实训考核方式采用实操考评、素质考评、小组互评与自评等相结合。实训成绩包括:实操成绩占60%,素质考评成绩占20%,小组互评或自评成绩占20%。实操成绩由授课教师根据学生的技能测试成绩、实训报告的规范性、实习内容记录的准确性及全面性、任务完成情况等综合评定,素质考评由授课教师根据学生的表现、团队合作、观察是否认真等情况进行打分。

【思考与练习】

(1)简述园林植物分类的方法。

(2)简述植物标本采集与制作的步骤。

(3)查阅资料,列举 10 种适于本地区种植的行道树,并标明其分类归属。

(4)查阅资料,列举 10 种适于本地区种植的地被植物,并标明其分类归属。

项目三　园林植物的识别

学习目标

能力目标：能够认识本地园林中常见的园林植物200余种，包括常见的裸子植物、落叶阔叶树、常绿阔叶树，常见的草本园林植物、观赏蕨类及多肉植物等。

知识目标：了解裸子植物类、落叶阔叶树、常绿阔叶树、草本园林植物等各类园林植物的特点，掌握常见园林植物的识别要点、观赏特性及其在园林中的应用形式。

项目导言

园林植物是园林绿化的主体，是城市园林景观的骨架组成。我国幅员辽阔，植物资源丰富，仅高等植物就有3万余种，在园林中应用的植物也很丰富。不论是传统园林还是现代园林，都非常重视植物材料的应用，尤其是在推崇生态设计理念的今天，植物造景更成为园林建设的主流。识别植物是观赏植物资源保护和开发、利用的重要基础。

本项目主要包括园林中常见裸子植物、阔叶类园林树木、观赏竹类、棕榈类，常见草本园林植物、观赏蕨类及多肉植物等种类的识别。

任务一　园林中常见裸子植物的识别

学习目标

能力目标：能够认识本地园林中常见的裸子植物。

知识目标：掌握园林中常见的裸子植物的识别要点，了解其分布与习性、繁殖与栽培、观赏特性与园林应用。

【任务提出】 在学校、游园、公园等各类园林绿地中，经常会应用一些裸子植物，如银杏、苏铁、雪松、龙柏、侧柏、水杉等。本任务就是到校园中、实习基地、公园等绿地中去认识这些园林植物种类，并了解其分布与习性、繁殖与栽培、观赏特性与园林应用。

【任务分析】 裸子植物大多常绿，叶形特别有致、树形优美，具有很好的观赏价值，因而被广泛引种驯化用于园林绿化之中。识别时，先明确其分类地位，然后是生态环境、习性的观察，叶、球花、球果及种子的观察。

【任务实施】 教师首先准备银杏、苏铁、雪松、龙柏、罗汉松等具有裸子植物典型特征的图片，或制作成多媒体课件，以及一些具有典型特征的新鲜的植物材料。教师引导学生认真观察分析后，简要介绍裸子植物的特点及主要形态特征,接着到实际绿地中结合具体的植物介绍观察的方法、步骤及内容,最后让学生分组到实际绿地中调查、识别。

一、裸子植物主要形态特征的观察

裸子植物多为多年生木本植物,大多为单轴分枝的高大乔木,少为灌木,稀为藤本;大多是常绿植物,极稀为落叶性(如银杏、金钱松)植物;叶形呈针形、线形或鳞形,稀为扇形(如银杏);球花单性,雌雄同株或异株;胚珠裸露,形成种子,不形成果实。种子有胚乳,子叶一至多数。

二、园林中常见裸子植物的识别

1. 银杏(白果树、公孙树、鸭掌树) *Ginkgo biloba* L.(图 3-1-1)

科属:银杏科,银杏属

银杏雄花枝

银杏果实

银杏景观

图 3-1-1 银杏及其园林景观效果

识别要点:落叶大乔木,高达 40 m。树冠广卵形,主枝斜展,近轮生;叶扇形,上缘有浅或深的波状缺刻,二叉状脉,叶有长柄,在长枝上螺旋状散生,在短枝上簇生。种子核果状、椭圆形、倒卵形或近球形,成熟时黄色或橙黄色,外被白粉。雌雄异株。雄株主枝与主干间的夹角小,树冠稍瘦;雌株主枝与主干间的夹角较大,树冠宽大。

分布与习性:中国特产,为世界著名的古生树种,被称为“活化石”。自辽宁南部至华南,西至西南均有栽培;浙江天目山有野生。喜光,耐寒,喜适当湿润又排水良好的深厚沙质壤土,不耐积水,较耐旱。寿命长,树龄可达千年。

繁殖与栽培:可用播种、扦插、分蘖、嫁接等方式繁殖。银杏耐旱不耐湿,栽培过程中要注意排水,秋冬季重施有机肥。

观赏特征及园林应用:银杏树干端直,树姿雄伟,叶形优美,秋叶鲜黄,且寿命长,病虫害少,国家二级重点保护树种。可作庭荫树、行道树或独赏树。作行道树时,应选择雄株。

2. 苏铁 *Cycas revoluta* Thunb.(图 3-1-2)

科属:苏铁科,苏铁属

识别要点:常绿木本,树干圆柱形,通常不分枝,高 2 ~ 8 m。大型羽状叶着生干顶,叶

图 3-1-2　苏铁及其园林盆景效果

基两侧具齿状刺，羽片条形，厚革质，边缘反卷。雌雄异株，花序顶生状；雄花序柱状长卵形，雌花序扁圆形。种子核果状红色，圆卵形。花期 6～8 月，种子 10 月成熟。

分布与习性：原产于我国南部福建、广东、台湾等地，现各地均有栽培；日本、菲律宾等国也有分布。阳性树种，喜暖热湿润气候，不耐寒，温度低于 0 ℃时易受害，生长缓慢，寿命可达 200 年以上。

繁殖与栽培：用播种、分蘖、埋茎等方式均可繁殖。园林栽培苏铁以疏松肥沃、透水透气的沙壤土为佳，保证充足的光照，温度低时应移入温房中养护。

观赏特征及园林应用：苏铁树形古朴、主干粗壮、四季常青，适生于植于草坪、花坛的中心或作为盆栽布置于会场、宾馆等场地内以供装饰。

3. 雪松　*Cedrus deodara*（Roxb.）G. Don.（图 3-1-3）

科属：松科，雪松属

图 3-1-3　雪松及其球果

识别要点：常绿乔木，树冠圆锥形。大枝平展，小枝略下垂。叶针形，横切面三角形，在长枝上散生，在短枝上簇生。球果椭圆状卵形，翌年成熟，果鳞脱落。种子具翅。

分布与习性：原产于印度、阿富汗、喜马拉雅山脉西部；现世界各地广泛栽培。喜光，稍耐阴，喜温和凉润气候，有一定的耐寒性；不耐水湿，较耐干旱瘠薄，但以深厚、肥沃、排水良好的酸性土壤生长最好。浅根性，抗风力不强。

繁殖与栽培：以播种、扦插或压条法繁殖。栽培管理过程中注意排水防涝，浅根施肥，适时修剪、培土，支撑固定树干，防止倒伏。

观赏特征及园林应用：雪松树姿婆娑优美，叶色浓绿苍翠，是珍贵的庭园观赏及城市绿化树种。

4. 湿地松　*Pinus elliottii* Engelm.（图 3-1-4）

科属：松科，松属

图 3-1-4　湿地松及其球果

识别要点：常绿大乔木，树皮灰褐色，纵裂成鳞状。针叶 2 针一束与 3 针一束并存，粗硬，背腹两面均有气孔线，叶缘具细锯齿。球果常 2～4 个聚生，圆锥形，有梗，鳞盾肥厚，鳞脐瘤状，种子卵圆，略具 3 棱。花期 3 月中旬，球果翌年 9 月成熟。

分布与习性：原产于北美东南部暖热潮湿地带；我国长江以南各地广为引种栽培。强喜阳，喜温暖湿润多雨气候，对气温的适应性强，耐水湿，也耐干旱瘠薄。适生于酸性红壤，在低洼沼泽地边缘生长更佳，故名湿地松。

繁殖与栽培：播种和扦插法繁殖。栽培环境要求阳光充足、空气湿润、土壤肥沃，旱季注意抗旱保墒。

观赏特征及园林应用：树姿雄浑壮丽，巍然可观。适于在开阔的风景区大面积造林，也可将其作为背景树种栽植，又可在水畔及海滨公园低温地带适量配植。

5. 白皮松　*Pinus bungeana* Zucc. ex Endl.（图 3-1-5）

科属：松科，松属

图 3-1-5　白皮松及其雄球花

识别要点：常绿乔木，树冠阔圆锥形。树皮灰绿色，呈不规则薄鳞片状剥落，老树树皮乳白色。叶 3 针一束，叶鞘早落。球果通常单生，初直立，后下垂，成熟前淡绿色，熟时淡黄褐色，卵圆形或圆锥状卵圆形。花期 4～5 月，球果第二年 10～11 月成熟。

分布与习性：中国特有树种，分布于陕西、河南、四川、甘肃、山西等地。北京、南京、苏州、杭州、上海等地均有栽培。阳性树种，喜光，较耐寒，耐干旱，不择土壤。抗污染力强，不耐积水。

繁殖与栽培:播种、嫁接、扦插、压条等方式繁殖。栽培环境要求阳光充足、空气湿润、土壤肥沃,旱季注意抗旱保墒。

观赏特征及园林应用:白皮松树姿优美,树皮斑驳,为珍贵庭园观赏树种。常植于寺院、墓地、庭园、公园等地。

6. 华山松　*Pinus armandii* Franch.（图 3-1-6）

科属: 松科,松属

图 3-1-6　华山松及其球果

识别要点:常绿乔木,树冠广圆锥形。小枝平滑无毛,冬芽小,圆柱形,栗褐色。幼树树皮灰绿色,老则裂成方形厚片固着在树上。叶 5 针一束,树脂道多为 3,叶鞘早落。球果圆锥状长卵形,成熟时种鳞张开,种子脱落。种子无翅或近无翅,花期 4 ~ 5 月,球果次年 9 ~ 10 月成熟。

分布与习性:原产于中国,因集中产于陕西的华山而得名。分布于我国中部至西南部高山地区。阳性树种,喜光,喜温凉湿润气候,不耐盐碱,喜排水良好、深厚疏松的土壤。浅根性,侧根发达。

繁殖与栽培:以播种、嫁接、扦插或压条法繁殖。栽培土壤应疏松、微酸,排水良好,以沙壤土为宜,忌盐渍土。

观赏特征及园林应用:华山松高大挺拔,针叶苍翠,冠形优美,生长迅速,是优良的园林绿化树种。可用作园景树、庭荫树、行道树及林带树,丛植、列植或群植。

7. 黑松（白芽松、日本黑松）　*Pinus thunbergii* Parl.（图 3-1-7）

科属:松科,松属

识别要点:常绿乔木,树冠幼时呈狭圆锥形,老年期呈扁平的伞形。树皮灰黑色,冬芽银白色。叶 2 针一束,叶鞘宿存,常微弯曲,树脂道中生。球花期 4 月。球果卵形,翌年 10 月成熟,鳞片裂开而散出种子,种子有薄翅。果鳞的鳞脐具有短刺。

分布与习性:原产于日本及朝鲜。我国山东、江苏、安徽、浙江、福建等诸省普遍栽培。阳性树种,喜光,耐寒冷,不耐水涝,耐干旱、瘠薄及盐碱土。适生于温暖湿润的海洋性气候区域,喜微酸性沙质壤土,最宜在土层深厚、土质疏松且含有腐殖质的沙质土壤处生长。耐海雾,抗海风,也可在海滩盐土地方生长。抗病虫能力强,生长慢,寿命长。

繁殖与栽培:播种繁殖。盆栽最好用山土或腐叶土,掺拌 20% 沙土为培养土。浇水不可过量。

观赏特征及园林应用:黑松一年四季长青,抗病虫能力强,可以作为庭荫树、防潮林、

图 3-1-7 黑松树姿及其球果

行道树等，又可作嫁接日本五针松和雪松的砧木。

8. 油松（红皮松、短叶松） *Pinus tabulaeformis* Carr.（图 3-1-8）

科属：松科，松属

图 3-1-8 油松树姿及其雄球花

识别要点：针叶常绿乔木，幼树冠为塔形或圆锥状形；老树平顶，扁圆形、伞形等。树皮下部灰褐色，裂成不规则鳞块，裂缝及上部树皮红褐色；大枝平展或斜向上，小枝粗壮，黄褐色，有光泽；冬芽长圆形，芽鳞红褐色。针叶 2 针一束，暗绿色，较粗硬；叶鞘宿存。雄球花柱形，聚生于新枝下部呈穗状；当年生幼球果卵球形，黄褐色或黄绿色，直立。球果卵形或卵圆形，成熟后黄褐色，常宿存几年。球花期 5 月，球果第二年 10 月上、中旬成熟。

分布与习性：在我国分布广泛，华北为分布中心，西北、西南亦有。温带树种，强阳性，耐寒，耐干旱、耐瘠薄，深根性，不耐水涝，不耐盐碱，以深厚肥沃棕壤及淋溶褐土生长最好。寿命长。

繁殖与栽培：播种繁殖。选择地势平坦、灌溉方便、排水良好、土层深厚肥沃的中性（pH 6.5～7.0）沙壤土或壤土为苗圃地。中国北方冬季寒冷，幼苗应采取有效的防寒措施。

观赏特征及园林应用：油松树干挺拔苍劲，四季常青，不畏风雪严寒。园林中适于独植、丛植、纯林群植或行混交种植，可选用元宝枫、栎类、桦木、侧柏等作为伴生树种。

9. 柳杉（孔雀杉） *Cryptomeria fortunei* Hooibrenk ex Otto et Dietr.（图 3-1-9）

科属：杉科，柳杉属

图 3-1-9　**柳杉树姿及其叶与球果**

识别要点:乔木,高可达 40 m;树皮红棕色,纤维状,裂成长条片脱落;大枝近轮生,平展或斜展;小枝细长,常下垂;叶钻形略向内弯曲,先端内曲,四边有气孔线。球果圆球形或扁球形,较小,每种鳞有 2 粒种子。花期 4 月,球果 10 月成熟。

分布与习性:柳杉是我国特有树种,原产于我国江西、浙江、福建等地,安徽、四川、湖南、湖北、广东、广西等地均有栽培。中等阳性树,略耐阴,亦略耐盐碱,适于深厚肥沃、湿润、排水良好的酸性土。根系较浅,抗风力差。

繁殖与栽培:以播种、扦插方式繁殖。在江浙一带多行春播,出土后不带种壳。夏季设荫棚,冬季设暖棚。当年苗高约 15 cm,次春移植。

观赏特征及园林应用:柳杉姿态优美,叶色秀丽,四季常绿,宜孤植、对植或丛植,为优美的园林观赏树种。

10. 水松　*Glyptostrobus pensilis* K. Koch(图 3-1-10)

科属:杉科,水松属

图 3-1-10　**水松树姿及其叶与球果**

识别要点:常绿乔木,树冠圆锥形。树皮褐色或灰褐色,扭裂成不规则条片状,干基部膨大,有膝状呼吸根。枝条稀疏,大枝平伸或斜展,小枝绿色。叶延下生长,鳞形、线状钻形及线形,常二者生于同一枝上。雌雄同株,球花单生枝顶;雄球花圆形,雌球花卵球形;球果倒卵圆形,种子椭圆形而微扁。

分布与习性:水松为中国特有的单种属植物,产于我国江西、广西、广东、福建、四川、云南等地;长江流域以南地区现已有引种栽培。阳性树,喜温暖湿润气候,不耐低温;喜暖热多湿的酸性土,忌盐碱土。

繁殖与栽培:用播种、扦插等方式进行繁殖。当球果黄褐色时即可采收,收后将种子晒干,贮至翌年2~3月播种,约20 d可发芽,保持苗床湿润,还要适当遮阴。第二年春即可出圃造林。种植2~3年内应注意保护幼树主干顶芽和除草培土。

观赏特征及园林应用:水松树形高大美丽,成片种植更显巍峨;园林中多种植于大面积水体边缘,景观效果优美。

11. 水杉 *Metasequoia glyptostroboides* Hu et W. C. Cheng(图3-1-11)

科属:杉科,水杉属

图3-1-11 水杉树姿及其叶

识别要点:落叶乔木,高达35 m;幼树树冠尖塔形,老树则为广圆头形;树皮灰褐色或深灰色,裂成条片状脱落,内皮淡紫褐色;大枝近轮生,小枝对生或近对生,下垂。叶扁平条形,柔软,几乎无柄,羽状二列对生,冬季与无芽小枝一同脱落。雌雄同株,雄球花单生叶腋或苞腋,卵圆形,交互对生排成总状或圆锥花序状;雌球花单生侧枝顶端,由22~28枚交互对生的苞鳞和珠鳞所组成。球果深褐色。每年2月开花,果实11月成熟。

分布与习性:杉科水杉属唯一现存种,中国特产的孑遗珍贵树种。天然古树分布于我国湖北利川、重庆石柱、湖南龙山等地;现国内外已广泛栽培。阳性树,喜温暖湿润,耐低温,不耐涝,适于肥沃、深厚、湿润,排水良好的酸性土。

繁殖与栽培:以播种和扦插进行繁殖。春季栽植成活率高。栽前要挖大穴,施基肥,勿伤根;栽后要充分灌水,浇足,浇透;生长期可施追肥。苗期可适当修剪,4~5年后不要修剪,以免破坏树形。

观赏特征及园林应用:水杉树姿挺拔、秀丽,叶色随季节而变化,季相优美,在园林绿化中被广泛用作行道树、背景树,是优良的园林观赏树种。

12. 落羽杉　*Taxodium distichum*（L.）Rich.（图 3-1-12）

科属：杉科，落羽杉属

图 3-1-12　落羽杉树姿及其叶

识别要点：落叶乔木，树冠幼时圆锥形，老叶呈伞形。主干基部常膨大，有屈膝状的呼吸根；树皮为长条片状脱落，棕色；侧生小枝排成两列。叶线形，扁平，在小枝上排为 2 列羽状，先端尖，上面淡绿色，下面黄绿色，秋季红褐色。雌雄异花、同株。球果圆形或卵圆形，有短梗，下垂，成熟后淡褐黄色，有白粉；种子为不规则三角形，有短棱，褐色。球花期 3～5 月，球果次年 10 月成熟。

分布与习性：是古老的"孑遗植物"。原产于北美东南部，现我国长江以南各地广泛栽培。阳性树种，适应性强，能耐低温、干旱、涝渍和土壤瘠薄，耐水湿，抗污染，抗台风，且病虫害少，生长快。

繁殖与栽培：以播种、扦插等方式繁殖。12 月至翌年 1 月获得净种后，用湿沙与种子混合后保湿贮藏，翌年春季播种。可供应第二年春季造林及培育大苗。

观赏特征及园林应用：落羽杉树形雄伟，枝叶繁茂，羽毛状的叶丛极为秀丽柔美，秋季落叶较迟，入秋后树叶变为古铜色，是南方平原、水边的优良绿化用材及观赏树种。

13. 侧柏（扁柏、香柏）　*Platycladus orientalis*（L.）Franco.（图 3-1-13）

科属：柏科，柏属

图 3-1-13　侧柏树姿及其叶与球果

识别要点：常绿乔木，幼树树冠尖塔形，老树广圆形；树皮薄，淡灰褐色，条片状纵裂；

大枝斜出；小枝排成平面，扁平，无白粉。叶全为鳞片状。雌雄同株，雌雄花均单生于枝顶。球果阔卵形，近熟时蓝绿色被白粉，种鳞木质，红褐色，种子卵形，灰褐色，无翅，有棱脊。球花期 3 ~4 月，种熟期 10 ~11 月。

分布与习性：原产于我国华北、东北，全国各地均有栽培。喜光，有一定的耐阴性；适于温暖湿润气候，较耐寒；对土壤要求不严，但以钙质土最好。

繁殖与栽培：以种子繁育为主，也可扦插或嫁接。春、秋、雨三季都可栽植，雨季造林较易成活。栽植后 2 ~4 年内每年松土除草 1 ~3 次，以促进生长。

观赏特征及园林应用：侧柏树形苍劲，气魄雄伟。常栽植于寺院、陵园、庭园中。与圆柏混交能达到很好的园林艺术效果。侧柏耐修剪，在华北园林中常作绿篱材料。

14. 圆柏（桧柏）　*Sabina chinensis*（L.）Ant.（图 3-1-14）

科属：柏科，圆柏属

图 3-1-14　圆柏树姿及其叶与球果

识别要点：常绿乔木，树冠尖塔形，老树冠呈广卵形。树皮灰褐色，裂成长条片。叶具二型；鳞叶先端钝尖或微尖，背面近中部具微凹的腺体，交互对生，鳞叶小枝近圆形或近四棱形；刺叶 3 枚轮生，腹面微凹，有两条白粉带。球果次年或第三年成熟，种子 2 ~3 枚，卵圆形。球花期 4 月下旬，11 月球果成熟。

分布与习性：分布于我国华北各省、长江流域、两广北部以及西南各地，朝鲜、日本也有分布。喜光，较耐阴。喜凉爽温暖气候，忌积水，耐修剪，易整形。耐寒、耐热，对土壤要求不严，以中性、深厚而排水良好处生长最佳。

繁殖与栽培：种子繁殖或扦插繁殖。耐干旱，栽培管理中应注意浇水时不可过湿，不干不浇。圆柏桩景不宜多施肥，以免徒长影响树形美观。圆柏盆景，以摘心为主，对徒长枝可进行打梢，剪去顶尖，促生侧枝。

观赏特征及园林应用：圆柏树形优美，苍劲古朴，凝重肃静，自古多植于寺庙、陵园等地作为行道树或风景林。耐阴且耐修剪，为优良的绿篱植物。现在欧美各国园林中广为栽培。

15. 刺柏　*Juniperus formosana* Hayata（图 3-1-15）

科属：柏科，刺柏属

识别要点：常绿小乔木，高达 12 m。树皮灰褐色，纵裂，呈长条薄片脱落；树冠塔形，

图 3-1-15 刺柏盆景及其球果

大枝斜展或直伸，小枝下垂，三棱形。叶全为刺形，3 枚轮生，先端尖锐正面微凹，有 2 条白粉带。雌雄同株或异株，球果近圆球形，肉质，直径 6 ~ 10 mm，成熟后顶稍开裂。种子半月形，有 3 棱，2 年成熟，熟时淡红褐色。球花期 4 月，果需 2 年成熟。

分布与习性：中国特有树种，自温带至寒带均有分布，台湾省也有。喜光，耐寒，耐旱，主侧根均甚发达，在干旱沙地、向阳山坡以及岩石缝隙处均可生长。

繁殖与栽培：播种、扦插、压条、嫁接均可繁殖。鄢陵县常以侧柏为砧木，用靠接方法繁殖。刺柏对肥、水要求不严，一般情况下不施肥、不浇水也能生长良好，雨季注意排水。

观赏特征及园林应用：刺柏树形美丽，叶片苍翠，冬夏常青，果红褐色或蓝黑色，可孤植、列植，是良好的海岸庭园树种之一，也是制作盆景的好素材。

16. 罗汉松 *Podocarpus macrophyllus* (Thunb.) D. Don(图 3-1-16)

科属：罗汉松科，罗汉松属

图 3-1-16 罗汉松树姿及其叶与果

识别要点：常绿乔木，树冠广卵形。树皮灰色，呈薄片状脱落。叶条状披针形，先端尖，基部楔形，两面中肋隆起，表面暗绿色，背面灰绿色，有时被白粉，排列紧密，螺旋状互生。雌雄异株或偶有同株。种子卵形，有黑色假种皮，着生于肉质而膨大的种托上，种托深红色。球花期 4 ~ 5 月，种熟期 8 ~ 11 月。

分布与习性：产于我国长江流域以南至华南、西南各地，日本也有分布。半阳性树种。喜半阴，喜温暖湿润和肥沃沙质壤土。不耐严寒，在华北只能盆栽。寿命长。

繁殖与栽培:常用播种和扦插繁殖。栽培时要求肥沃、排水良好的沙壤土。移植以春季3~4月最好,小苗需带土,大苗带土球,也可盆栽。栽后应浇透水。生长期保持土壤湿润。盛夏高温季节需放半阴处养护。每2月施肥1次。冬季盆栽注意防寒,盆钵可埋入土内,并减少浇水。

观赏特征及园林应用:树形古雅,种子与种柄组合奇特若罗汉状,惹人喜爱;南方寺庙、宅院多有种植。可门前对植,中庭孤植,或于墙垣一隅与假山、湖石相配。亦可布置花坛或盆栽陈于室内欣赏。

17. 竹柏(罗汉柴、大果竹柏、山杉、竹叶柏)　*Podocarpus* (Thunb.) Zoll. et Mor. ex Zoll.(图3-1-17)

科属:罗汉松科,竹柏属

图3-1-17　竹柏树姿及其叶与球果

识别要点:常绿乔木,高可达20~30 m,树冠圆锥形,树皮褐色,平滑,呈小块薄片状脱落。叶为变态的枝条,交叉对生,质地厚,革质,宽披针形或椭圆状披针形。雌雄异株,雄球花柔荑状,常3~6穗簇生叶腋。种子核果状,圆球形,为肉质假种皮所包。球花期3~5月,种子9~11月成熟。

分布与习性:产于我国江西、浙江、福建、四川、湖南及两广等地,日本也有分布。阴性树种,喜温热潮湿多雨气候。对土壤要求较高,适于在肥沃、湿润、排水良好、酸性的沙壤土上生长。

繁殖与栽培:以播种及扦插方式繁殖。栽培养护,幼苗要注意遮阴,浇施肥料时要做到适量多次;成年植株要注意保持土壤湿润而不积水,冬季进行适当修剪,去除病枝、枯枝,维持良好的树形。

观赏特征及园林应用:竹柏叶形奇异,终年苍翠;树干修直,树态优美,叶茂荫浓,抗病虫害能力强,为优良的常绿观赏树木。可在公园、庭园、住宅小区、街道等地段内成片栽植,也可与其他常绿落叶树种混合栽种。

18. 红豆杉　*Taxus chinensis* (Pilg.) Rehd.(图3-1-18)

科属:红豆杉科,红豆杉属

识别要点:常绿乔木,树皮褐色,裂成条片状脱落。小枝到秋天变成黄绿色或淡红褐色;叶线形,二列式,长1.5~3 cm,末端尖而细小,叶底中脉带上密生细小乳状头突起;花

图 3-1-18　红豆杉盆景及其叶与果

腋生，雌雄异株；种子扁卵形，假种皮杯状红色。

分布与习性：我国特有树种，甘肃、陕西、四川、云南、贵州、湖南、湖北、广西、安徽等地均有野生资源分布，现已被引种至全国各地栽培。阴性树种，耐阴，喜凉爽湿润气候，抗寒性强，最适温度 20 ~ 25 ℃；喜湿润但怕涝，适于在疏松湿润、排水良好的沙质壤土上种植。

繁殖与栽培：播种或扦插方式繁殖。栽培宜采用疏松、富含腐殖质，肥沃、呈微酸性的土壤；夏季注意遮阴，冬季适当整枝，以维持优美的树姿。

观赏特征及园林应用：红豆杉树形优美，姿态华丽，果实红润欲滴，人们称之为“相思豆”，观叶、观果、观姿皆宜；在园林中，既可用于庭园绿化，也可栽种成盆景。

19. 三尖杉　*Cephalotaxus fortunei* Hook. f.（图 3-1-19）

科属：三尖杉科（粗榧科），三尖杉属（粗榧属）

图 3-1-19　三尖杉树姿及其叶与果

识别要点：常绿乔木，树皮褐色或红褐色，裂成薄片脱落。叶条状披针形，长 4 ~ 13 cm，宽 3.5 ~ 4.5 mm，下面具两条白色气孔带。雌雄异株，种子椭圆状卵形，熟时具红色假种皮。球花期 4 月，种子翌年 8 ~ 10 月成熟。

分布与习性：我国主要分布于长江流域及贵州、云南、四川、甘肃、陕西、河南等省区。适应性强，喜温暖湿润气候，耐阴，不耐寒，耐贫瘠。

繁殖与栽培：播种及扦插繁殖。育苗、栽培以选择土层深厚、结构疏松、含腐殖质多、排水良好的土壤为宜。

观赏特征及园林应用：三尖杉树姿婆娑，端庄秀丽，形态奇特，叶背有两条银白色的气孔带，微风吹拂，银光耀眼，具有独特风姿，是一种优良的园林观赏树种。

20. 粗榧 *Cephaltaxus sinensis* (Rehd. et Wils.) Li. (图 3-1-20)

科属：三尖杉科(粗榧科)，三尖杉属(粗榧属)

图 3-1-20 粗榧的叶及雄球花、花枝

识别要点：常绿灌木或小乔木；树皮赤褐色，呈鳞片状剥落。叶线形，排成两列，质地较厚，基部近圆形，几无柄，线形叶先端通常渐尖或微急尖，叶中脉明显，表面深绿色有光泽，背面有两条白色气孔带。雄球花卵圆形，6～7 聚生成头状。球果球形，带蓝色。球花期 4 月，种熟期翌年 10 月。

分布与习性：我国特有树种，产于长江以南，多生于海拔 600～2 200 m 的花岗岩、砂岩或石灰岩山地。喜阳光充足，亦耐阴。有很强的耐寒、耐旱能力，忌低湿。适应性强，耐瘠薄，对土壤不甚选择。

繁殖与栽培：以播种、扦插、嫁接等方式繁殖。适应性强，病虫害很少，除对整形配植者适当整剪外，不需特殊管理。但因移植能力较差，故定植施工中应加强养护。

观赏特征及园林应用：粗榧枝叶紧密，假种皮白色，颇为奇特。园林中多与其他树配植，作基础种植用，还常用作绿篱，也可片植于林缘或草坪边缘。

21. 南洋杉 *Araucaria cunninghamii* Sweet (图 3-1-21)

科属：南洋杉科，南洋杉属

识别要点：常绿大乔木，树冠呈尖塔形，树皮灰褐色或暗灰色。枝轮生，侧生小枝密，下垂，近羽状排列。叶二型：幼树和侧枝的叶排列疏松，锥状、针状、镰状或三角状，上面有多数气孔线；大枝及花果枝上的叶排列紧密而叠盖，斜上伸展，卵形，三角状卵形或三角状，无明显的脊背或下面有纵脊。雄球花单生枝顶，圆柱形。球果卵圆形或椭圆形，苞鳞楔状倒卵形，两侧具薄翅；种子椭圆形，两侧具结合而生的膜质翅。

分布与习性：原产于大洋洲东南沿海地区。我国广州、海南岛、厦门等地有栽培，长江以北有盆栽。喜温暖、湿润、光照柔和充足的生长环境，不耐寒，忌干旱。

繁殖与栽培：以播种、扦插的方式繁殖。栽培养护过程中注意：冬季需充足阳光，夏季应避免强光暴晒，在气温 25～30 ℃、相对湿度 70% 以上的环境条件下生长最佳；盆栽

图 3-1-21　南洋杉的树姿及其枝条

要求疏松肥沃、腐殖质含量较高、排水透气性强的培养土。

观赏特征及园林应用：南洋杉树形高大，姿态优美，和雪松、日本金松、北美红杉、金钱松并称为世界 5 大公园树种。南洋杉作为美丽的园景树，可作行道树，或孤植、列植、配植在树丛内，也可作为室内盆栽装饰、大型雕塑或风景建筑背景树。

【巩固训练】

实训一　本地区常见裸子植物的调查识别

一、实训目的

掌握常见裸子植物的形态特征，识别本地园林绿地中常见的裸子植物。

二、实训材料

解剖镜，显微镜，放大镜，解剖用具（尖镊子、解剖针、手术刀或双面刀片等），腊叶标本，本地游园绿地中的裸子植物，植物检索表或植物志等。

三、实训内容

（1）观察腊叶标本，调查本地绿地中裸子植物，熟悉常见裸子植物的形态特征。

（2）采集植物器官（叶、花、果等），显微镜或解剖镜下观察其细微结构，掌握其分类、识别特征。

（3）查阅检索表，识别、鉴定植物种类。

四、实训步骤

（1）观察准备好的腊叶标本，熟悉常见裸子植物的形态特征。

（2）校园或公园中实地调查常见园林裸子植物的种类，记述其名称及科属、形态特征；每一科属选取一种代表性植物作为采集对象，采集其器官（叶、花、果等），显微镜或解剖镜下观察其细微结构，记述观察到的分类识别特征。

(3)查阅检索表,识别、鉴定植物种类。
(4)统计调查到的园林裸子植物种类,总结各科属的分类特征。
(5)教师归纳总结,选取典型裸子植物类型,对学生进行技能考核测试。

五、实训作业

(1)列表统计调查到的园林裸子植物种类、名称,分类归属;
(2)总结分述各科属的识别要点及其形态特征。

六、实训考核

实训考核方式采用实操考评、素质考评、小组互评与自评等相结合。实训成绩包括:实操成绩占60%,素质考评成绩占20%,小组互评或自评成绩占20%。实操成绩由授课教师根据学生的技能测试成绩、实训报告的规范性、实习内容记录的准确性及全面性、任务完成情况等综合评定,素质考评由授课教师根据学生的表现、团队合作、观察是否认真等情况进行打分。

【思考与练习】

(1)裸子植物的主要形态特征是什么?
(2)举出当地常见的裸子植物5种,简述其识别要点、观赏特征及园林用途。

任务二　常见阔叶类园林树木的识别

学习目标

能力目标:能够认识本地园林中常见的阔叶类园林树木。

知识目标:掌握园林中常见的阔叶类园林树木的识别要点,了解其分布与习性、繁殖与栽培、观赏特征与园林应用。

【任务提出】 在园林植物造景中,应用种类最多的是阔叶类园林树木。阔叶类园林树木种类繁多,有乔木、灌木、木质藤本之分。有观花的,如玉兰、碧桃等;有观叶的,如红枫、八角金盘等;有观果的,如石榴、火棘等;也有观茎的,如红瑞木等。其地理分布、生态习性、形态特征及园林用途都有很大差异。本任务就是到本地游园、公园、广场等绿地中去认识这些园林植物,并了解其分布与习性、繁殖与栽培、观赏特征与园林应用。

【任务分析】 阔叶类园林树木多种多样,生长习性差异很大,包括乔木类、灌木类、木质藤本类、观赏竹类、棕榈类等,其表现明显的是落叶方式和树体大小高低的差异。所以,根据落叶方式不同,又可将其分为常绿树和落叶树。识别时,先明确其分类地位,然后是生态环境、习性的观察,叶、花、果实、种子的观察。应该注意的是,当遇到不认识的植物时,需要对其各器官典型特征详细观察,用形态术语准确描述,并记录下来,然后利用工具书进行鉴定。而在识记某一种植物时,只需要记住其一个、两个典型的特征就可以了。

【任务实施】 教师准备当地常见的具有阔叶类园林树木典型特征的植物图片及新鲜植物材料,首先引导学生认真观察分析,然后简要介绍阔叶类园林树木的特点及主要特征,接着到实际绿地中结合具体的植物介绍观察的方法、步骤及内容,最后让学生分组到实际绿地中调查、识别。由于很多树木只能观察到茎、叶,不能观察到花或果实,所以任务的实施还需要结合多媒体课件进行。

一、阔叶类园林树木的主要形态特征的观察

阔叶类园林树木的基本特征是具有典型的花,受精作用完成后,子房发育为果实。

阔叶类园林树木乔木有明显主干,分枝点较高,寿命比较长;灌木没有明显的主干,呈丛生状态;藤木茎干不能直立,缠绕或攀附他物而向上生长。常绿树一般有美丽的叶片,观赏期长,一年四季保持叶色浓绿,呈现四季常青的自然景观;主要应用于气候温和的地区。落叶树随着一年季节变换,早春发芽、抽枝、展叶、开花,夏天树冠郁郁葱葱,秋季叶色变黄或红,冬季落叶,可以给人提供观花、观叶、观形等多方位、多视角的观赏景观。另外,阔叶类树木往往适应性强,栽培管理简便,是园林中重要的植物材料。

二、常见阔叶类乔木的识别

(一)常见常绿阔叶乔木的识别

1. 广玉兰(荷花玉兰、洋玉兰) *Magnolia grandiflora* Linn.(图 3-2-1)

科属:木兰科,木兰属

识别要点:常绿大乔木,树冠阔圆锥形。单叶互生,长椭圆形,厚革质,先端钝或渐尖,基部楔形,表面深绿色,有光泽,背面淡绿色,有锈色短柔毛。花芳香,白色,呈杯状,直径15~20 cm,开时形如荷花。聚合果圆柱状长圆形或卵形,密被褐色或灰黄色绒毛。花期6~7月,果熟期10月。

分布与习性:原产于美国东南部。我国现长江流域及以南有栽培。喜光,幼时稍耐阴。喜温暖湿润气候,稍抗寒。对土壤要求不严,适生于肥沃、湿润与排水良好的微酸性或中性土壤,忌积水和排水不良。不耐修剪。对烟尘及二氧化硫气体抗性强,病虫害少。根系深广,抗风力强。

繁殖与栽培:播种压条或嫁接繁殖。播种于10月采种后应立即进行,若春播则应湿沙层积贮藏。嫁接用紫玉兰作砧木。实生苗对土壤适应性强,但生长较慢,开花较迟。宜种植于高燥且排水良好的微酸沙壤土中。

观赏特征与园林应用:广玉兰树姿雄伟,叶片光亮浓绿,花大如荷花而幽香。在庭园、公园、游乐园、墓地、工厂等绿化区均可采用。大树可孤植草坪中,或列植于通道两旁;中小型者,可群植于花台上。

2. 木莲(黄心树、木莲果)　*Manglietia fordiana* (Hemsl.) Oliv. (图 3-2-2)

科属:木兰科,木莲属

图 3-2-1　广玉兰花枝及其果枝

图 3-2-2　木莲

识别要点:常绿乔木,高达 20 m。树皮灰色,平滑。老枝灰褐色,小枝绿色,枝上有白色皮孔和环状条纹。单叶互生,革质,长椭圆状披针形,叶端渐尖,基部楔形;全缘,弧形平行脉,表面绿色有光泽,背面灰绿色有白粉且主脉突出;叶柄稍呈红褐色。花单生于枝顶,白色。聚合果卵形,成熟后木质、紫色。花期 3~4 月,果熟期 9~10 月。

分布与习性:分布于亚热带及长江中下游地区。喜光,幼树耐阴,稍耐寒,不耐酷暑。喜温暖湿润气候及深厚肥沃的酸性土。

繁殖与栽培:以播种繁殖为主,扦插、嫁接辅之。果采后放阴凉地,待果实开裂时,轻敲脱出种子。宜随采随播或沙藏春播。容器育苗,先撒播种,播后盖土,并覆盖一层砍碎稻草或干松叶。播后 20 天,种子可发芽出土。当幼苗长出 3~4 片真叶时,选阴天移入容器中。当苗高 30~40 cm、地径 0.4~0.5 cm 时,可出圃造林。

观赏特征与园林应用:木莲树冠浑圆,枝叶并茂,绿荫如盖,花果美丽。适宜于草坪、庭园或名胜古迹处孤植、群植。

3. 深山含笑　*Michelia maudiae* Dunn (图 3-2-3)

科属:木兰科,含笑属

识别要点:常绿乔木,高达 20 m。单叶互生,革质,长圆状椭圆形,全缘,表面深绿色而有光泽,背面灰绿色;叶柄长 1~3 cm,无托叶痕。花纯白色,花被片 9 片,芳香。聚合蓇葖果倒卵圆形或卵圆形,顶端圆钝或具短突尖头。种子红色,斜卵圆形稍扁。花期 2~3 月,果期 9~10 月。

分布与习性:产于福建、湖南、浙江、广西、贵州等地山林中。喜光,幼时较耐阴;喜温暖、湿润,稍耐寒,抗干热,对二氧化硫的抗性较强。喜深厚疏松、肥沃而湿润的酸性沙质土。

繁殖与栽培:播种、扦插、压条或以木兰为砧木用靠接法繁殖。种子可随采随播,也可用湿沙贮藏到翌年 2 月下旬至 3 月上旬播种。

观赏特征与园林应用:深山含笑花洁白如玉,花期长,是早春优良观花树种,也是优良的园林和四旁绿化树种。花可供观赏及药用,亦可提取芳香油。

4. 香樟(樟树、乌樟、小叶樟)　*Cinnamomum camphora* (L.) Presl. (图 3-2-4)

科属:樟科,樟属

识别要点:常绿大乔木,树冠近球形。幼时树皮绿色,平滑;老时为黄褐色或灰褐色,纵裂。单叶互生,卵状椭圆形,薄革质,离基3出脉,背面微被白粉。花序腋生,花小,黄绿色。浆果球形,熟时紫黑色。花期4~5月,果期8~11月。

图3-2-3　深山含笑

图3-2-4　香樟

分布与习性:产于我国东南与西南部。喜光,稍耐阴;喜温暖湿润,不耐寒,较耐水湿,不耐干旱、瘠薄和盐碱土,喜深厚肥沃、湿润的酸性或中性黄壤、红壤土。主根发达,深根性,能抗风。萌芽力强,耐修剪。

繁殖与栽培:以播种繁殖为主,应随采随播。培育大苗的应经过移植,栽前应对其根部进行整理,还应对树冠进行修剪,一般要剪掉全部枝叶的1/3~1/2,栽后立即灌水。绿化应用2 m以上大树,移栽时需带土球,用草绳卷干保湿,时间以芽萌动后为好。

观赏特征与园林应用:香樟枝叶茂密,冠大荫浓,树姿雄伟,是城市绿化的优良树种。可作庭荫树、行道树、防护林及风景林,或配植池畔、水边、山坡等,在草地中丛植、群植、孤植或作为背景树。树可提取樟脑油。

5. 女贞(大叶女贞、蜡树、冬青)　*Ligustrum lucidum* Ait.(图3-2-5)

科属:木犀科,女贞属

识别要点:常绿乔木,树皮灰褐色,光滑。单叶对生,宽卵形至卵状披针形,顶端尖,基部圆形或阔楔形,全缘,革质有光泽,表面深绿色,背面淡绿色。顶生圆锥花序,花两性,白色,芳香,花冠裂片与花冠筒等长。浆果长椭圆形,紫黑色,背白粉。花期7月,果熟期10~11月。

分布与习性:原产于亚洲;在我国主要分布在长江流域及南方各省。喜光耐阴,喜温暖,耐寒性好,耐水湿,忌积水,不耐干旱、瘠薄,适生于深厚肥沃、湿润的沙质壤土。对有毒气体抗性较强。深根性,侧根广展,抗风力强。

繁殖与栽培:播种、扦插、压条繁殖。播种前需热水浸种催芽。扦插于11月剪取春季生长的枝条,入窖埋藏,至次春3月进行。压条于3~4月进行,伏天可生根,次春可分移。女贞移栽易成活,春、秋季均可,以春栽较好。定植或运输时,小苗可在根部蘸泥浆,大苗移栽须带土球,栽后浇水踏实。每年3月修剪整形,其他季节把一些参差不齐的多余枝条剪去，保持树冠完整即可。

观赏特征与园林应用：女贞枝叶清秀，四季常绿，夏季白花满树，秋季紫果满树。可作行道树、庭荫树，还可用作绿篱、厂矿绿化。

6. 桂花（木犀）　*Osmanthus fragrans*（Thunb.）Lour.（图 3-2-6）

科属：木犀科，木犀属

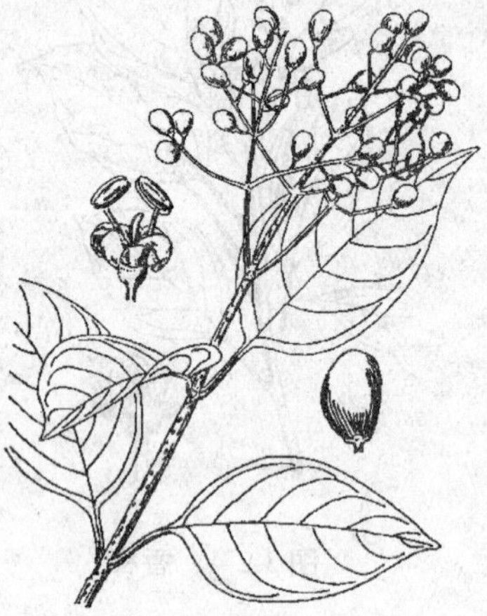

图 3-2-5　女贞

图 3-2-6　桂花

识别要点：常绿小乔木，树冠圆头形或椭圆形，树皮粗糙，灰褐色或灰白，侧芽多 2～3 枚叠生。单叶对生，硬革质，椭圆形或长椭圆形，全缘或上半部疏生细锯齿。花小，黄白色，极芳香，3～5 朵生于叶腋成聚伞状花序，多着生于当年春梢。核果椭圆，紫黑色。花期 9～10 月，果翌年 4～5 月成熟。

主要栽培变种：

（1）丹桂'Aurantiacus'：花橙黄色，香味浓郁。

（2）金桂'Thunbergii'：花金黄色，香味最浓。

（3）银桂'Odoratus'（'Latifolius'）：花近白色或黄白色，稍带微黄，花香浓郁，较金桂淡；叶片较宽大。

（4）四季桂'Semperflorens'：花黄白色，香气较淡，5～9 月陆续开花，但以秋季最盛。

分布与习性：原产我国西南部，现广泛栽种于各地。喜光，耐半阴，喜温暖湿润的气候，耐高温而不甚耐寒，对土壤要求不太严，以土层深厚、疏松肥沃、排水良好的微酸性沙质壤土更加适宜。对氯气、二氧化硫有较强抗性。

繁殖栽培：以播种、嫁接、扦插、压条等方式繁殖。嫁接可用小叶女贞、女贞等作砧木。高压法可在春季萌芽前进行；扦插常在生长季进行软枝扦插。

观赏特征与园林应用：桂花终年常绿，枝繁叶茂，秋季开花，芳香四溢，可谓"独占三秋压群芳"。常作园景树，可孤植、对植，或成丛成林栽种。旧式庭园常用对植，古称"双桂当庭"或"双桂留芳"。在住宅四旁或窗前栽植桂花树，能收到"金风送香"的效果，也可用于厂矿绿化。花用于食品加工或提取芳香油。

7. 石楠(千年红)　*Photinia serrulata* Lindl.（图 3-2-7）

科属:蔷薇科,石楠属

识别要点:常绿小乔木。单叶互生,革质,长椭圆形至倒卵状椭圆形,先端尾尖,基部圆形或宽楔形,边缘有细锯齿。复伞房花序顶生,总花梗和花梗无毛;花两性,密生,白色,近圆形。梨果球形,红色。种子卵形,棕色。花期 4 ~ 5 月,果期 9 ~ 10 月。

分布与习性:主产长江流域及秦岭以南,华北有少量栽培,多呈灌木状。喜光也耐阴;喜温暖湿润,抗寒力不强;以肥沃湿润的沙质土壤最为适宜。萌芽力强,耐修剪,对烟尘和有毒气体有一定的抗性。

繁殖与栽培:播种、扦插、压条繁殖。播种于 11 月采种,取籽晾干,层积沙藏,至翌春播种。扦插于梅雨季节剪取当年健壮半熟嫩枝为插穗,上部留 2 ~ 3 片叶,每叶剪去 2/3,插后及时遮阴,勤浇水,保持床土湿润。种苗移栽一般在春季 3 ~ 4 月和秋季 10 ~ 11 月。

观赏特征与园林应用:石楠树冠圆整,叶片光绿,早春嫩叶紫红,春末白花点点,秋有红果累累,是著名的观果、观叶树种。可丛植、孤植及基础栽植。石楠属杂交种,红叶石楠新梢和嫩叶火红,在园林中多作地被植物片植,或与其他彩叶植物组合成图案,也可群植。石楠还可用作枇杷的砧木。

8. 枇杷(金丸、芦枝)　*Eribotrya japonica* (Thunb.) Lindl.（图 3-2-8）

科属:蔷薇科,枇杷属

识别要点:常绿小乔木,高达 10 m。小枝、叶柄、叶背、花序梗及花柄均密生锈色绒毛。单叶互生,革质,披针形、长倒卵形或长椭圆形,顶端急尖或渐尖,基部楔形,缘有疏锯齿,表面皱。圆锥花序顶生,花多而密,白色。果橙黄色,圆形或椭圆形。花期 10 ~ 12 月,果期翌年 5 ~ 6 月。

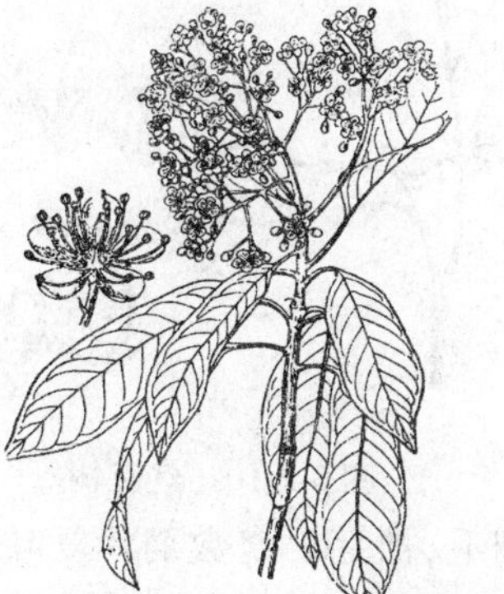

图 3-2-7　石楠

图 3-2-8　枇杷

分布与习性:原产我国中西部,现大部分地区均有栽培,南方多作果树栽培。喜光,稍耐阴,稍耐寒,不耐严寒,喜温暖气候和肥水湿润、排水良好的土壤。生长缓慢,寿命较长。

繁殖与栽培:以播种、嫁接繁殖为主。播种于采种后立即进行。嫁接一般采用切接,于 3 ~ 5 月进行,砧木可用枇杷实生苗和石楠。定植于萌芽前,也可在 5 ~ 6 月或 10 月进行。定植苗需多带须根和附土,以利成活。环割、拉枝、轻折伤枝可促控花芽分化。肥料以有机肥为主,平衡施肥。

观赏特征与园林应用:枇杷树形整齐,叶大荫浓,四季常春,秋孕冬花,夏季金果累累。可作庭荫树在庭园栽植,或用于草坪丛植、公园列植和果实生产。

9. 蚊母树(中华蚊母)　*Distylium racemosum* Sied. et Zucc.（图 3-2-9）

科属:金缕梅科,蚊母树属

识别要点:常绿乔木,栽培时常呈灌木状。单叶互生,椭圆形或倒卵形,厚革质,全缘,边缘和叶面常有虫瘿。总状花序腋生,有星状毛;花单性或杂性;花瓣缺。蒴果木质,卵圆形,有星状绒毛。花期 3 ~ 4 月,果熟期 7 ~ 9 月。

分布与习性:分布于我国东南沿海各省。喜光,稍耐阴,喜温暖湿润,不耐寒,喜排水良好而肥沃、湿润土壤。萌芽、发枝力强,耐修剪。对烟尘及多种有毒气体抗性强。

繁殖与栽培:播种或嫁接繁殖。播种于 9 月采收果实,净种后干藏翌年 2 ~ 3 月播种。扦插于 3 月用硬枝踵状插,或在梅雨季用嫩枝踵状插。移植于 10 ~ 11 月,或 2 ~ 4 月上旬进行,需带土球。栽后适当疏去枝叶。若栽植在潮湿阴暗和不透风处,易遭介壳虫危害。

观赏特征与园林应用:蚊母树树形整齐,枝叶密集,叶色浓绿,春日开细小红花也很美丽,是城市及工矿区绿化、观赏树种。常植于路旁、庭前草坪上及大树下,或成丛、成片栽植,也可作绿篱或防护林带。

10. 红豆树(鄂西红豆、江阴红豆)　*Ormosia hosiei* Hemsl. et Wils.（图 3-2-10）

科属: 蝶形花科,红豆树属

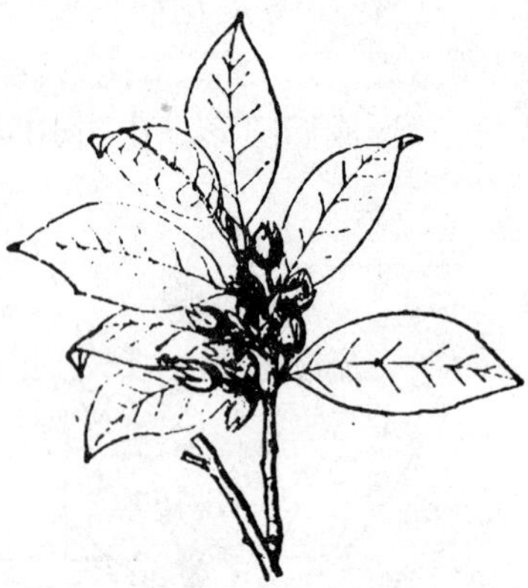

图 3-2-9　蚊母树

图 3-2-10　红豆树

识别要点:常绿乔木。小枝绿色,幼时有黄褐色细毛,裸芽。奇数羽状复叶互生,小叶薄革质,卵形或卵状椭圆形,无毛。圆锥花序,花白色或淡红色,有香气。荚果近圆形,扁平。种子近圆形或椭圆形,种皮红色。花期 4 ~ 5 月,果期 10 ~ 11 月。

分布与习性:主产长江流域,生于河旁、山坡、山谷林内。幼年喜湿耐阴,中龄以后喜光;喜温暖湿润。主根明显,根系发达,寿命较长,萌芽性强。

繁殖与栽培:用种子繁殖。采种要选择 25 ~ 30 年生的健壮母树,当荚果将开裂时采收,稍阴干后,取出种子袋藏或混沙贮藏。一般 1 年生苗高 40 cm,春季萌芽前即可出圃造林。造林地以选择土层深厚、肥沃、水分条件较好的山坡下部、山洼及河边冲积地为宜。主要病害有角斑病(为害嫩叶),宜及时防治。

观赏特征与园林应用：红豆树树冠伞形，具浓荫，花、果、种子均具很高的观赏价值，是很好的观赏树和行道树，也可植为片林。

11. 印度橡胶树（印度榕、橡皮树、印度胶树）　*Ficus elastica* Roxb.（图 3-2-11）

科属：桑科，榕属

识别要点：常绿乔木，在原产地高达 20～30 m。单叶互生，厚革质，长圆形至椭圆形，全缘，侧脉多，不明显；托叶大，深红色，脱落后有明显环状疤痕。隐头花序；花单性，雌雄同株，细小，白色。隐花果成对腋生。花期冬季。

分布与习性：原产印度、缅甸。喜温湿气候，不耐寒。世界各地（包括我国北方）常栽于温室或在室内，盆栽作观赏，园艺上有很多斑叶的观赏品种。

繁殖与栽培：多用扦插法繁殖。夏季扦插，选两年生半木质化枝条，扦插床采用透气性良好的素沙土。插穗的长度以保留 3 个芽为宜。剪去最下面的叶片，将上面 2 个叶片用塑料绳轻轻合拢绑好，以减少叶面水分蒸发。扦插沙床要保持湿润，并经常淋水以增加空气湿度，还要做好遮阴工作。20 d 左右插条即可生根。

观赏特征与园林应用：叶片硕大且色绿，是一种常见观叶植物，很多人都把它看做是招喜添财的象征。我国北方常盆栽观赏，华南温暖地区作行道树或风景树。

12. 榕树（细叶榕、小叶榕）　*Ficus microcarpa* L. f.（图 3-2-12）

科属：桑科，榕属

图 3-2-11　印度橡胶树

图 3-2-12　榕　树

识别要点：常绿乔木，高可达 30 m。枝条节部常发生很强的气生根，垂到地面状似支柱。单叶互生，薄革质，狭椭圆形，先端钝尖，基部楔形，表面深绿色，干后深褐色，有光泽，全缘。隐头花序囊状，对生于叶腋间，无花梗。果实球形，黄褐色。花期 5～6 月。

分布与习性：产于华南、印度、东南亚至澳大利亚。喜阳光充足、温暖湿润气候及排水良好的酸性土壤。生长快，寿命长。

繁殖与栽培：以扦插繁殖为主。北方可于早春在高温温室扦插，南方多在雨季于露地苗床扦插。取 1 年生健壮枝条作插穗，保留 3 枚叶，插入素沙中，遮阴保湿养护，在 25～30 ℃条件下，1 个月即可生根。在亚热带地区还可进行播种繁殖。在常年养护中要经常修剪，使它们长成完美株型，盆栽冬季要入温室养护，并注意通风透光。

观赏特征与园林应用：榕树树冠庞大圆整，枝叶茂密，气生根入地生长，可形成“独木成林”的景观。在广州、福州等地常作行道树、庭荫树，也可作盆景。

13. 冬青　*Ilex chinensis* Sims.（*Ilex purpurea* Hassk.）（图 3-2-13）

科属：冬青科，冬青属

识别要点：常绿乔木。树皮灰绿色，小枝淡绿色，无毛。单叶互生，薄革质，长椭圆形至披针形，顶端渐尖，基部楔形，缘疏生浅齿，干后呈红褐色，有光泽；叶柄常淡紫红色。聚伞花序腋生于当年生新枝上，花淡紫红色，向外反卷。果实椭圆形或近球形，成熟时深红色。花期 5～6 月，果熟期 9～10 月。

图 3-2-13　冬青

分布与习性：产于长江流域及其以南地区。喜光，稍耐阴，不耐寒，适生于肥沃湿润、排水良好的酸性壤土。萌芽力强，耐修剪。对二氧化硫抗性强。

繁殖与栽培：播种、扦插繁殖都可，但以扦插为主。种子有隔年发芽的特性，故需低温湿沙层积一年后再播种。扦插宜在梅雨季节采取嫩枝扦插，苗木培养 2～3 年后可移栽定植。移植宜在春季进行，挖苗时不伤根，带土移栽。初栽时注意中耕除草，干时浇水，加强管理。

观赏特征与园林应用：冬青树冠高大，枝繁叶茂，四季常青，秋冬红果累累。宜在草坪上孤植，门庭、墙边、园道两侧列植，或散植于叠石、小丘之上；还可用作制作盆景。

（二）常见落叶阔叶乔木的识别

1. 玉兰（白玉兰、望春花、玉兰花）　*Magnolia denudatea* Desr.（图 3-2-14）

科属：木兰科，木兰属

识别要点：落叶小乔木，高达 20 m。小枝淡灰褐色，枝上有环状托叶痕，冬芽大，密生灰绿色绒毛。单叶互生，纸质，倒卵形或倒卵状长圆形，先端圆宽，具短突尖，基部楔形。花先叶开放，顶生、朵大，花被 9 片，钟状。果穗圆筒形，褐色；聚合蓇葖果，成熟后开裂，露出鲜红色种皮。花期 3～4 月，果期 8～9 月。

分布与习性：我国北京及黄河流域以南至西南各地普遍栽培。白玉兰是上海市市花。喜光，较耐寒；爱高燥，忌低湿，喜肥沃、排水良好而带微酸性的沙质土壤。

繁殖与栽培：播种、嫁接和压条繁殖。播种主要用于培养砧木。嫁接以实生苗作砧木。栽植以早春发芽前 10 d 或花谢后展叶前最为适宜。移栽时，无论苗木大小，根须均需带着泥团，并注意尽量不要损伤根系。生长期一般施两次肥，一次是在早春，再一次是在 5～6 月进行，有利于花芽分化和促进生长。肥料多用充分腐熟的有机肥。生长期保持土壤稍湿润。入秋后应减少浇水，冬季一般不浇水。

观赏特征与园林应用：玉兰花大、洁白、芳香，是优良的早春花木。可作庭荫树、行道树，也可作花坛中心树。若与松树配置，再置数块山石，亦觉古雅成趣。花枝可瓶插。

2. 紫玉兰（木兰、辛夷）　*Magnolia liliflora* Desr.（图 3-2-15）

科属：木兰科，木兰属

识别要点：落叶乔木，高达3 m。树皮灰褐色，小枝绿紫色或淡褐紫色。单叶互生，椭圆状倒卵形或倒卵形，先端急尖或渐尖，基部渐狭沿叶柄下延至托叶痕；托叶痕约为叶柄长之半。花蕾卵圆形，被淡黄色绢毛；花大，稍有香气；花被片9～12，外轮3片萼片状，紫绿色，常早落，内两轮肉质，外面紫色或紫红色，内面带白色，花瓣状，椭圆状倒卵形。聚合蓇葖果圆柱形、深紫褐色。花期3～4月，叶前开放，果期8～9月。

图3-2-14　玉兰

图3-2-15　紫玉兰

分布与习性：原产我国中部，现各地广泛栽培。喜光，不耐严寒，在肥沃、湿润的微酸性和中性土壤中生长最好。根系发达，萌蘖强，较白玉兰耐湿。

繁殖与栽培：扦插、压条、播种和分株繁殖。移植可在秋季或早春开花前进行，小苗蘸泥浆，大苗必须带土球。花期前后各施肥1次，以磷钾肥为主。夏季高温和秋季干旱季节，保持土壤湿度。花后和萌芽新枝前，应剪去枯枝、密枝和短截徒长枝。

观赏特征与园林应用：紫玉兰是著名的早春观赏花木，早春开花时，满树紫红色花朵，幽姿淑态，别具风情，适用于厅前院后配植，也可孤植或散植于小庭园内。

3. 厚朴　*Magnolia officinalis* Rehd. et Wils.（图3-2-16）

科属：木兰科，木兰属

识别要点：落叶乔木，高达20 m；树皮厚，褐色，不开裂；小枝粗壮，顶芽大，密被黄褐色绢状毛。单叶互生，长圆状倒卵形，近革质，7～9片聚生于枝端，全缘或微波状，表面绿色，无毛，背面灰绿色，被灰色柔毛，有白粉；叶柄粗壮，托叶痕长为叶柄的2/3。花白色，芳香；花梗粗短，被长柔毛，花被片9～12（17）。聚合果长圆状卵圆形，种子三角状倒卵形。花期5～6月，果期8～10月。

分布与习性：特产于我国中部及西部。喜光，幼苗怕强光；喜温暖湿润，怕炎热，能耐寒。以疏松肥沃、富含腐殖质及排水良好的酸性土壤为宜。

繁殖与栽培：可用播种、压条、分株繁殖。播种于9～10月或10～11月采收成熟果实后即可播种，或湿沙贮藏至春季播种。播种前应浸种催芽，以条播为主。压条于11月上旬或2月选择成年树的苗蘖进行，次年生多数根后割下定植。扦插于2月选茎粗1 cm的1～2年生枝条，扦插于苗床中培育。繁殖的幼苗，均于2～3月或10～11月落叶后定植。

幼树每年结合中耕除草进行追肥。苗高 1 m 左右时进行移植。

观赏特征与园林应用：厚朴树姿优美，叶大荫浓，花香色白，是良好的庭荫树、行道树和营造混交林、“四旁”绿化树种。

4. 鹅掌楸　（马褂木）*Liriodendron chinensis*（Hemsl.）Sarg.（图 3-2-17）

科属：木兰科，鹅掌楸属

识别要点：落叶乔木。小枝灰色或灰褐色。单叶互生，有长柄，叶先端截形，中部每边有一宽裂片，马褂状，背面密生白粉状的乳头状突起。花直径 5～6 cm；花被片外面绿色，内面黄色。聚合果由多数具翅的小坚果组成。花期 5～6 月，果期 9 月。

图 3-2-16　厚朴

图 3-2-17　鹅掌楸

分布与习性：分布于长江以南各省。喜光，喜温暖湿润、避风的环境，耐寒性不强，不耐旱，忌低洼水涝，喜深厚肥沃、湿润而排水良好的酸性土壤。根系肉质，不耐修剪，不耐移栽。

繁殖与栽培：播种或扦插繁殖。秋季采种精选后湿沙层积过冬，于次年春季播种育苗，第三年即可出圃定植。移植时应保护根部。定植后及时中耕除草、施肥、培土，每年秋末冬初进行整枝。

观赏特征与园林应用：鹅掌楸树形端正，叶形奇特，秋叶呈黄色；花淡黄绿色，美而不艳，是优美的庭荫树和行道树种，与悬铃木、椴树、银杏、七叶树并称为世界五大行道树种。宜植于园林中安静休息区的草坪上，也可孤植或群植。

5. 山楂（酸楂、山里红）　*Crataegus pinnatifida* Bge.（图 3-2-18）

科属：蔷薇科，山楂属

识别要点：落叶小乔木。枝密生，有细刺。单叶互生，卵形，两侧各有 3～5 羽状深裂片，缘有锐锯齿；托叶大，呈蝶翅状。复伞房花序顶生，花白色，有独特气味。梨果近球形，较小，直径 0.8～1.4 cm，深红色，皮孔白色，顶端凹陷，有花萼残迹。花期 5～6 月，果期 9～10 月。

分布与习性：主要分布于华北、东北、西北等地。喜光、耐旱、耐寒、耐瘠薄，喜干燥冷凉气候及排水良好沙质土壤。

繁殖与栽培：播种、分株、扦插或嫁接繁殖。播种是成熟的种子经沙藏处理，秋季取出播种，也可第三年春播，条播。分株繁殖是挖出根蘖栽于苗圃。扦插是于春季用粗0.5～1 cm的根段斜插。嫁接春、夏、秋季均可进行。

观赏特征与园林应用：山楂枝叶繁茂，花艳果红，是观果、观花、园林结合生产的优良树种。可作庭荫树和观赏树。在华北做果树栽培更为普遍。

6. 木瓜（木瓜海棠、光皮木瓜、木瓜花）　*Chaenomeles cathayensis*（Hemsl.）. Schneid.（图3-2-19）

科属：蔷薇科，木瓜属

识别要点：落叶小乔木。无枝刺，但短小枝常呈棘状；树皮斑状薄片脱落。单叶互生，椭圆形或椭圆状长圆形，先端急尖，基部楔形或近圆形，具刺芒状细锯齿；花单生，粉红色。梨果椭球形，长10～15 cm，深黄色，具光泽，有芳香，具短果梗。花期4～5月，果期9～10月。

图3-2-18　山楂

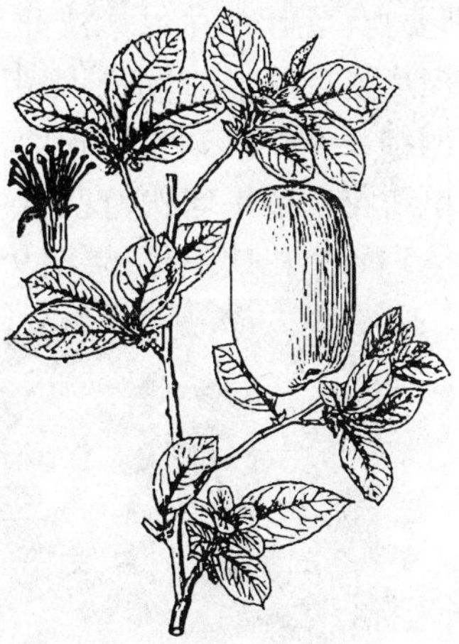

图3-2-19　木瓜

分布与习性：原产我国，现在华东、华中等地均有栽培。喜光，喜温暖湿润，喜深厚肥沃而排水良好的土壤，忌积水和盐碱土。

繁殖与栽培：播种和嫁接繁殖。多行地栽，也可制作桩景盆栽。移栽和翻盆宜在早春进行，应带有土坨，并将主根剪短，多留侧根。成活后放阳光充足处养护，生长期保持盆土湿润而不积水。

观赏特征与园林应用：木瓜树冠开张，树皮斑驳可爱，花香淡雅，秋季果实金黄，是观花观果优良树木。可孤植或丛植庭园，对植建筑前或入口处，或建立专类果园。

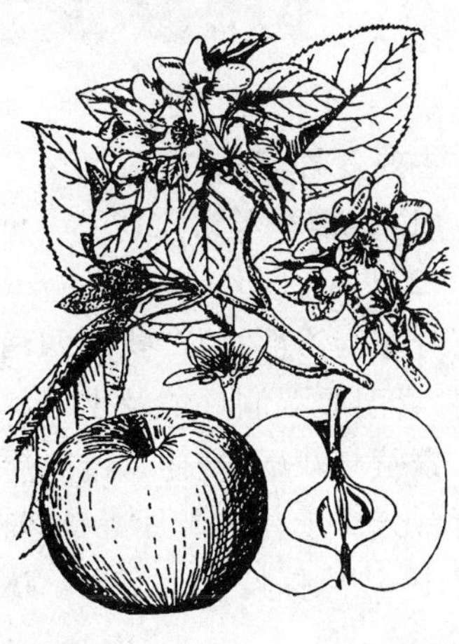

图3-2-20　苹果

7. 苹果　*Malus pumila* Mill.（图3-2-20）

科属：蔷薇科，苹果属

识别要点：落叶乔木，高达 15 m。小枝幼时密生绒毛，紫褐色。单叶互生，椭圆形至卵形，先端尖，缘有圆钝锯齿，幼时两面有毛，暗绿色。伞房花序，花白色带有红晕，花梗与花萼均具有灰白色绒毛，萼叶长尖，宿存。果扁球形，直径 5 cm 以上，两端均凹陷，端部常有棱脊。花期 4～5 月，果期 7～10 月。

分布与习性：原产欧洲及亚洲西部。著名温带水果，我国北部多栽培。喜光，喜冷凉干燥气候及肥沃深厚、排水良好的微酸性到中性沙质土壤。

繁殖与栽培：播种、嫁接繁殖。作为果树栽培，管理要求较精细，且品种不同，技术要求也有所不同。作绿化栽培，宜选择适应性强、管理要求简单的品种栽培。

观赏特征与园林应用：苹果春季观花，秋季赏果，是优良的观花观果树木。可列植道路两侧，或作庭园栽植等。

8. 垂丝海棠　*Malus halliana* (Voss) Koehne（图 3-2-21）

科属：蔷薇科，苹果属

识别要点：落叶小乔木。枝开张，幼时紫色。单叶互生，卵形至长卵形，先端略为渐尖，基部楔形或近圆形，具细钝锯齿，叶质较厚，表面深绿色而有光泽，背面灰绿色并有短柔毛；叶柄细长，常紫红色。花鲜玫瑰红色，花梗细长下垂，5～7 朵簇生枝顶，多为半重瓣，也有单瓣花。梨果球状，直径 6～8 mm，黄绿色，果实先端肥厚，成熟很迟，萼片脱落；果梗长2～5 cm。花期 4 月，果期 9～10 月。

图 3-2-21　垂丝海棠花枝及果树

主要变种与品种：

(1) 重瓣垂丝海棠（'Parkmanii'）：花重瓣，花梗深红色。

(2) 白花垂丝海棠（'Spontanea'）：花较小，白色，花梗较短。

分布与习性：原产我国西南部，长江流域至西南各地都有栽培。喜阳光，不耐阴，不甚耐寒，喜温暖湿润环境及土层深厚、疏松肥沃、排水良好略带黏质土壤，不耐水涝。

繁殖与栽培：扦插、分株、压条、嫁接等方法繁殖。扦插以春插为多，夏插一般入伏后进行。分株于春季 3 月将母株根际旁边萌发出的小苗轻轻分离开来，另植在预先准备好的盆中，注意保持盆土湿润。压条在立夏至伏天之间进行，最为相宜。人工繁殖多采用嫁接方法。

观赏特征与园林应用：垂丝海棠嫩枝嫩叶均带紫红色，花粉红色、朵朵下垂，甚为美丽，秋季果实成熟，亦玲珑可观。可在门庭两侧对植，或在亭台周围、丛林边缘、水滨布置，也可作为制作盆景的材料。

9. 西府海棠(小果海棠)　*Malus micromalus* Mak.（图 3-2-22）

科属:蔷薇科,苹果属

识别要点:落叶乔木,高可达 5 m。小枝幼时红褐色,被短柔毛,老时暗褐色,无毛。单叶互生,叶椭圆形至长椭圆形,先端渐尖或圆钝,基部多楔形,锯齿细。花序近伞形,具花 5 ~ 8 朵;花粉红色,花梗短,花序不下垂。果实近球形,直径 1.5 ~ 2 cm,黄色,基部不下陷,萼裂片宿存;果梗细,长 3 ~ 4 cm。花期 4 月,果期 8 ~ 9 月。

图 3-2-22　西府海棠花枝及果枝

分布与习性:西府海棠是山荆子与海棠花的杂交种,原产我国中部,现各地均有栽培。喜光,耐寒,忌水涝,忌空气过湿,较耐干旱,对土质和水分要求不高,最适生于肥沃、疏松又排水良好的沙质壤土。

繁殖与栽培:播种、嫁接、压条繁殖。用山荆子与海棠作砧木。多行地栽,也可盆栽。栽植时期以早春萌芽前或初冬落叶后为宜。为促进植株开花旺盛,短截徒长枝,减少养分消耗。生长期及时摘心,限制营养生长,效果更为显著。

观赏特征与园林应用:西府海棠树态峭立,似亭亭少女;春花艳丽,秋果红艳,是观花赏果的优良树种;可对植门庭两侧,或布置在亭台周围、丛林边缘、水滨,也可盆栽或制作盆景。

10. 桃　*Prunus persica*（L.）Batsh（图 3-2-23）

科属:蔷薇科,桃属

识别要点: 落叶小乔木,树冠开展。小枝无毛,冬芽有毛,3 枚并生。单叶互生,椭圆状披针形,先端渐尖,基部广楔形,边缘有粗锯齿。花单生,无柄,通常粉红色,单瓣。核果卵球形,表面有短柔毛,肉厚汁多。花期 3 ~ 4 月,果熟期因品种而异,通常在 6 ~ 9 月。

常见变种与品种:

(1)碧桃‘Duplex’:重瓣,花粉红色。

(2)红碧桃‘Rubro - plena’:重瓣,花深红色。

(3)白碧桃‘Albo - plena’:重瓣,花白色。

(4)绛桃‘Camelliaeflora’:半重瓣,花深红色。

(5)绯桃‘Magnifica’:重瓣,花鲜红色。

(6)垂枝桃‘Pendula’:枝条弯曲下垂,半重瓣,花小,有多种颜色。

图 3-2-23　桃树花枝及果枝

(7)紫叶桃'Atropurpurea':嫩叶鲜红色,花淡红色,单瓣或重瓣。

(8)塔形碧桃'Pyramidalis':树冠呈窄塔形。

(9)寿星桃'Densa':植株矮小,枝紧密,节间短;花单瓣或半重瓣,有红、桃红、白等不同品种。

分布与习性:原产我国中部及北部,全国都有栽培。喜光、耐旱、耐寒力强,不耐水湿,对土壤要求不严,耐贫瘠、盐碱;寿命短。

繁殖与栽培:嫁接、播种繁殖为主,也可压条繁殖。栽培时多整形成开心形树冠,使其透光良好。

观赏特征与园林应用:桃花艳丽芬芳,妩媚可爱,为优良的早春花木。可植于庭园、山坡、路旁、花园,可结合果实生产,常与柳树配置,形成桃红柳绿的景观效果。

11. 杏(杏树、杏花)　*Prunus armeniaca* L.(图 3-2-24)

科属:蔷薇科,杏属

识别要点:落叶乔木。树冠圆整,树皮黑褐色,小枝红褐色。单叶互生,卵圆形或卵状椭圆形,先端突渐尖,基部近圆形或心形,具钝锯齿,叶柄带红色,无毛。花单生,先叶开放,白色。果球形,杏黄色;果核两侧扁,平滑。花期 3 ~ 4 月,果熟期 6 ~ 7 月。

图 3-2-24　杏树花枝及果枝

分布与习性:原产中国,长江流域以北各地均有栽培。喜光,耐寒,也耐高温;耐干燥瘠薄,忌水湿;对土壤要求不严,喜土层深厚、排水良好的沙壤土、砾壤土。

繁殖与栽培:播种、嫁接繁殖。幼树每年长枝短剪,密枝疏剪;老树可截枝更新,移栽宜在秋季。

观赏特征与园林应用:杏早春开花,是北方优良早春花木。可植于庭园或群植、片植于山坡、路旁或花园，可结合果实生产，有“南梅北杏”之称。

12. 梅(梅花、春梅)　*Prunus mume* Sieb. et Zucc.(图 3-2-25)

科属：蔷薇科，李属

识别要点：落叶小乔木，树冠圆整，树皮灰褐色。小枝细长，绿色，先端刺状，无毛。单叶互生，广卵形至卵形，先端渐长尖，基部宽楔形，具细锯齿，叶柄近顶端有 2 个腺体。花每节 1～2 朵，无梗或具短梗，先叶开放；原种花呈淡粉红或白色，栽培品种则有紫、红、彩斑至淡黄等花色。核果近球形，有沟，密被短柔毛，绿色，熟时多变为黄色；核多卵圆形，表面有较密的蜂窝状点孔。花期 1～3 月，果熟期 5～6 月。

图 3-2-25　梅

分布与习性：原产中国西南部，黄河以南均可露地栽培。喜光，喜温暖、湿润气候，对土壤要求不严格，耐瘠薄。

繁殖与栽培：常用嫁接繁殖，扦插、压条均可繁殖。梅花栽培管理技术要求较高，冬季疏剪过密枝、枯枝、徒长枝，长枝短剪。花芽分化(6 月)时，需适当“扣水”、“扣肥”；当花芽萌发时，要抹芽、摘心，以促进花芽分化。

观赏特征与园林应用：梅树姿苍劲，花色清丽，花香袭人，是我国传统名花。栽培品种极多，园林用途广泛。如可在公园或庭园配置“松、竹、梅”“岁寒三友”，苍松是背景，修竹是客景，梅花是主景。古代强调“梅花绕屋”、“登楼观梅”等，均是为了获取最佳的观赏效果。另外，梅花可布置成梅岭、梅峰、梅园、梅溪、梅径、梅坞于园林、绿地、庭园、风景区，可孤植、丛植、群植等；也可在屋前、坡上、石际、路边自然配植。

13. 李(李子、布霖、嘉庆子、玉皇李)　*Prunus salicina* Lindl.(图 3-2-26)

科属：蔷薇科，李属

识别要点：落叶小乔木，树冠广球形。树皮灰褐色，小枝灰绿色，有光泽。顶芽缺，侧芽单生。单叶互生，倒卵状椭圆形，先端渐尖或急尖，基部楔形，重锯齿细钝；叶柄近顶端有 2～3 个腺体。花白色，常 3 朵并生；核果球形，直径 2～3.5 cm，栽培品种可到 7 cm，黄色、红色、绿色或紫色，外被蜡质果粉。花期 3～4 月，果熟期 7～8 月。

图 3-2-26　李

分布与习性：产于我国东北南部、华北、华东及华中地区。喜光，耐半阴，耐寒，不耐干旱、瘠薄。适应性强，喜肥沃、湿润黏壤土。浅根性，根系较广。

繁殖与栽培：嫁接、分株、播种繁殖。嫁接常用的砧木是桃、山桃、杏、梅实生苗。芽接一般于 7 月中旬至 9 月进行，枝接宜于冬季或早春萌芽前进行。追肥应勤施薄施，梢期多施。

观赏特征与园林应用：李叶色秀美，花洁白而繁茂，是优良的观花树木。可孤植、丛植、群植等，也可在屋前、坡上、路边自然配植，也可作为果园树栽培。

14. 紫叶李（红叶李、樱桃李） *Prunus cerasifera f. atropurpurea*（Jacp）. Rehd.（图 3-2-27）

科属：蔷薇科，李属

识别要点：落叶小乔木，树皮紫灰色，小枝淡红褐色。单叶互生，卵圆形或长圆状披针形，常年暗绿或紫红色。花较小，淡粉红色，单生或 2 朵簇生，叶前开花或与叶同放。核果小，径 1 ~ 3 cm，扁球形，常早落。花期 3 ~ 4 月，果期 7 ~ 8 月。

图 3-2-27　紫叶李（左图为花枝，右图是全株）

分布与习性：原产亚洲西部，现我国各地园林中都有栽培。喜光、稍耐阴，抗寒、适应性强，喜温暖湿润的气候和排水良好的沙质壤土；怕盐碱和涝洼。浅根性，萌蘖性强，对有害气体有一定的抗性。

繁殖与栽培：嫁接、压条、扦插繁殖均可，以嫁接为主。嫁接砧木多选用毛桃、杏，嫁接苗树皮较为粗糙。扦插常于春末秋初进行嫩枝扦插，或早春进行老枝扦插，但成活率低。栽植时应适当修剪长枝，以保持树冠圆满。

观赏特征与园林用途：叶色常年紫红色，为观花、观叶的树种，以观叶为主。可列植于街道、花坛、建筑物四周，公路两侧等，也可孤植于广场周边，中央草坪。

15. 樱桃（中国樱桃、毛樱桃） *Prunus pseudocerasus* Lindl.（图 3-2-28）

科属：蔷薇科，樱属

识别要点：落叶小乔木。单叶互生，卵状椭圆形，先端渐尖，基部圆形，边缘具大小不等的重锯齿，锯齿上有腺体；叶柄有短柔毛，近顶端有 2 腺体。花两性，花萼花瓣各 5，白色，3 ~ 6 朵成总状花序，先叶开放。核果近球形，径约 1 cm，红色，无沟。花期 3 ~ 4 月，果期 5 月。

分布与习性：主要分布于北半球，我国主产于华北、华东、华中至四川。喜温、喜光，忌风、忌冻，较耐寒，耐干旱瘠薄。喜温暖湿润气候及肥沃、排水良好的沙壤土。

繁殖与栽培：播种、扦插、压条繁殖。樱桃采收后，将果皮果肉划破取出果核，清洗核外的果肉，在阴凉处晾干 1 ~ 2 d 即可播种，直接播在浅盆中。扦插于春夏生长期间，选取半成熟的健壮枝条，附生 4 ~ 6 片叶，插于适合作苗床的介质中，保持湿润并遮阴。高空压条法选两年以上的枝条，生根后剪断，盆栽成为新株。其中扦插法简单而且成功率最高。

观赏特征与园林应用：樱桃新叶妖艳，花繁果艳，是优良的早春花木，观花、观果树种。可丛植、孤植、群植，也可在庭园栽植，或配置成专类果园。

16. 樱花（山樱花） *Prunus serrulata* Lindl.（图 3-2-29）

科属：蔷薇科，樱属

识别要点:落叶乔木,树皮暗栗褐色,光滑而有光泽,具横纹。单叶互生,卵形至卵状椭圆形,先端尾尖,缘具芒状单锯齿或重锯齿;叶柄端有2~3个腺体。花白色或淡粉红色,3~5朵成伞房总状花序,花瓣先端有缺刻,4月叶前开放。果球形,径6~8 mm,黑色,7月果熟。

图3-2-28　樱桃

图3-2-29　樱花

主要变种与品种:

(1)重瓣白樱花'Albo-plena':花白色,重瓣。

(2)垂枝樱花'Pendula':枝开展而下垂,花粉红色,重瓣。

(3)重瓣红樱花'Roseo-plena':花粉红色,重瓣。

(4)瑰丽樱花'Superba':花型大,淡红色,重瓣,有长梗。

(5)山樱花(var. *spontanea* Wils.):花型小,白色或浅粉色,单瓣。

分布与习性:产于中国、朝鲜及日本。喜光稍耐阴,不耐炎热,耐寒不耐干旱;对土壤要求不严,以深厚肥沃的沙质土壤最好。不耐盐碱土。根系较浅,忌积水低洼地。

繁殖与栽培:播种、嫁接繁殖,以嫁接为主。播种应随采随播或湿沙层积后翌年春播。嫁接可用樱桃、山樱桃的实生苗作砧木,于3月下旬切接或8月下旬芽接,接活后培育3~4年可出圃栽种。栽种时,坑槽施腐熟堆肥,7月施硫酸铵等速效肥。早春发芽前和花后,剪去枯枝、病弱枝、徒长枝,以保持树冠圆满。

观赏特征与园林应用:樱花春日繁花竞放,满树烂漫,如云似霞,极其美丽,是早春观花的著名观赏花木。常群植,也可孤植;或植于山坡、庭园、路边、建筑物前,作小路行道树、绿篱,还可制作盆景,也是日本樱花的重要亲本之一。

17. 日本樱花(东京樱花、江户樱花)　*Prunus* ×*yedoensis* Matsum.(图3-2-30)

科属:蔷薇科,樱属

识别要点:落叶乔木,树皮暗褐色,平滑。小枝幼时有毛,有顶芽,腋芽单生。单叶互生,卵状椭圆形至倒卵形,叶端急渐尖,叶基圆形至广楔形,有细尖重锯齿,叶背脉上及叶柄有柔毛。花白色至粉红色,单瓣或重瓣,微香;萼筒管状,有毛;花梗长约2 cm,有短柔毛;3~6朵成短总状花序。核果近球形,径约1 cm,黑色。花期4月,叶前或与叶同时开放,果期 8 ~ 9 月。

本种有两变种:

(1)彩霞日本樱花(var. *shojo* Wils.):重瓣,大型,玫瑰红色;

(2)粉红日本樱花(var. *taizanfukus* Wils.):重瓣,中型,粉红色。

图 3-2-30　日本樱花

分布与特性:原产日本,我国各地均有栽培。喜光稍耐阴,较耐寒,喜深厚、肥沃的沙质土壤。不耐盐碱,喜空气湿度大的环境。根系较浅,忌积水与低湿。对烟尘和有害气体的抵抗力较差。不耐修剪,不耐移栽。

繁殖与栽培:以樱桃、桃、杏为砧木,嫁接繁殖。

观赏特征与园林应用:日本樱花春天开花时满树灿烂,极其美观,整株有很高的观赏价值。常群植,也可孤植;适宜种植于山坡、建筑物前、庭园及园路旁。

18. 核桃　*Juglans regia* L.(图 3-2-31)

科属:胡桃科,胡桃属

识别要点:落叶乔木,树皮灰白色,浅纵裂,枝髓片状,小枝粗壮,近无毛。奇数羽状复叶互生,小叶 5 ~ 9 个,椭圆状卵形至椭圆形,全缘或有不明显钝齿,小叶柄极短或无。雄花柔荑花序,雌花 1 ~ 3 朵聚生。核果球形,径约 5 cm,外皮肉质不开裂,灰绿色。花期 4 ~ 5 月,果熟期 8 ~ 9 月。

分布与习性:原产波斯(今伊朗)一带,我国辽宁以南至华南、西南均有栽培。喜光,耐寒,不耐湿热,不耐干旱瘠薄。深根性树种,喜深厚肥沃而排水良好的沙壤土。

繁殖与栽培:播种、嫁接繁殖,以嫁接为主。播种在 8 ~ 9 月果熟后采种,脱皮、晾干、干藏。嫁接在每年的 3 月下旬至 4 月上旬进行。

观赏特征与园林应用:核桃树冠雄伟,树干洁白,枝叶繁茂,绿荫盖地。在园林中可作道路绿化,起防护作用。宜做庭荫树,行道树等。

19. 枫杨(元宝树、枰柳)　*Pterocarya stenoptera* C. DC.(图 3-2-32)

科属:胡桃科,枫杨属

识别要点:落叶乔木。幼树树皮平滑,浅灰色,老时则深纵裂。枝髓片状,小枝灰色至暗褐色,裸芽有柄。羽状复叶互生,叶轴具狭翅;小叶长椭圆形,缘有细锯齿,无小叶柄。坚果有 2 长翅,成串下垂。花期 4 ~ 5 月,果期 8 ~ 9 月。

分布与习性:广泛分布于我国黄河流域、长江流域、华南及西南各地。喜光,不耐阴,耐水湿,耐寒,耐干旱瘠薄。深根性,侧根发达。速生,萌蘖能力强,对二氧化硫、氯气等抗性强。

繁殖与栽培:播种繁殖。当年秋播出芽率较高,幼苗及时整形修剪,保持良好的干形;春栽随起随栽,假植越冬新梢易受冻害且成活率低。栽培适应性强,以深厚肥沃的河床两岸生长为好;但叶片有毒,鱼池附近不宜栽植。

观赏特征与园林应用:枫杨树形开张,枝叶茂密,叶片秀美,果实像一只只小元宝连成串,向下垂吊。常作行道树及固堤护岸树种,也可作“四旁”树、庭荫树,还可作嫁接核桃的砧木。

图 3-2-31　核桃

图 3-2-32　枫杨

20. 柳树(旱柳、直柳)　*Salix matsudana* Koidz.(图 3-2-33)

科属:杨柳科,柳属

识别要点:落叶乔木,树冠倒卵形。树皮灰黑色,纵裂。小枝斜展或直立,黄绿色。单叶互生,披针形至狭披针形,先端长渐尖,基部楔形,缘有细锯齿,叶背有白粉;托叶披针形,早落。雌雄异株,柔荑花序。种子细小,基部有白色长毛。花期 3 月,4 ~5 月果熟。

主要变种:

(1)馒头柳‘Umbraculifera’:分密枝,端稍齐整,形成半圆形树冠,状如馒头。

(2)绦柳‘Pendula’:枝条细长下垂。

(3)龙须柳(龙爪柳)‘Tortuosa’:枝条扭曲向上,生长势较弱,树体小,寿命短。

分布与习性:原产我国,北方平原地区最常见。喜光,较耐寒,耐干旱,稍耐盐碱,喜湿润和排水、通气良好的沙壤土。

繁殖与栽培:扦插、播种均可。扦插育苗,简单方便,生产上广泛应用。扦插春、秋两季均可,但北方以春插为主,且早春扦插最好。绿化宜用雄株。

观赏特征与园林应用:柳树枝条柔软,树冠丰满,春季叶色嫩绿。适宜做庭荫树、行道树。常栽培在河湖岸边或孤植于草坪,对植于建筑两旁,宜作公路树、防护林及沙荒造林、农村“四旁”绿化等。

21. 垂柳　*Salix babylonica* L.(图 3-2-34)

科属:杨柳科,柳属

识别要点:落叶乔木,树冠倒广卵形。小枝细长下垂,褐色。单叶互生,狭长披针形,先端渐尖,基部楔形,细锯齿,托叶披针形。雌花只有 1 个腺体,雄花有 2 个雄蕊。花期 3 ~4 月,果期 4 ~5 月。

主要变种:

金枝垂柳‘Aurea’:树干通直,树冠半圆形,枝条金黄色,微下垂。

分布与习性：分布广，主产长江流域，平原、华北、东北也有栽培。喜光也耐阴，较耐寒，耐水湿也耐干旱。喜湿润和排水、通气良好的沙壤土。生长迅速，寿命短。

图 3-2-33　柳树

图 3-2-34　垂柳

繁殖与栽培：播种、扦插、嫁接、压条繁殖均可。选生长快、病虫害少的健壮植株作母株采种、采条。生长适应性强，只要不缺水分就能生长。易发生蚜虫、天牛虫害，须注意防治。

观赏特征与园林应用：垂柳枝条柔垂，姿态优美。适宜作庭荫树、行道树。适宜于河边、池边栽植，也可对植于建筑物旁，列植作行道树。

22. 毛白杨　*Populus tomentosa* Carr.（图 3-2-35）

科属：杨柳科，杨属

识别要点：落叶乔木，树干端直。树皮青白色，老时深灰色，纵裂。芽稍有绒毛。单叶互生，三角状卵形，先端尖，基部平截或近心形。柔荑花序，雌雄异株，先叶开放。蒴果长卵形，2 裂。花期 3～4 月，果期 4 月下旬。

分布与习性：中国特产，全国各地均有栽培。强阳性，喜光，喜凉爽湿润，喜深厚肥沃的沙壤土，稍耐碱。大树耐湿、耐烟尘，抗污染。深根性，根系发达，萌芽力强，生长较快。

繁殖与栽培：埋条、留根、压条、分蘖等方法繁殖。一般采用嫩枝扦插。选取当年生、半木质化的枝条，在夏季进行嫩枝扦插。

观赏特征与园林应用：毛白杨树体高大挺拔，姿态雄伟，叶大荫浓，叶色正面翠绿，背面银白，是城乡及工矿区优良的绿化树种，也常用作行道树、园路树、庭荫树或营造防护林；可孤植、丛植、群植于建筑周围及草坪、广场、水滨。

23. 榆树（白榆、家榆）　*Ulmus pumila* Linn.（图 3-2-36）

科属：榆科，榆属

识别要点：落叶乔木，树干直立，树冠圆球形，枝多开张。单叶互生，卵状长椭圆形，缘有单锯齿，基部稍不对称。春季叶前开花。翅果近圆形，果核位于中部，无毛。花期 3～4 月，果期 4～6 月。

主要变种：

(1) 钻天榆 'Pyramidalis'：树干通直，树冠窄。

(2)龙爪榆'Tortuosa':树冠球形,小枝卷曲下垂。

图 3-2-35　毛白杨

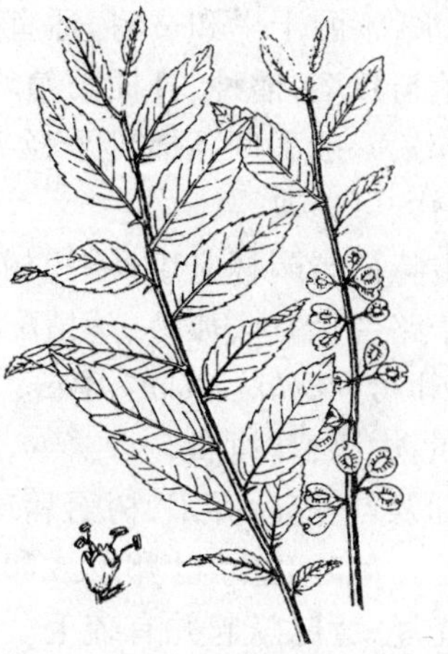

图 3-2-36　榆树

(3)垂枝榆'Pendula':枝下垂,树冠伞形。

分布与习性:分布于我国东北、华北、西北及西南各省区。阳性树种,喜光,耐寒,耐盐碱,耐贫瘠,喜深厚、排水良好的土壤。

繁殖与栽培:播种、扦插繁殖。种子宜随采随播发芽好。扦插成活率高,扦插苗生长快。管理粗放。榆树对土壤环境及气候条件要求不严。

观赏特征与园林应用:榆树树干通直,树形高大,绿荫较浓。可作行道树、庭荫树、防护林及"四旁"绿化,也是营造防风林、水土保持林和盐碱地造林的主要树种之一。

24. 榉树(大叶榉)　*Zelkova schneideriana* (Hand.) - Mazz. (图 3-2-37)

科属:榆科,榉树属

识别要点:落叶乔木,高达 30 m。树冠倒卵状伞形。树皮棕褐色不裂,老时薄片状脱落,光滑。单叶互生,卵形、椭圆状卵形或卵状披针形,先端尖或渐尖,具锯齿;表面微粗糙,背面淡绿色;叶秋季变色,有黄色系和红色系两个品系。坚果较小。花期 3 ~4 月,果期 10 ~11 月。

图 3-2-37　榉树(果枝、花及果实)

榉树属中国产 4 种:

(1)大叶榉(*Z. schneideriana* Hand - Mazz.):叶片较大,表面粗糙,具锐尖锯齿,背面密生柔毛,小枝密布柔毛。

(2)光叶榉(*Z. serrata* (Thunb.) Makino):叶背面光滑,具钝尖锯齿,小枝无毛。

(3)小叶榉(*Z. sinica* Schneider):叶片特小,坚果大,又叫大果榉。

(4)台湾榉(*Z. formosana* Hayata):叶纸质,表面粗糙。

分布与习性：我国中部、南部、东部、西南地区均有栽培。阳性树种，喜光，喜温暖环境，忌积水，不耐干旱和贫瘠，适宜于深厚肥沃、湿润的土壤。生长慢，寿命长。

繁殖与栽培：播种、扦插繁殖均可。秋末采果阴干贮藏，翌年早春播种，播前用清水浸种 1 ~ 2 d。一般采用条播。干径 3 cm 左右时可出圃定植。根细长而韧，起苗时先将周围根切断后方可挖取。

观赏特征与园林应用：榉树树姿端庄，秋季叶变成褐红色，是观赏秋叶的优良树种。常种植于路旁、墙边，孤植、丛植配置和作行道树，是城乡绿化和营造防风林的好树种。

25. 朴树　*Celtis sinensis* Pers.（图 3-2-38）

科属：榆科，朴树属

识别要点：落叶乔木，树冠扁球形。树皮不裂，老时粗糙，具有木栓质瘤状突起；小枝幼时有毛。单叶互生，叶卵形或卵状椭圆形，三出主脉，基部不对称，中部以上有浅钝齿，表面有光泽，背脉隆起并有疏毛。核果单生或 2 个并生，近球形，熟时橙黄色，核具有蜂窝状网纹。花期 4 月，果期 10 月。

分布与习性：分布于我国黄河流域以南。喜光耐阴，喜温暖，耐水湿，耐轻盐碱土，喜深厚肥沃、湿润的中性黏质土壤。深根性，抗风，抗烟尘及毒气，生长慢，寿命长。

繁殖与栽培：播种、扦插繁殖均可。幼苗树干易弯曲，应注意整形修剪。大苗移栽要带土球。

观赏特征与园林应用：朴树树形优美，树冠宽广，绿荫浓郁，是良好的园林绿化树种。宜作庭荫树，可孤植或配置于宽广场地，也是树桩盆景材料。

26. 珊瑚朴（大果朴）　*Celtis julianae* Schneid.（图 3-2-39）

科属：榆科，朴树属

识别要点：落叶乔木，树冠圆球形。树皮灰色，平滑；一年生枝、叶背、叶柄均密生黄褐色绒毛。单叶互生，宽卵形、倒卵形或倒卵状椭圆形，上面较粗糙，背面网脉隆起，下面密被黄色绒毛，中部具钝锯齿或全缘。核果卵球形，熟时橙红色，单生叶腋。花期 4 ~ 5 月，果期 9 月。

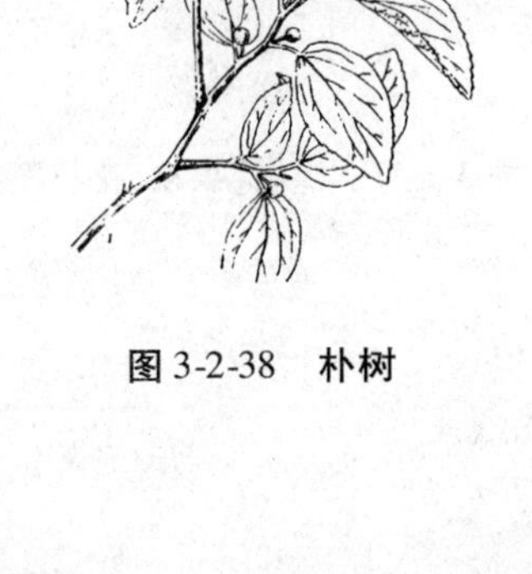

图 3-2-38　朴树

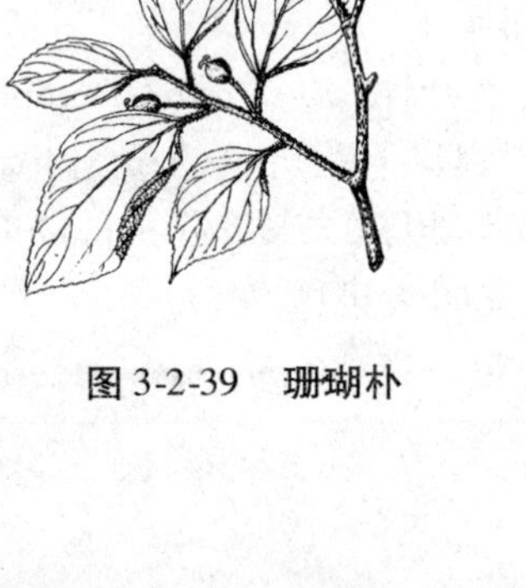

图 3-2-39　珊瑚朴

分布与习性：主产于我国长江流域。阳性树种，喜光，略耐阴。适应性强，不择土壤，耐寒，耐旱，耐水湿和瘠薄。深根性，抗风力强。抗污染力强。

繁殖与栽培：以播种繁殖为主。耐移栽，落叶后或翌春芽萌动前进行。起苗时注意不要伤根皮和顶芽，长侧根、侧枝需适当修剪。栽植时要穴大底平，苗正根展，并灌足定根水。主要害虫有沙朴棉蚜、沙朴木虱，注意防治。

观赏特征与园林应用：珊瑚朴树体高大，冠大荫浓，早春红褐色花序状如珊瑚，秋果红艳，颇为美观。宜作庭荫树、行道树及工厂绿化、"四旁"绿化的树种。

27. 杜仲　*Eucommia ulmoides* Oliv.（图 3-2-40）

科属：杜仲科，杜仲属

识别要点：落叶乔木，树冠圆球形。树皮深灰色，枝具片状髓，树体各部折断均具银白色胶丝。小枝光滑，无顶芽。单叶互生，椭圆形，有锯齿，羽状脉，老叶表面网脉下陷，无托叶。花单性，雌雄异株，无花被，与叶同放或先叶开放。翅果扁平，长椭圆形，顶端 2 裂，种子 1 粒。花期 4 ~ 5 月，果期 10 ~ 11 月。

分布与习性：原产我国中西部地区，现遍布我国各地。喜光、耐寒，对土壤要求不严，丘陵、平原均可种植。

繁殖与栽培：种子、扦插、压条及嫁接繁殖。生产上以种子繁殖为主。种子出苗后，注意中耕除草、施肥、浇水。幼苗要适当遮阴。苗高达 1 m 以上时可于落叶后至翌春萌芽前定植。秋天或翌春及时剪去基生枝、交叉过密枝。成年树酌情追肥。

观赏特征与园林应用：杜仲树干通直，枝叶繁茂，树形优美，是优良的行道树、庭荫树，也是珍贵的药用植物。

28. 构树（构桃树、假杨梅）　*Broussonetia papyrifera*（L.）Vent.（图 3-2-41）

科属：桑科，构树属

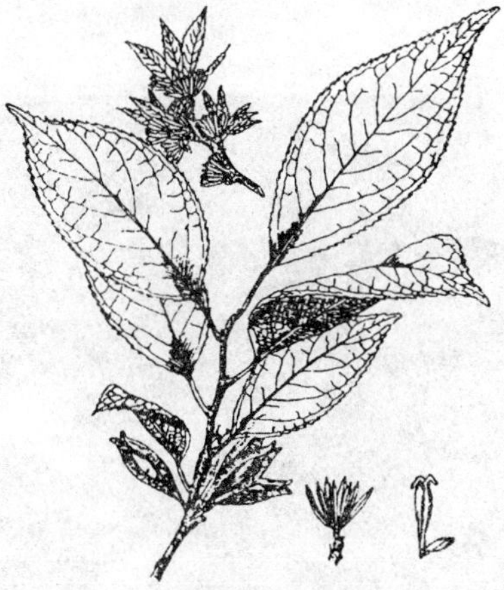

图 3-2-40　杜仲

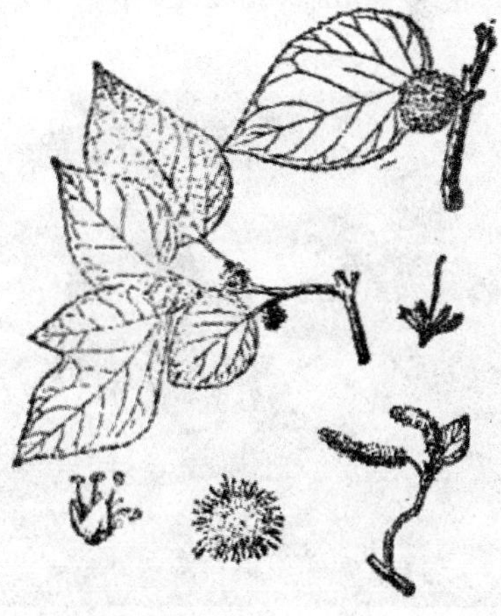

图 3-2-41　构树

识别要点：落叶乔木，树冠卵形至广卵形；树皮平滑，浅灰色或灰褐色，全株含乳汁，小枝密被钢丝状绒毛 。单叶互生，叶卵圆至阔卵形，顶端锐尖，基部圆形或近心形，边缘有粗齿，3 ~ 5 深裂，两面有厚柔毛；叶柄密生绒毛。聚花果球形，熟时橙红色或鲜红色。花期4～5月,果期7～9月。

分布与习性:全国各地均有分布。喜光,适应性特强,耐干冷也耐湿热,耐干旱瘠薄,也耐水湿,喜酸性土壤,耐轻度盐碱,在钙质和中性土中也能正常生长。根系浅,侧根分布很广,生长快,萌芽力和分蘖力强,耐修剪。抗污染性强。

繁殖与栽培:播种、扦插、分蘖、压条等方法繁殖。栽植适宜在初春和秋末进行,中小规格裸根、大苗带土球种植。种植前按要求修剪苗木,栽植穴保证根系舒展。头两年加强浇水,前三年加强施肥。

观赏特征与园林应用:构树枝叶茂密,是城乡绿化的重要树种,尤其适合用作矿区及荒山坡地绿化,亦可选做庭荫树及防护林树种。

29. 无花果 *Ficus carica* L.（图3-2-42）

科属:桑科,榕属

识别要点:落叶小乔木,常呈灌木状。干皮灰褐色,小枝粗壮,托叶脱落后有明显的环状托叶痕。单叶互生,厚膜质,宽卵形或近球形,3～5掌状深裂,基部浅心形,基生3～5出脉,上面粗糙,下面有短毛。花托(隐头花序)单生于叶腋,有短梗。隐花果梨形,熟时黑紫色。花期4～5月,果期8～9月。

分布与习性:我国各地均有栽培。喜光耐阴,喜温暖湿润,不耐寒;耐干旱,不抗涝。耐瘠薄,耐盐性强,喜肥,以深厚肥沃、富含腐殖质且排水良好的沙质壤土最宜。

繁殖与栽培:扦插繁殖为主。可盆栽或在荒坡、田园、庭园栽培。整形修剪一般采用多主枝自然开心形整枝方式。盆栽的注意排水。较少发生病虫害。果实生长期易招致桑天牛为害;果成熟时易受鸟害,注意驱赶防治。

观赏特征与园林应用:无花果叶片宽大,果实奇特,秋果实累累,是优良的庭园绿化和经济树种。宜作庭荫树或盆栽观赏。

30. 桑树 *Morus alba* L.（图3-2-43）

科属:桑科,桑属

图3-2-42 无花果

图3-2-43 桑树

识别要点:落叶乔木,树冠倒卵圆形。小枝褐黄色,嫩枝及叶含乳汁。单叶互生,卵形或宽卵形,先端尖或渐短尖,基部圆或心形,锯齿粗钝,幼叶常有浅裂、深裂,上面光滑,下面脉腋簇生毛。聚花果(桑椹)圆筒形,熟时紫黑色,多汁味甜。花期4月,果期5～7月。

分布与习性：原产我国中部，现各地栽培广泛。喜光，耐湿，喜深厚、疏松肥沃的土壤，耐轻度盐碱。抗风，耐烟尘，抗有毒气体。

繁殖与栽培：播种、扦插、嫁接、分根繁殖。移植春、秋两季进行均可，以秋季为好。可根据用途，将大苗培育成高干、中干、低干等多种形式。园林上一般采取高干广卵形树冠。

观赏特征与园林应用：树冠丰满，枝叶茂密，秋叶金黄，果实红艳。宜孤植作庭荫树，也可用于"四旁"绿化及工矿厂区绿化。

31. 悬铃木（二球悬铃木）　*Platanus × acerifolia*（Ait.）Willd.（图 3-2-44）

科属：悬铃木科，悬铃木属

识别要点：落叶大乔木，树冠广阔，呈长椭圆形。树皮灰绿色，薄片状剥落，剥落后呈绿白色，光滑。柄下芽。单叶互生，叶大，叶片三角状，掌状分裂，边缘有不规则尖齿和波状齿，基部截形或近心脏形，嫩时有星状毛。头状花序球形，球果下垂，通常 2 球一串，坚果基部有长毛。花 4～5 月，果熟期 9～10 月。

常见的还有三球悬铃木（法国梧桐）*Platanus orientalis* Linn.、一球悬铃木（美国梧桐）*Platanus occidentalis* Linn.。

分布与习性：该种是三球悬铃木和一球悬铃木的杂交种，在英国育成。我国从北至南均有栽培。喜光，不耐阴；喜湿润温暖，较耐寒。适生于微酸性或中性、排水良好的土壤。

繁殖与栽培：播种、扦插繁殖。若作为行道树，必须有通直的树干，在树高 3.2～3.4 m 处截干，促其分枝；每年要进行 3～4 次抹芽、修剪工作。

观赏特征与园林应用：悬铃木树体雄伟，冠大荫浓，秋叶金黄，是世界著名四大行道树之一。可孤植、丛植作庭荫树，也可孤植于草坪或旷地，列植于甬道两旁，或作为厂矿绿化树种。

32. 枫香（枫树）　*Liquidambar formosana* Hance（图 3-2-45）

科属：金缕梅科，枫香属

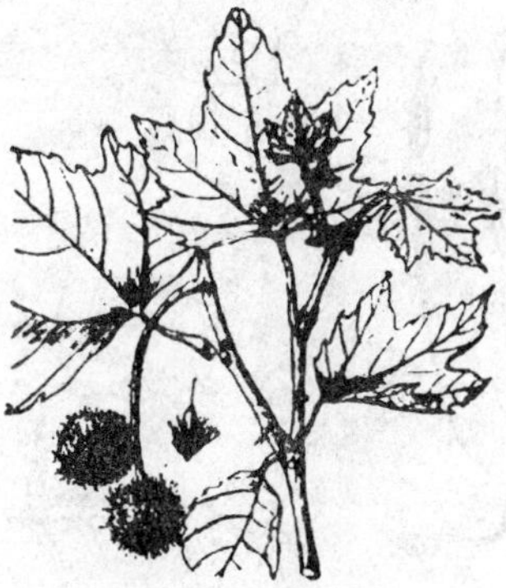

图 3-2-44　二球悬铃木

图 3-2-45　枫香

识别要点：落叶乔木，树干上有眼状枝痕。单叶互生，阔卵形，薄革质，掌状 3 裂，中央裂片较长，两侧裂片平展；基部心形。花单性同株，无花瓣。蒴果，集成球形果序，下垂，宿存花柱及萼齿针刺状。花期 3～4 月，果期 10 月。

分布与习性：产于我国秦岭及淮河以南，至华南、西南各地。喜光，喜温暖湿润，不耐寒，耐干旱瘠薄，不耐水涝，不耐盐碱，适宜湿润、深厚肥沃的红黄壤土。

繁殖与栽培：播种繁殖。对栽培土要求不严，日照需充足，肥料使用有机肥或复合肥，春、夏季各施一次。盆栽必须修剪徒长枝，少施氮肥，促进分枝。

观赏特征与园林应用：树高干直，树冠宽阔，秋叶变红或黄，鲜艳美观，是南方著名的秋色叶树种。可在园林中栽作庭荫树，也可于草地孤植、丛植，或于山坡、池畔与其他树木混植。

33. 合欢（绒花树、夜合树、马缨树）　*Albizia julibrissin* Durazz.（图 3-2-46）

科属：含羞草科，合欢属

识别要点：落叶乔木，树冠伞形。小枝有棱，无毛。二回偶数羽状复叶互生，小叶镰刀形，先端尖，叶缘及背面中脉有柔毛，昼开夜合。头状花序，多数，伞房状排列，腋生或顶生；花淡红色。荚果线形，扁平，幼时有毛。花期 6 ~ 7 月，果期 9 ~ 11 月。

分布与习性：我国黄河流域及以南各地均有分布。性喜光，喜温暖，耐寒、耐旱，耐土壤瘠薄及轻度盐碱，对二氧化硫、氯化氢等有害气体有较强的抗性。

繁殖与栽培：播种繁殖。育苗期适当密植，及时修剪侧枝，弱苗可截干。注意防治天牛及树干溃疡。

观赏特征与园林应用：合欢树形姿势优美，叶形雅致，羽状复叶昼开夜合，盛夏绒花满树，绿荫清幽，有色有香，能形成轻柔舒畅的气氛。宜作庭荫树、行道树，种植于林缘、房前、草坪、山坡等地；可孤植、列植、群植，是“四旁”绿化和庭园点缀的观赏佳树，还可作河岸护堤林。

34. 皂荚（皂角）　*Gleditsia sinensis* Lam.（图 3-2-47）

科属：苏木科，皂荚属

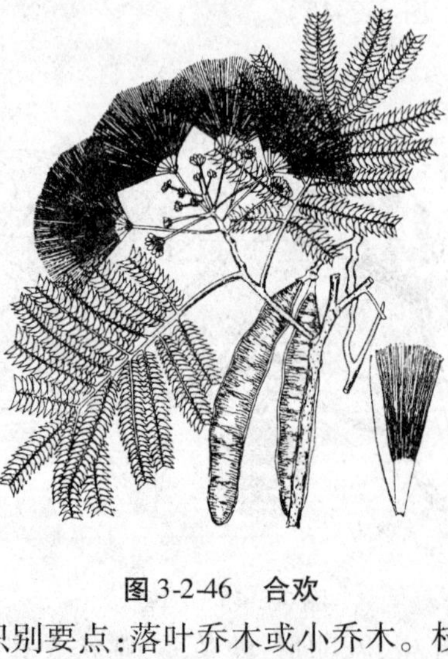

图 3-2-46　合欢

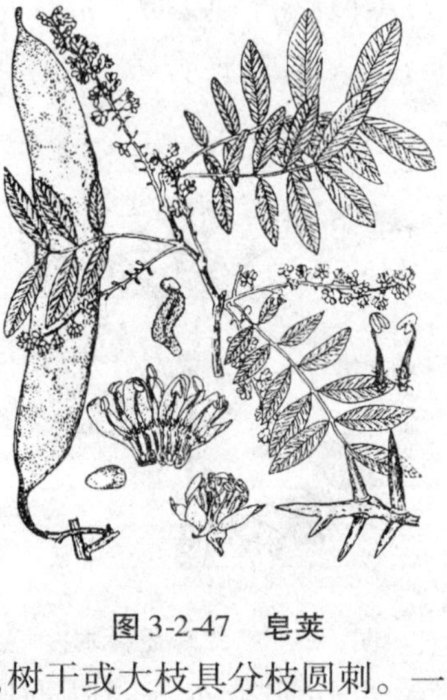

图 3-2-47　皂荚

识别要点：落叶乔木或小乔木。枝灰色至深褐色，树干或大枝具分枝圆刺。一回羽状复叶互生，纸质，小叶卵状椭圆形，先端急尖或渐尖，基部圆形或楔形，有时稍歪斜，边缘具细锯齿。荚果带状，直而扁平，木质，经冬不落。花期 3 ~ 5 月，果期 5 ~ 12 月。

分布与习性：产于我国黄河流域及其以南。多生于平原、山谷及丘陵地区。喜光、稍耐阴,喜温暖湿润的气候;对土壤要求不严,喜深厚肥沃的湿润土壤,在石灰质及盐碱土甚至黏土或沙土中均能正常生长。生长速度慢但寿命很长。

繁殖与栽培:播种繁殖。10月采下果实,取出种子随即播种;春播需将种子在水里泡胀后再播种。第二年秋后即可移栽。栽后3~4年,每年在穴边松土除草,并施草木灰或渣滓肥,促其迅速生长。

观赏特征与园林用途:皂荚冠大荫浓,树体雄伟,寿命较长,适宜作庭荫树、行道树及"四旁"绿化树种。荚果煎汁可代肥皂作洗涤用。

35. 刺槐(洋槐)　*Robinia pseudoacacia* L.(图3-2-48)

科属:蝶形花科,刺槐属

识别要点:落叶乔木、树皮灰黑褐色,纵裂。枝具托叶刺。奇数羽状复叶互生,小叶7~19枚,椭圆形至卵状长圆形,先端圆或微凹,基部广楔形或近圆形,全缘,表面绿色,背面灰绿色被短毛。花白色,芳香,成下垂总状花序。荚果扁平,条状,褐色,光滑。花期4~5月,果期9~10月。

常见栽培变种:

(1)红花刺槐'Decaisneana':原产北美。花冠蝶形,紫红色。

(2)无刺刺槐'Inermis':原产北美。树冠开张,托叶刺已退化。

(3)香花槐'Idahoensis':原产西班牙。树皮褐色至灰褐色,光滑。小枝棕红色,叶片大;花粉红色或紫红色。

分布与习性:原产于北美,现全国各地均有生长。喜光树种,不耐蔽荫。喜温暖湿润气候,不耐寒冷。

繁殖与栽培:播种繁殖。以春播为主,春季特别干旱的地方,也可雨季播种。畦床条播或大田式播种均可。造林方法因地而异。

观赏特征与园林应用:刺槐树冠高大荫浓,叶色鲜绿,每当开花季节绿白相映,素雅而芳香。可作为行道树,庭荫树,也可作为工矿区绿化及荒山荒地绿化的先锋树种。

36. 国槐(槐树、家槐、豆槐)　*Sophora japonica* L.(图3-2-49)

科属:蝶形花科,槐属

图3-2-48　刺槐

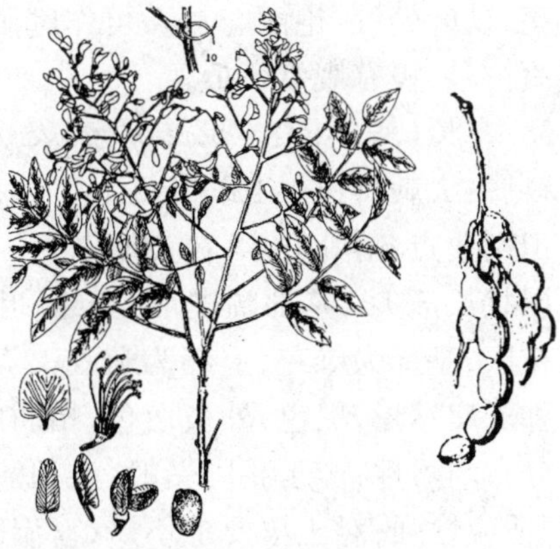

图3-2-49　国槐

识别要点:落叶乔木,树冠球广卵形。树皮灰黑色,粗糙纵裂,小枝绿色。奇数羽状复叶互生或近对生,小叶 7 ~ 17 枚,卵状椭圆形。全缘。圆锥花序顶生,花黄白色。荚果肉质,种子间缢缩成念珠状,宿存。花期 6 ~ 8 月,果期 9 ~ 10 月。

常见变种、变型及栽培变种:

(1)龙爪槐'Pendula':小枝弯曲下垂,树冠伞状。

(2)紫花槐' Violacea':叶被有蓝灰色丝状短柔毛,花的翼瓣和龙骨瓣常带紫色,花期最迟。

(3)五叶槐 *f. oligophylla* Franch:小叶 3 ~ 5 枚,顶端小叶常 3 裂,侧生小叶下部常有大裂片,叶背有短绒毛。

(4)金枝槐'Golden Stem':枝条黄色,冬季效果更为明显。金枝槐是从槐树播种苗中选育的,属于自然变异。

繁殖与栽培:播种或萌蘖繁殖。一年生幼苗树干容易变曲,应于落叶后截干,次年培育直干壮苗,注意剪除下层分枝。大树移栽时为提高成活率,需重剪。

观赏特征与园林应用:国槐树冠宽广,姿态优美,叶色秀美。可作庭荫树、行道树。

37. 重阳木(端阳木)　*Bischofia polycarpa* (L'evl.) Airy - Shaw (图 3-2-50)

科属:大戟科,重阳木属

识别要点:落叶乔木,树皮褐色,纵裂。三出复叶互生,小叶片纸质,卵形或椭圆状卵形,顶端突尖或短渐尖,基部圆或浅心形,缘有细钝齿。总状花序;花小,雌雄异株, 春季与叶同时开放。果浆果状,圆球形,成熟时褐红色。花期 4 ~5 月,果期 10 ~ 11 月。

分布与习性:产于我国秦岭、淮河流域以南至两广北部,在长江中下游平原习见。喜光,稍耐阴,耐水湿,喜温暖气候,耐寒性较弱。对土壤的要求不严,但在湿润、肥沃的土壤中生长最好。根系发达,抗风力强。

繁殖与栽培:播种繁殖。果熟后采收,用水浸泡后搓烂果皮,淘出种子,晾干后装袋于室内贮藏或拌沙贮藏,翌年早春 2 ~3 月条播。苗木主干下部易生侧枝,要及时剪去。移栽在芽萌动时带土球进行。

观赏特征与园林应用:重阳木树姿优美,冠如伞盖,花叶同放,花色淡绿,早春叶色鲜绿光亮,秋叶转红,艳丽夺目。可作庭荫和行道树种,用于堤岸、溪边、湖畔和草坪周围作为点缀树种,极有观赏价值。

38. 乌桕(蜡子树)　*Sapium sebiferum* (L.) Roxb. (图 3-2-51)

科属:大戟科,乌桕属

识别要点:落叶乔木,树皮暗灰色,有纵裂纹,小枝细。单叶互生,纸质,菱形广卵形,顶端尾状长渐尖 ,基部阔楔形,全缘,叶柄端有 2 腺体。花单性,雌雄同株,无花瓣;顶生穗状花序,基部为雄花,上部为雌花。蒴果梨状球形,直径 1 ~ 1. 5 cm,成熟时黑色,3 瓣裂。种子扁球形,黑色,外被白色、蜡质的假种皮。花期 4 ~ 8 月,果期 10 ~ 11 月。

分布与习性:产于我国秦岭、淮河流域及其以南,至华南、西南各地。喜光,稍耐阴,较耐寒,适应性强;对土壤要求不严,喜温暖气候及肥沃深厚土壤。

繁殖与栽培:一般采用播种繁殖,优良品种用嫁接法,也可用埋根法繁殖。宜在萌芽前春暖时进行移栽,大苗最好带土球。其喜水喜肥,生长期如遇干旱,就要及时浇水,否则生长不良。虫害主要有樗蚕、刺蛾、大蓑蛾等,要注意及时防治。

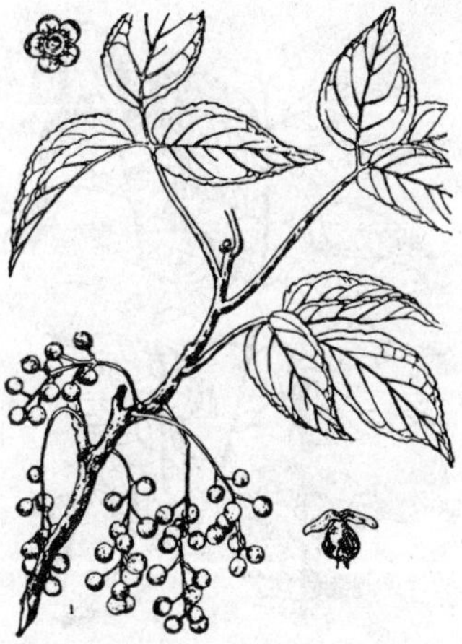

图 3-2-50　重阳木

图 3-2-51　乌桕

观赏特征与园林应用:乌桕树冠整齐,叶色秀美奇特,入秋叶色鲜红,冬日白色的乌桕子挂满枝头,经久不凋,也颇美观,古人就有“偶看桕树梢头白,疑是江海小着花”的诗句,是优良的园林绿化及观赏树种 。可与亭廊、花墙、山石等相配,也可孤植、丛植于草坪和湖畔、池边,还可栽作护堤树、庭荫树及行道树。

39. 臭椿(椿树)　*Ailanthus altissima* (Miu.)Swingle (图 3-2-52)

科属:苦木科,臭椿属

识别要点:落叶乔木,树冠呈扁球形或伞形,树皮灰白色或灰黑色。小枝粗壮,缺顶芽,叶痕倒卵形。奇数羽状复叶互生,小叶 13 ~ 35 枚,卵状披针形,叶总柄基部膨大,齿端有 1 腺点,有臭味。圆锥花序顶生,花小,杂性,白绿色,雌雄同株或雌雄异株。翅果,长椭圆形。花期 4 ~ 5 月,果期 9 ~ 10 月。

分布与习性:原产我国,分布很广;朝鲜、日本也有分布。喜光,不耐阴,耐寒,耐干旱瘠薄,不耐水湿。适应性强,除黏土外,各种土壤和中性、酸性及钙质土都能生长。

繁殖与栽培:播种繁殖,也可采用分根、分蘖等方法繁殖。造林栽植多在春季苗木上部壮芽膨胀成球状时进行。干旱多风地区可截干造林;立地条件较好也可直播造林。

观赏特征与园林应用:臭椿树干通直高大,树冠圆整如半球状,颇为壮观。叶大荫浓,秋季红果满树,是优良的庭荫树、行道树及工矿区绿化的良好树种。栽培变种千头臭椿‘Qiantou’,树冠圆头形,整齐美观,特别适合作行道树。

40. 香椿　*Toona sinensis* (A. Juss.)Roem. (图 3-2-53)

科属:楝科,香椿属

识别要点:落叶乔木,树皮条片状剥裂,小枝粗壮有柔毛,有顶芽,叶痕大。偶数羽状复叶互生,小叶 6 ~ 10 枚,长椭圆形,全缘或具疏浅锯齿,有香气。顶生圆锥状花序,下垂;花小,两性,白色,有香味,钟状。蒴果,成熟后呈红褐色,果皮革质,5 瓣裂。种粒小,椭圆形,有木质长翅。花期 6 月,果期 10 ~ 11 月。

分布与习性:分布于我国南部与中部。喜光,耐寒,对土壤要求不严,较耐湿,适宜生长于河边。

图 3-2-52 臭椿

图 3-2-53 香椿

繁殖与栽培：播种或分蘖繁殖。苗育成后，在早春发芽前定植，定植后要浇 2 ~ 3 次，以提高成活率。

观赏特征与园林应用：香椿树干通直，树冠开阔，枝叶浓密，嫩叶红艳，入秋金黄。常用作庭荫树、行道树，也可作“四旁”绿化树种。嫩芽富香气，可作蔬菜。

41. 楝树（苦楝） *Melia azedarach* L.（图 3-2-54）

科属：楝科，楝属

识别要点：落叶乔木，树冠倒伞形，侧枝开展；树皮暗褐色，纵裂。二至三回羽状复叶互生，小叶对生，卵形、椭圆形或披针形，先端渐尖，基部圆形或楔形，通常偏斜，边缘具锯齿或浅钝齿，稀全缘；主脉突起明显，具特殊香味。圆锥花序腋生，花较大，两性，花瓣 5 个，浅紫色或白色。核果，黄绿色或淡黄色，近球形或椭圆形。种子椭圆形，红褐色。花期 4 ~ 5 月，果期 10 ~ 11 月。

分布与习性：主产于亚洲南部和澳大利亚。我国的华中、华南、西南等省区有分布。喜光，不耐庇荫，喜温暖、湿润气候，耐寒力强。对土壤要求不严，喜生于肥沃湿润的壤土或沙壤土。

繁殖与栽培：播种或根插繁殖。幼苗树干易歪，需采用斩梢、抹芽等措施，以培育良好树干。

观赏特征与园林应用：楝树树形优美，叶形秀丽，春夏之交开淡紫色花朵，颇为美丽，且有淡香，是优良的城市及工矿厂区绿化树种。

42. 漆树 *Toxicodendron vernicifluum*（Stokes）F. A. Barkl.（图 3-2-55）

科属：漆树科，漆树属

识别要点：落叶乔木，树皮初呈灰白色，较光滑，老则浅纵裂；枝内有乳白色漆液。羽状复叶互生，小叶 7 ~ 15 枚，卵形至卵状长椭圆形，全缘，先端渐尖，基部圆形或阔楔形。圆锥花序腋生，花杂性或雌雄异株；花小，淡黄绿色。果序下垂，核果扁肾形，淡黄色，光滑。花期 5 ~ 6 月，果期 9 ~ 10 月。

图 3-2-54　楝树

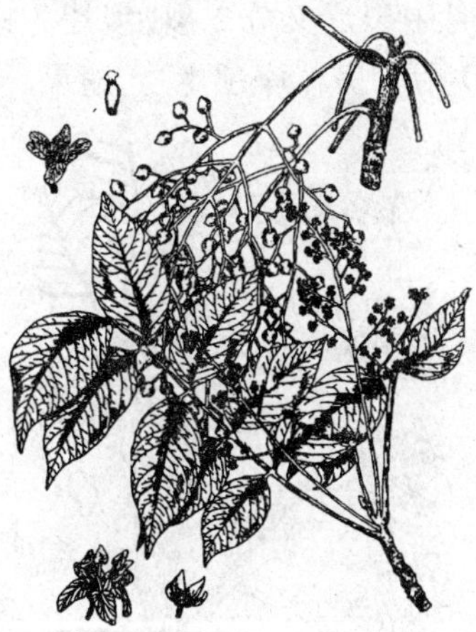

图 3-2-55　漆树

分布与习性:主产我国中部,日本、印度也有分布。喜光,不耐阴;喜温暖湿润气候及深厚肥沃而排水良好的土壤。不耐干风和严寒,不耐水湿。

繁殖与栽培:一般采用播种、根插繁殖,优良品种可用嫁接繁殖。播种前对种子进行脱蜡和催芽处理,露芽时即可播种。一般在早春条播,播前要灌足底水。

观赏特征与园林应用:漆液是天然树脂涂料,素有"涂料之王"的美誉。秋季叶色变红,可孤植、群植、丛植于园林观赏。但是漆液有刺激性,有些人会产生皮肤过敏,故园林中需慎用。

43. 黄栌(红叶)　*Cotinus coggygria* Scop. var. *cinerea* Engl.(图 3-2-56)

科属:漆树科,黄栌属

识别要点:落叶灌木或小乔木,枝红褐色。单叶互生,叶倒卵形或卵圆形,全缘,先端圆形或微凸,基部圆形或阔楔形。顶生圆锥花序被柔毛;花杂性,小而黄色。果序上有许多伸长成紫色羽毛状的不孕性花梗。核果小,肾形。花期 4~5 月,果期 6~7 月。

分布与习性:原产于我国西南、华北和浙江,欧洲东南部亦有分布。喜光,也耐半阴;耐寒,耐干旱瘠薄和碱性土壤,但不耐水湿。以深厚、肥沃而排水良好的沙壤土生长最好。生长快;根系发达。萌蘖性强。

繁殖与栽培:以播种繁殖为主,扦插、压条、嫁接也可。移栽一般在春季发芽前进行。黄栌须根较少,移栽时需对地上树冠枝条适当短剪。栽后浇透水,并松土除草。生长季节追施有机肥,雨季要及时防治白粉病。

观赏特征与园林应用:黄栌秋季霜叶红艳,是著名的观叶树木,北京"香山红叶"即为此变种;黄栌花后久留不落的不孕花的花梗呈粉红色羽毛状,在枝头形成似云似雾的梦幻般景观。园林中适宜丛植于草坪、土丘或山坡,亦可混植于其他树群尤其是常绿树群中,能为园林增添秋色。

44. 元宝枫(元宝槭、华北五角枫、平基槭)　*Acer truncatum* Bunge(图 3-2-57)

科属:槭树科,槭树属

识别要点:落叶乔木,树冠球形,嫩枝绿色,后变红褐色及灰棕色。单叶对生,叶掌状

5 裂，有时中裂片又分 2 裂，裂片先端渐尖，叶基通常截形。花杂性，雄花与两性花同株，常 6 ~ 10 朵伞房花序顶生 。翅果。花期 5 月，果期 9 月。

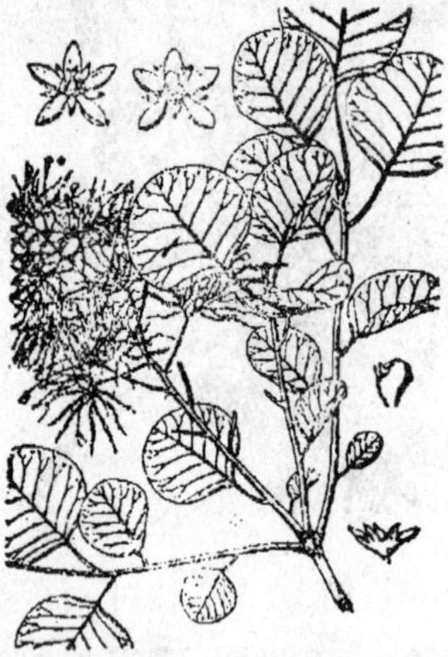

图 3-2-56　黄栌

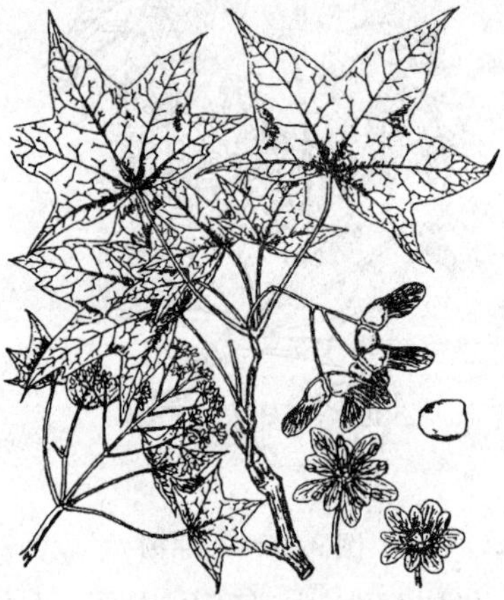

图 3-2-57　元宝枫

分布与习性：广布于我国东北、华北、黄河流域及浙江、江西、安徽等地，朝鲜、俄罗斯也有分布。弱阳性，耐半阴，不耐干热和强烈日晒；耐寒，较抗风；对土壤要求不严，以土层深厚、湿润肥沃土壤为好。

繁殖与栽培：播种繁殖。种子在播种前需要进行低温层积催芽。苗木 2 年生即可出圃。移植宜在秋季落叶后至春季芽萌动前进行，大苗移植时要适当修剪，还需带土球。

观赏特征与园林应用：元宝枫叶形秀丽，嫩叶红色，秋叶黄色、红色或紫红色，为优良的秋色叶树种。宜作庭荫树、行道树或风景林树种。

45. 三角枫（三角槭） *Acer buergerianum* Miq. （图 3-2-58）

科属：槭树科，槭树属

识别要点：落叶乔木，树皮褐色或深褐色，粗糙。单叶对生，纸质，通常浅 3 裂，裂片向前伸，全缘或有不规则锯齿，基部近于圆形或楔形。顶生伞房花序被短柔毛，花瓣 5 ，淡黄色。翅果黄褐色。小坚果凸起，果翅张开成锐角。花期 4 月，果期 8 月。

分布与习性：产于我国长江中下游地区，日本也有分布。弱阳性，稍耐阴，耐寒，不耐涝，不耐瘠薄。喜温凉气候及肥沃、湿润、排水良好的土壤。

繁殖与栽培：播种繁殖。秋季采种，去翅干藏，翌年春天播种，也可当年秋播。在播种前 2 周浸种、混沙催芽后条播，幼苗出土后适当遮阴。三角枫根系发达，小规格树可裸根移栽，大树要带土球移栽。

观赏特征与园林应用：三角枫树冠端正，叶形秀丽，嫩叶红色，秋叶黄色、红色或紫红色，为优良的秋色叶树种。宜作庭荫树、行道树或风景林树种，亦可作盆景。

46. 五角枫（地锦槭、色木槭、五角槭） *Acer mono* Maxim. （图 3-2-59）

科属：槭树科，槭树属

识别要点：落叶乔木。冬芽紫褐色，有短柄；小枝内常有乳汁。单叶对生，通常掌状 5 裂深达叶片中部，基部心形或浅心形，但有时可再裂出 2 小裂片而成 7 片。花小，杂性，黄绿色,成顶生伞房花序。翅果极扁平,果翅较长,为坚果的2倍,张开成钝角。花期4~5月,果期8~9月。

图3-2-58　三角枫

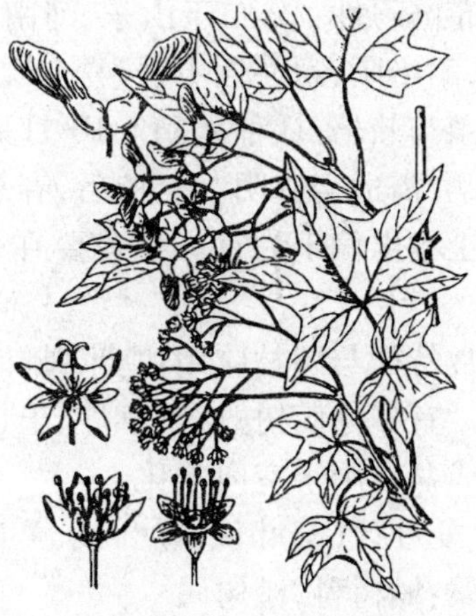

图3-2-59　五角枫

分布与习性:产于我国东北、华北至长江流域,朝鲜、日本也有分布。温带树种,弱度喜光,稍耐阴,喜温凉湿润气候,对土壤要求不严,但以土层深厚、肥沃及湿润之地生长最好。生长速度中等,深根性,抗风力强。

繁殖与栽培:播种繁殖。五角枫根系较发达,侧根多,易移栽。移栽以秋末春季萌动前为最佳。小苗可裸根栽植,大苗需带土球移栽并进行适当修剪,修剪口要涂抹愈伤防腐膜。

观赏特征与园林应用:五角枫树形优美,叶形秀丽,嫩叶红色,秋叶黄色、红色或紫红色,为优良的秋色叶树种。宜作庭荫树、行道树或风景林树种,亦可作盆景。

47. 鸡爪槭(鸡爪枫,槭树)　*Acer palmatum* Thunb.(图3-2-60)

科属:槭树科,槭树属

识别要点:落叶小乔木,树冠伞形。小枝纤细,红棕色。单叶对生,掌状7~9深裂,裂片先端尾状,边缘有不整齐锐齿或重锐齿,基部截形或心脏形;嫩叶密生柔毛,老叶平滑无毛。花紫色,杂性,成伞房花序。翅果嫩时紫红色,成熟时淡棕黄色;小坚果球形,张开成钝角。花期5月,果期9月。

常见变种、变型及品种:

(1)红枫'Atropurpureum':又名紫红叶鸡爪槭、日光红,叶常年红色或紫红色,枝条也常紫红色。

(2)细叶鸡爪槭'Dissectum':又名羽毛枫、绿羽毛,叶掌状深裂达基部,裂片狭长且又羽状细裂,秋叶深黄至橙红色,树冠开展而枝略下垂。

(3)深红细叶鸡爪槭'Dissectum Ornatum':又名红蓑衣槭,外形似细叶鸡爪槭,但叶常年古铜色或古铜红色。

(4)金叶鸡爪槭'Aureum':叶全年金黄色。

(5)花叶鸡爪槭'Reticulatum':叶黄绿色,边缘绿色,叶脉呈暗绿色。

(6)线裂叶鸡爪槭'Linearilobum':叶5深裂,裂片线型,缘有疏齿或近全缘。

(7)红边鸡爪槭'Roseo – marginatum':嫩叶及秋叶裂片边缘呈玫瑰红色。

分布与习性:分布于山东、河南、江苏、浙江、安徽、江西、湖北、湖南、贵州等省。弱阳性树种,耐半阴,耐寒性不强,喜温暖湿润气候及肥沃湿润而排水良好的土壤。

繁殖与栽培:播种繁殖。10月采收种子后即可播种,或用湿沙层积至翌年春播种。幼苗怕晒,需适当遮阴。定植后,春夏间宜施2~3次速效肥,夏季使土壤保持适当湿润,入秋后土壤以偏干为宜。移栽要在落叶休眠期进行,小苗可裸根移栽,大苗需带土球移栽。

观赏特征与园林应用:鸡爪槭叶形秀丽,嫩叶红色,入秋后转为鲜红色,为优良的秋色叶树种。宜作庭荫树,植于草坪、土丘、溪边、池畔和路隅、墙边、亭廊、山石间点缀;也可制成盆景或盆栽用于室内美化。

48. 复叶槭(羽叶槭、梣叶槭、美国槭、白蜡槭)　*Acer negundo* L.(图3-2-61)

科属:槭树科,槭树属

识别要点:落叶乔木,小枝光滑绿色,常被白粉蜡质,无毛。奇数羽状复叶对生,小叶3~5(9)枚,有不规则锯齿,卵形至长椭圆状披针形。花单性异株,雄花序伞房状,雌花序总状,均由无叶的小枝旁边生出,常下垂;花小,黄绿色,叶前开放。果翅狭长,张开成锐角或直角。花期4~5月,果期8~9月。

在国外有金叶'Aureum'、金边'Elegans'、矮生'Nanum'等园艺品种。

图3-2-60　鸡爪槭

图3-2-61　复叶槭

分布与习性:原产北美,我国东北、华北及华南均有栽培。喜光,耐半阴;喜温暖湿润气候,不耐寒,耐轻盐碱,喜肥沃湿润而排水良好的土壤。根萌芽性强,生长较快。

繁殖与栽培:播种繁殖为主。播种前先温水浸种,吸满水膨胀后,再催芽、播种。嫁接砧木应选4~5年生的实生苗。移植应带土坨。

观赏特征与园林应用:复叶槭枝叶茂密,叶形秀丽,嫩叶红色,入秋后转为金黄色,为优良的秋色叶树种。宜作庭荫树、行道树及防护林树种,或制成盆景、盆栽用于室内美化。

49. 栾树(大夫树、灯笼树)　*Koelreuteria paniculata* Laxm.(图 3-2-62)

科属:无患子科,栾树属

识别要点:落叶乔木。一至二回奇数羽状复叶互生,小叶卵形或长卵形,边缘具锯齿或裂片,背面沿脉有短柔毛;春季嫩叶褐红色,秋季变为黄褐色。顶生圆锥花序,花金黄色,小而不整齐,花瓣基部有红色斑。蒴果三角状卵形,橘红色,果皮膜质膨大,熟时 3 瓣裂。花期 6 ~ 8 月,果期 9 ~ 10 月。

分布与习性:主产我国华北,朝鲜、日本也有分布。喜光,稍耐半阴;耐寒,不耐水淹,耐干旱和瘠薄,适应性强,喜土层深厚、湿润的石灰质土壤。深根性,萌蘖力强,生长速度中等。

繁殖与栽培:播种繁殖为主,也可分蘖、根插繁殖。栾树栽培管理比较简单,移植时适当剪短主根及粗侧根,促使多发须根,提高成活率。

观赏特征与园林应用:栾树树形端正,枝叶茂密而秀丽,春季嫩叶多为红叶,夏季黄花满树,入秋叶色变黄,果实紫红,形似灯笼,十分美丽。宜作庭荫树、行道树,植于草坪、土丘、溪边、池畔和路隅,也是工业污染区配植的好树种。

50. 七叶树(梭椤树)　*Aesculus chinensis* Bunge(图 3-2-63)

科属:七叶树科,七叶树属

识别要点:落叶乔木,小枝粗壮,顶芽发达。掌状复叶对生,小叶通常 7 枚,纸质,倒卵状椭圆形,缘有细齿。顶生圆柱状圆锥花序,花白色,花瓣 4 片,杂性,雄花与两性花同株。蒴果球形或倒卵圆形,黄褐色,3 裂;种子深褐色。花期 4 ~ 5 月,果期 9 ~ 10 月。

分布与习性:我国黄河流域及东部各省均有栽培。喜光,稍耐阴;喜温暖气候,也耐寒;喜深厚、肥沃、湿润而排水良好的土壤。深根性,萌芽力强;生长速度中等偏慢,寿命长。

图 3-2-62　栾树

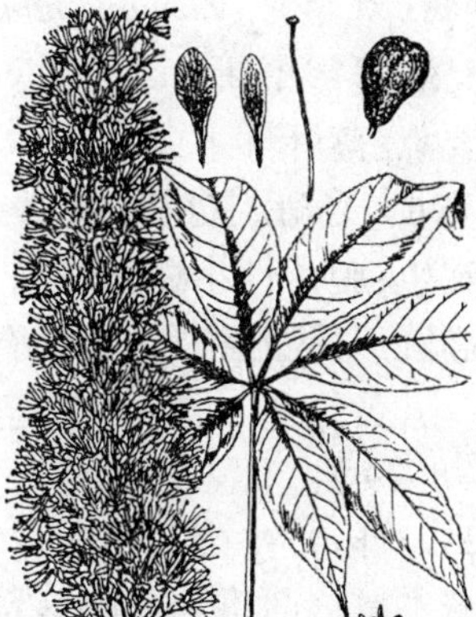

图 3-2-63　七叶树

繁殖与栽培:播种、扦插或嫁接繁殖。播种宜随采随播。幼苗生长较慢,应及时松土除草,追肥 2 ~ 3 次;旱季注意浇水保持苗床湿润;及时防治病虫害。大苗带宿土栽植,栽后设立支架,并浇透水。

观赏特征与园林应用:七叶树树形优美,遮阴效果好,花白色,花大秀丽,果形奇特,是观叶、观花、观果不可多得的树种,为世界著名的观赏树种之一。七叶树是优良的庭荫树和行道树,可作人行步道、公园、广场绿化树种,既可孤植也可群植。

51. 丝绵木(白杜、明开夜合、华北卫矛) *Euonymus maackii* Rupr.(图 3-2-64)

科属:卫矛科,卫矛属

识别要点:落叶小乔木,树冠圆形与卵圆形,小枝细长,绿色光滑。单叶对生,卵状至卵状椭圆形,先端长渐尖,基部近圆形,缘有细锯齿,叶柄细长 2 ~ 3 cm,秋季叶色变红。腋生伞形花序,有花 3 ~ 7 朵,淡绿色。蒴果粉红色,4 裂片。种子淡黄色,有红色假种皮。花期 5 ~ 6 月,果期 9 ~ 10 月。

图 3-2-64　丝绵木

分布与习性:产于我国中部、北部各省,浙江、福建也有分布。喜光,稍耐阴;耐寒,亦较耐旱;适生于肥沃、湿润之地,中性土、微酸性土均能适应。根系发达,萌生能力强。

繁殖与栽培:播种、扦插繁殖。播种是秋季采种,搓去假种皮后,洗净晒干,层积贮藏,到次年春播。扦插于春季 3 月进行,也可在梅雨季节采用嫩枝扦插。插后经常浇水,保持土壤湿润,约一个月后可生根成活。苗木移植以春季为好,定植前根据根系情况挖栽植穴,施以疏松肥土和腐熟厩肥,栽植不宜过深,夏季适当遮阴。

观赏特征与园林应用:丝绵木枝叶娟秀细致,姿态幽丽,秋季叶色变红,果实挂满枝梢,开裂后露出橘红色假种皮,甚为美观。庭园中可配植于林缘、草坪、屋旁、墙垣、庭石及水池边,亦可作绿荫树栽植。

52. 枣树(红枣) *Ziziphus jujuba* Mill.(图 3-2-65)

科属:鼠李科,枣属

识别要点:落叶乔木或小乔木。枝有长枝、短枝与脱落性小枝之分,长枝红褐色,呈"之"字形弯曲,光滑,有托叶刺 2,一枚长而直伸,一枚短而向后勾曲;短枝在二年生以上的长枝上互生;脱落性小枝为纤细无芽枝,簇生于短枝上,秋后与叶俱落。单叶互生,卵形至卵状长椭圆形,先端钝尖,边缘有细锯齿,基生三出脉,叶面有光泽,两面无毛。腋生聚伞花序,花小,黄绿色。核果卵形至长圆形,熟时暗红色;果核坚硬,两端尖。花期 5 ~ 6 月,果熟期 8 ~ 9 月。

分布与习性:产于中国至欧洲东南部,现我国各地均有栽培。栽培品种很多,喜光,耐寒,耐热,耐干旱瘠薄,也耐低湿;对土壤要求不严,以微碱性或中性沙壤土生长最好。根萌蘖力强,寿命长。

繁殖与栽培:以分株和嫁接为主,有些品种也可播种。分株是在休眠期利用根蘖分栽。嫁接一般用酸枣或大枣实生苗作砧木,枝接或芽接。枝接在早春芽萌动前进行,芽接以开花期为佳。播种是果实成熟采收后去肉,秋播或沙藏至第二年春播。北方移栽在春季芽萌动前进行较好,南方在秋季至春季的休眠期均可进行。在栽培过程中,需做整形修剪。幼树需要注意抚育管理,及时防治病虫害。

观赏特征与园林应用:枣树枝干苍劲,叶翠绿荫浓,红果累累,是北方著名果树,也是优良的观花、观果树木。可在庭园栽植及作行道树，既可孤植也可群植，或与常绿树和阔叶树混种；老桩可做盆景。

53. 紫椴（籽椴） *Tilia amurensis* Rupr.（图 3-2-66）

科属：椴树科，椴树属

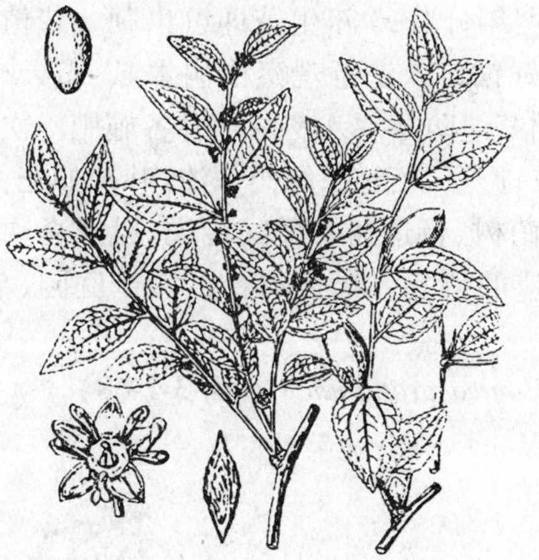

图 3-2-65 枣树

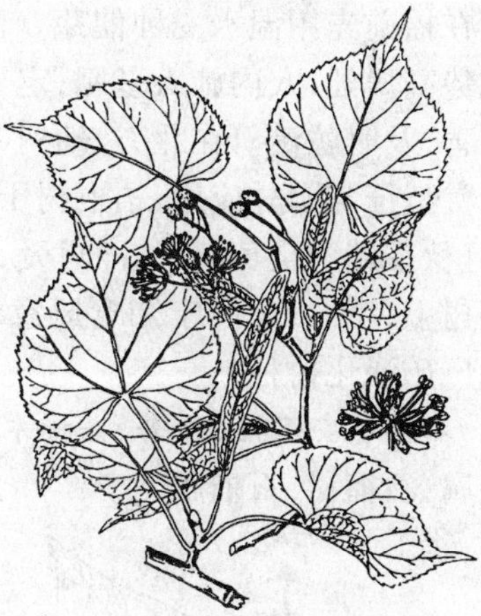

图 3-2-66 紫椴

识别要点：落叶乔木，树皮暗灰色，片状脱落，小枝呈"之"字形曲折。单叶互生，阔卵形或卵圆形，先端急尖或渐尖，基部心形，有小尖头，边缘有细锯齿，背面脉腋内有毛丛。复聚伞花序，有花 3～20 朵；花两性，黄白色，苞片下部 1/2 处与花序梗联合。果实卵圆形，被星状茸毛，有棱或有不明显的棱。花期 6～7 月，果期 8～9 月。

分布与习性：原产中国，分布于黑龙江、吉林及辽宁等地，朝鲜也有分布。喜光也耐阴，喜温凉湿润气候；耐寒，不耐干旱、水涝和盐碱；适生于深厚肥沃、湿润、排水良好土壤。深根性，生长速度中等，萌芽力强，抗烟、抗毒性强，虫害少。

栽培与繁殖：播种繁殖为主。种子播种前需进行催芽处理，播种后始终保持床面湿润；苗木 2.5～3 cm 高时可定苗。定植 4～5 年后，苗木胸径达 3～4 cm 即可出圃栽植。培育过程中，及时剪除树高 1/2 以下的侧枝；每年要中耕除草，适当追肥，发现病虫害及时防治。

观赏特征与园林应用：紫椴树姿优美，树冠圆满，枝条紫褐，叶片光滑，夏季黄花满树，秋季叶色变黄，花序梗上的舌状苞片奇特美观，是优良的庭荫树和行道树，也是厂矿区绿化的好树种。

54. 梧桐（青桐） *Firmiana simplex*（L.）W. F. Wight（图 3-2-67）

科属：梧桐科，梧桐属

识别要点：落叶大乔木，树皮绿色，平滑。小枝粗壮，翠绿色。单叶互生，掌状 3～5 分裂，裂片三角形，全缘，基部心形，叶背有星状毛。顶生圆锥花序，花小，黄绿色，单性同株，花瓣缺，萼片 5 深裂，裂片披针形，向外反卷曲，外面密生黄色星状毛。蓇葖果果皮膜质，具柄，开裂后呈匙形。种子形如豌豆，成熟时棕色，有皱纹。花期 6～7 月，果期 9～10 月。

分布与习性：产于我国南北各省，国外也均有分布。阳性树种，喜光，喜温暖湿润的环境；耐寒性不强，耐干旱及瘠薄，在沙质土壤上生长较好，不耐涝。深根性，萌芽力弱，不耐修剪。春季萌芽晚，秋季落叶早。

繁殖与栽培：播种繁殖为主，也可扦插、分根繁殖。秋季果熟时采收，晒干脱粒后当年秋播，也可沙藏至翌年春播。条播行距 25 cm，覆土厚约 1.5 cm，播后 4～5 周发芽。干藏种子可在播前先用温水浸种催芽。正常管理下，翌年分栽，3 年生苗即可出圃。栽植地点宜选地势高燥处，穴内施入基肥，定干后，用蜡封好锯口。注意观察梧桐木虱、霜天蛾、刺蛾等虫害，及时防治。在北方，幼树冬季要包扎稻草绳防寒。入冬及早春各施肥一次。

观赏特征与园林应用：梧桐树干端直，叶翠枝青，亭亭玉立，绿荫深浓，叶缺如花，妍雅华净，且秋季转为金黄色，洁净可爱，是优美的庭荫树、行道树。民间传说，凤凰喜欢栖息在梧桐树上，李白也有"宁知鸾凤意，远托椅桐前"的诗句。梧桐适合点缀于庭园、宅前，也可作厂矿绿化树种。

55. *石榴*（*安石榴、丹若、若榴木、山力叶*）　*Punica granatum* L.（图 3-2-68）

科属：石榴科，石榴属

图 3-2-67　梧桐

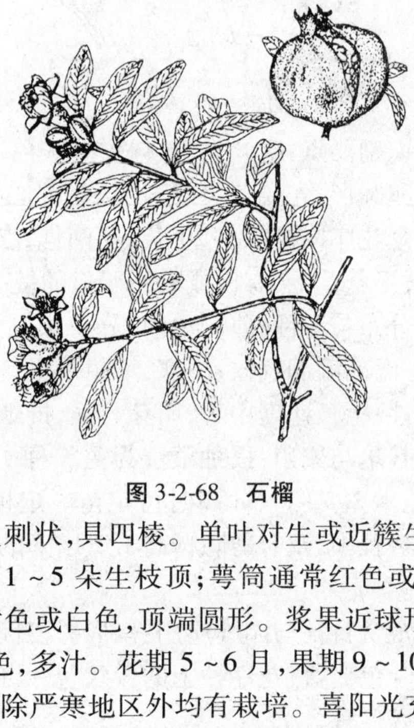

图 3-2-68　石榴

识别要点：落叶灌木或小乔木。小枝先端常呈刺状，具四棱。单叶对生或近簇生，长倒卵形或长椭圆形，先端尖或钝，基部楔形。花大，1～5 朵生枝顶；萼筒通常红色或淡黄色，裂片略外展，卵状三角形；花瓣通常大，红色、黄色或白色，顶端圆形。浆果近球形，每室内有多数籽粒。外种皮肉质，呈鲜红、淡红或白色，多汁。花期 5～6 月，果期 9～10 月。

分布与习性：原产于伊朗、阿富汗等国家，我国除严寒地区外均有栽培。喜阳光充足、温暖气候；较耐寒，较耐瘠薄和干旱，怕水涝，对土壤要求不严，但喜湿润肥沃、排水良好的石灰质土壤。萌蘖力强，易分株。

繁殖与栽培：常用扦插、分株、压条进行繁殖。栽培主要有园林栽培、果树栽培、盆景和盆栽栽培等方式。扦插于春季选 2 年生枝条或夏季用半木质化枝条均可。分株可在早春萌芽前挖取健壮根蘖苗分栽。压条春、秋季均可进行，芽萌动前用根部分蘖枝压入土中，生根后割离母株，秋季即可成苗。地栽应选择光照充足、排水良好之处。生长中，及时去除根蘖苗和剪除死枝、病枝、密枝和徒长枝，每月施肥 1 次。盆栽时宜浅栽，控制浇水，宜干不宜湿。生长期需摘心,以促进花芽形成。

观赏特征与园林应用:石榴栽培历史悠久,有花石榴和果石榴之分。花石榴观花观果,果石榴以实用为主。石榴树姿优美,枝叶秀丽,初春嫩叶抽绿,盛夏繁花似锦,秋季累果高挂,深冬铁干虬枝。果被誉为是"繁荣昌盛、和睦团结"的吉庆佳兆。可孤植或丛植于庭园、游园之角,对植于门庭之出处,或列植于小道、溪旁、坡地、建筑物之旁,也宜做成各种桩景和盆景观赏。

56. 喜树(千丈树、旱莲)　*Camptotheca acuminata* Decne.(图 3-2-69)

科属:珙桐科(蓝果树科),喜树属

识别要点:落叶乔木。单叶互生,纸质,椭圆形至长椭圆形,顶端短锐尖,基部近圆形或阔楔形,全缘,羽状脉弧形而下凹,叶柄及背脉均带紫晕。花杂性同株,头状花序近于球形,具长总柄。坚果近方柱形,聚生成球形果序。花期 7 月,果期 10 ~ 11 月。

分布与习性:中国特产树种,分布于长江以南地区。喜光,稍耐阴;不耐严寒干燥,较耐水湿,不耐干旱瘠薄,需土层深厚、湿润而肥沃的土壤。深根性,萌芽力强。

繁殖与栽培:播种繁殖。种子成熟阴干后可干藏或混沙贮藏,翌年春播,当年生苗高可达 1 m 左右。大面积绿化时可用截干栽根法。早春萌芽前移栽定植;定植后注意通直主干的培养,于春季抹除萌蘖芽,加强肥水管理。主要病虫害有黑斑病、根瘤病和刺蛾等,应及时防治。

观赏特征与园林应用:喜树主干通直,树冠开展,枝叶浓郁,为优良的庭荫树和行道树。

57. 珙桐(鸽子树)　*Davidia involucrata* Baill.(图 3-2-70)

科属:珙桐科,珙桐属

图 3-2-69　喜树

图 3-2-70　珙桐

识别要点:落叶乔木,树皮呈不规则薄片脱落。单叶互生,纸质,广卵形,先端渐尖,基部心形,边缘粗锯齿。花杂性,顶生头状花序,花序下有 2 片白色总苞,纸质,椭圆状卵形,中部以下有锯齿。核果椭球形,紫绿色。花期 4 ~5 月,果期 10 月。

分布与习性:中国特产树种。分布很广,主要分布在湖北和湖南、四川等地区。喜半阴和温凉湿润,不耐干旱、瘠薄,喜排水良好、腐殖质深厚的中性或微酸性土壤。

繁殖与栽培:播种、扦插及压条繁殖。播种于 10 月采收新鲜果实,层积处理后随即播种。幼苗期需庇荫并保持苗床湿润。扦插宜用嫩枝扦插,5 ~ 7 月进行,高压于春季在一年生健壮枝条基部进行。苗木移栽于落叶后或翌春芽苞萌动前进行。起苗时注意不要伤根皮和顶芽,长侧根、侧枝可适当修剪;栽植时要穴大底平,苗正根展,并灌足定根水。

观赏特征与园林应用:珙桐枝叶繁茂,叶大如桑,花形似鸽子展翅,当花盛时,似满树白鸽展翅欲飞,有象征和平的含义,有“中国鸽子树”之称。可作行道树、庭荫树。

58. 柿树　*Diospyros kaki* L. f.（图 3-2-71）

科属:柿树科,柿树属

识别要点:落叶乔木,树皮深灰色至灰黑色,或者黄灰褐色至褐色,裂成长方块状。枝开展,嫩枝初时有棱,有棕色柔毛、绒毛或无毛。冬芽小,卵形,先端钝。单叶互生,椭圆状倒卵形,全缘,革质,背面及叶柄有绒毛。花单性异株或杂性异株,雄花呈聚伞花序,雌花单生。浆果大,扁球形,成熟时橙黄色或黄色。花期5~6月,果期9~10月。

分布与习性:产于我国长江流域至黄河流域,日本也有分布,现各地均有栽培,以华北最多。强阳性树种,耐寒,耐干旱瘠薄;喜湿润,也忌积水;适应性强,对土壤要求不严,不喜沙质土,抗污染性强。根系发达,寿命长。

繁殖与栽培:一般采用嫁接繁殖。常用砧木有君迁子(黑枣)、油柿、野柿及老鸦柿等。嫁接方法一般采用春季枝接,或生长期芽接。枝接苗砧木容易发生萌枝,应及早抹去,并设支柱保护。芽接成活后,及时剪砧促使接芽抽枝生长。嫁接苗,第二年春季可移植在苗圃内培养大苗,注意对食叶害虫的防治。

观赏特征与园林应用:柿树树形秀美,叶色浓绿有光泽,秋季叶色变红,果实成熟后颜色红艳,是很好的观花、观果的树木。可作庭荫树、行道树、孤植树,也可用于厂矿绿化。

59. 白蜡树(蜡条、青郎木)　*Fraxinus chinensis* Roxb.（图 3-2-72）

科属:木犀科,白蜡属

图 3-2-71　柿树

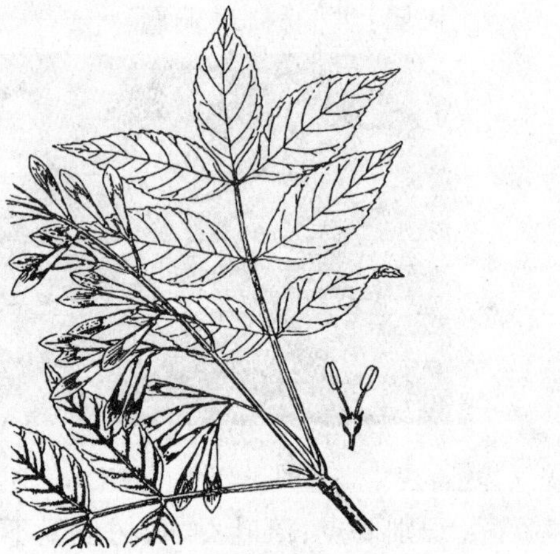

图 3-2-72　白蜡树

识别要点:落叶乔木,树干较光滑。小枝灰褐色,节和节间扁压状,冬芽灰色。奇数羽状复叶对生,小叶通常7枚,卵状长椭圆形,顶端渐尖或钝,基部宽楔形,边缘有不整齐锯齿或波状,仅背面沿脉有短柔毛。花单性异株,圆锥花序侧生或顶生当年枝条上;花萼钟状,不规则分裂;无花瓣。翅果倒披针形。花期4~5月,果期8~9月。

分布与习性:我国南北各地均有分布。喜光,稍耐阴,喜温暖湿润气候,耐寒,喜湿耐涝，也耐干旱；对土壤要求不严，以钙质、深厚、湿润沙壤土生长良好，抗烟尘及有害气体。萌芽、萌蘖力均强，耐修剪，生长较快，寿命较长。

繁殖与栽培：播种、扦插或压条繁殖，以扦插为主。插后保持土壤湿润，及时抹去下部的幼芽。苗高1 m左右即可移栽造林。定植初期不宜留枝过高，也不宜再去下枝，以免徒长。主要病虫害有煤烟病、介壳虫、蚜虫等，注意及时防治。

观赏特征与园林应用：白蜡树形体端正，枝叶繁茂而鲜绿，秋叶橙黄，是优良的行道树和遮阴树，也可用于湖岸绿化和工矿区绿化。

60. 流苏树（茶叶树、乌金子）　*Chionanthus retusus* Lindl. et Paxt.（图3-2-73）

科属：木犀科，流苏树属

识别要点：落叶乔木，树干灰色，大枝树皮常纸状剥裂。单叶对生，卵形或倒卵状椭圆形，革质或薄革质，先端圆钝或微凹，基部圆或宽楔形至楔形。花单性异株，顶生聚伞状圆锥花序，花冠筒极短，裂片狭披针形。花期4～5月，果期8～10月。

分布与习性：我国特有树种，产于黄河中下游及其以南地区，日本、朝鲜半岛也有分布。喜光，也较耐阴；喜温暖气候，也颇耐寒；喜中性及微酸性土壤，耐干旱瘠薄，不耐水涝。生长较慢，寿命长。

繁殖与栽培：播种、扦插、嫁接繁殖。播种常种子采后即播，或经沙藏层积后熟，于第二年春播。扦插宜在夏季进行，选取当年生粗壮半成熟枝条，于露地沙质壤土中扦插。嫁接一般用女贞或白蜡作为砧木。移栽苗木春、秋季均可，小苗、中等苗需带宿土，大苗要带土球。

观赏特征与园林应用：流苏树植株高大优美、枝叶繁茂，花期如雪压树，且花形纤细，秀丽可爱，气味芳香，是优良的园林观赏树种。群植、列植均可，可数株丛植于草坪中，也宜散植于路旁、林缘、水畔、建筑物周围，还可以进行盆栽，制作盆景。

61. 木棉（红棉、英雄树、攀枝花）　*Bombax malabaricum* DC. Merr.（图3-2-74）

科属：木棉科，木棉属

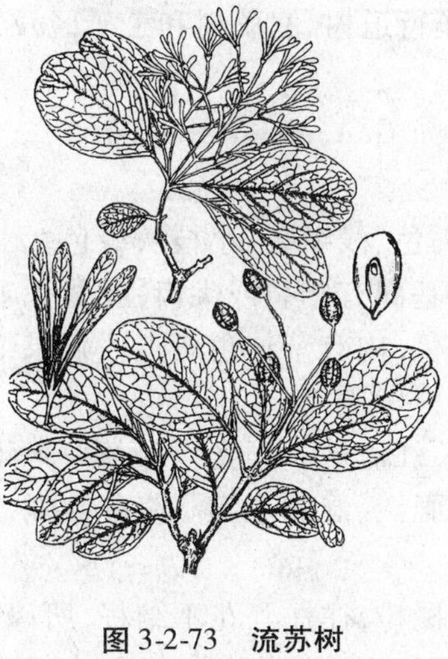

图3-2-73　流苏树

图3-2-74　木棉

识别要点：落叶大乔木，树干直，树皮灰色，枝干均具短粗的圆锥形大刺。枝近轮生，平展。掌状复叶互生,小叶 5 ~ 7 枚,长椭圆形,两端尖,全缘,无毛。花大,红色,聚生近枝端,春天先叶开放。蒴果大,椭圆形,木质,外被绒毛,成熟时 5 裂,内壁有白色长绵毛。花期 2 ~ 3 月,果期 6 ~ 7 月。

分布与习性:产于我国华南及印度、马来西亚、澳大利亚。喜温暖干燥和阳光充足环境;不耐寒,稍耐湿,忌积水,耐旱,抗污染、抗风力强,以深厚、肥沃、排水良好的沙质土壤为宜。深根性,速生,萌芽力强。

繁殖与栽培:播种、扦插和分株繁殖,以播种繁殖为主。蒴果未开裂前采集种子,多随采随播。苗期保持土壤湿润,每月施一次肥。开花展叶期须保持一定湿度。成年植株耐旱,冬季落叶期应稍干燥。主要病虫害有斑点病、炭疽病、粉虱、介壳虫等,注意及时防治。

观赏特征与园林应用:木棉树形高大,枝干舒展,春季红花盛开,花红如血,硕大如杯,是优良的行道树、庭荫树和风景树。

62. 梓树　*Catalpa ovata* G. Don (图 3-2-75)

科属:紫葳科,梓树属

识别要点:落叶乔木,树皮灰褐色。单叶对生或 3 枚轮生,广卵形,常 3 ~ 5 浅裂,基部心形,背面无毛,基部脉腋有 4 ~ 6 个紫斑。圆锥花序顶生,花冠钟状,浅黄色。蒴果细长(20 ~ 30 cm),下垂。种子具毛。花期 6 ~ 7 月,果期 8 ~ 10 月。

分布与习性:原产中国,分布广泛,产区以黄河中下游平原为中心。喜光,稍耐阴;喜温暖,也耐寒,不耐干旱瘠薄,以深厚肥沃、湿润的夹沙土壤较好。抗污染能力强,生长较快。

繁殖与栽培:播种、扦插繁殖。播种是采种干藏,至翌年 3 月将种子混湿沙催芽条播。扦插采用嫩枝扦插,于夏季取当年生半木质化枝条进行,保温保湿遮阴,约 20 d 即可生根。苗期注意中耕除草、追肥。移栽后的 3 ~ 5 年内,于春、夏、冬季松土除草 3 次。自第三年起每年冬季适当剪去侧枝,培育主干。封林以后,即可不加管理。

观赏特征与园林应用:梓树树冠开展,叶大荫浓,花大美丽,春夏满树白花,秋冬蒴果悬挂,好似满树挂着蒜苔一样,因此也叫蒜苔树。可作行道树、庭荫树和工矿区及"四旁"绿化树种。

63. 楸树(梓桐、金丝楸、旱楸蒜台)　*Catalpa bungei* C. A. Mey (图 3-2-76)

科属:紫葳科,梓树属

识别要点:落叶乔木,树冠狭长倒卵形。树皮灰褐色、浅纵裂,小枝灰绿色、无毛。单叶对生或 3 枚轮生,三角状卵形,先端渐长尖,叶缘近基部有侧裂或尖齿,叶背无毛,基部有两个黄斑。顶生总状花序伞房状排列;花冠浅粉紫色,内有紫红色斑点。蒴果细长,长 25 ~ 50 cm。种子扁平,具长毛。花期 4 ~ 5 月,果期 9 ~ 10 月。

分布与习性:原产中国,主要分布在黄河流域和长江流域。喜光,较耐寒;不耐干旱、积水,稍耐盐碱,耐烟尘、抗有害气体能力强。喜深厚肥沃、湿润土壤。萌蘖性强,幼树生长慢,侧根发达。

繁殖与栽培:常用分根、扦插、嫁接繁殖。其异花授粉,往往开花不结籽,所以一般不用播种法繁殖。栽植春、秋季均可,春季在 3 月下旬至 4 月中旬,秋季在 11 月中旬至 12 月上旬。栽植前按要求挖好种植穴,小于 10 cm 的小树可裸根栽植,10 cm 以上的最好带土球,不要栽植过深。春季栽植后应立即浇水,秋季浇一次透水即可。

观赏特征与园林应用:楸树树姿俊秀,高大挺拔,枝繁叶茂,花大美丽,令人赏心悦目。可作行道树、庭荫树、孤植树。

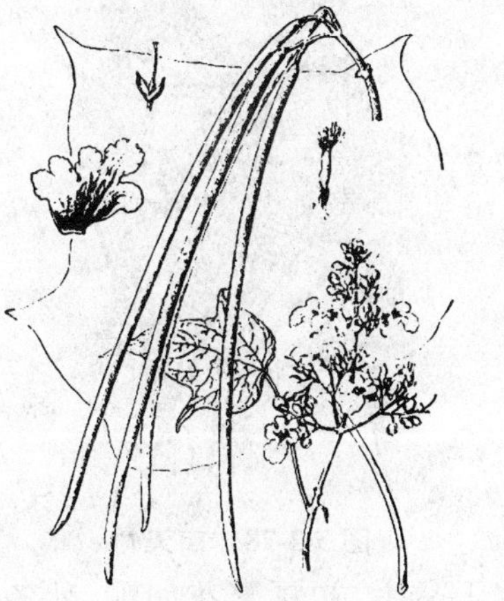

图 3-2-75　梓树

图 3-2-76　楸树

三、常见灌木的识别

(一)常绿灌木

1. 十大功劳(狭叶十大功劳)　*Mahonia fortunei* (Lindl.) Fedde (图 3-2-77)

科属:小檗科,十大功劳属

识别要点:常绿灌木,树皮灰色,木质部黄色。奇数羽状复叶互生,小叶 5 ~ 9 枚,狭披针形,顶生小叶较大,边缘每侧有刺齿。总状花序簇生,花小,黄色。浆果蓝黑色,外被白粉。花期 7 ~ 9 月,果期 10 ~ 11 月。

分布与习性:产于我国四川、湖北、浙江等省。喜光,耐半阴;不耐严寒、耐旱;对土壤要求不严,萌蘖力较强。

繁殖与栽培:播种、扦插或分株繁殖均可。移栽时间宜在 4 ~ 5 月,移栽时带土球,并结合修剪,成活率较高。

观赏特征与园林应用:十大功劳枝干挺直,叶形奇特,花朵鲜黄,典雅秀丽。园林中常植于庭园、林缘、草地边缘,也可点缀假山、岩石或作绿篱和基础种植材料,北方可作盆栽观赏。

2. 南天竹　*Nandina domestica* Thunb. (图 3-2-78)

科属:小檗科,南天竹属

识别要点:常绿丛生灌木,分枝较少,高达 2 m,全株无毛。2 ~ 3 回羽状复叶互生,小叶全缘,椭圆状披针形,革质。圆锥花序顶生,花白色,芳香。浆果球形,径约 8 mm,鲜红色。花期 5 ~ 7 月,果期 9 ~ 10 月。

分布与习性:原产于我国和日本,现广泛栽培。喜半阴,全光照下也能生长;喜温暖气候和肥沃湿润而排水良好的土壤,不耐严寒。生长慢,萌蘖性强,寿命长。

繁殖与栽培:播种、分株或扦插繁殖。秋季果实成熟时采下即播或采用层积沙藏至翌年

3 月播种,播种后一般 3 个月能出苗,幼苗要注意遮阴。分株繁殖移栽在春季芽开始萌动时进行,注意带土,可适当进行修剪。扦插选择 1 ~2 年生枝顶部,在 3 ~4 月或 7 ~8 月进行。

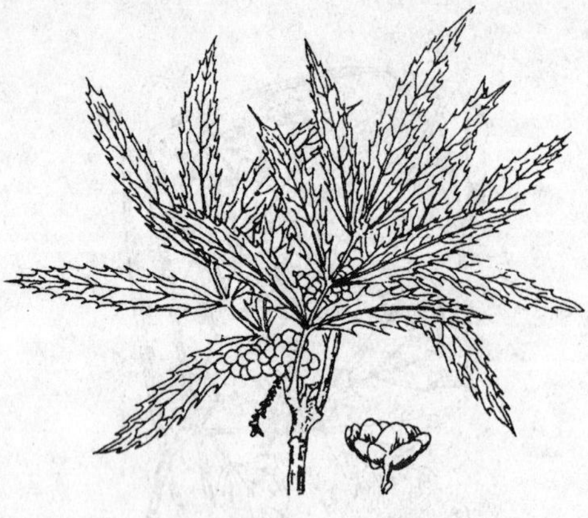

图 3-2-77　十大功劳

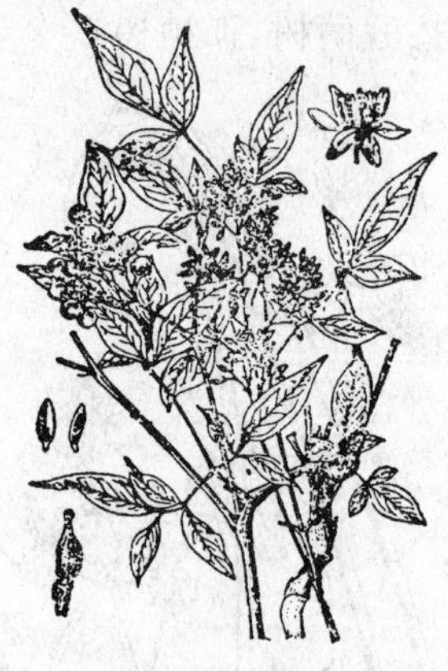

图 3-2-78　南天竹

观赏特征与园林应用:南天竹枝叶清秀如竹,茎干丛生,初夏繁花如雪,秋冬叶片变红,累累红果经久不落,为赏叶、观果的佳品。适宜植于庭园、窗前、草地边缘或园路转角处,对植、丛植、群植或盆栽观赏均可。

3. 海桐　*Pittosporum tobira*（Thunb.）Ait.（图 3-2-79）

科属:海桐科,海桐属

识别要点:常绿灌木,高 2 ~6 m,树冠圆球形。单叶互生,革质,倒卵状椭圆形,长 5 ~12 cm,边缘反卷,全缘,无毛。顶生伞房花序,花白色或淡黄色,芳香。蒴果卵球形,有棱角,成熟 3 瓣裂。种子鲜红色。花期 5 月,果期 10 月。

分布与习性:产于我国长江流域及东南沿海地区,朝鲜、日本也有分布。喜光,略耐阴;耐寒性不强,对土壤要求不严。萌芽力强,耐修剪,抗海风、抗二氧化硫等有毒气体能力强。

繁殖与栽培:播种或扦插繁殖均可。栽培管理简单,幼苗管理主要是防寒,若要培养成海桐球应自幼去其顶,并结合整形修剪。移栽一般在春季 3 ~4 月进行,移栽时需带土球,成活率较高。

观赏特征与园林应用:海桐枝叶繁茂,叶色浓绿而有光泽,初夏淡雅而芳香,秋季果熟后露出红色的种子,甚是美观,常用作基础绿篱和基础种植材料,海桐球可用于园林点缀,孤植、丛植于草坪边缘,或对植于道路入口处,列植于路边均可。

4. 火棘(火把果)　*Pyracantha fortuneana*（Maxim.）Li（图 3-2-80）

科属:蔷薇科,苹果亚科,火棘属

识别要点:常绿灌木,高达 3 m。枝拱形下垂,幼时被锈色短柔毛,短侧枝常呈棘刺状。单叶互生,倒卵形至倒卵状长椭圆形,长 1.5 ~6 cm,先端钝微凹,有时有短尖头,基部楔形,叶缘有圆钝锯齿,近基部全缘,两面无毛。花小而白色,成复伞房花序。梨果近球形,成熟时橘红色或深红色。花期 4 ~5 月,果期 9 ~11 月。

分布与习性:产于秦岭以南,南至南岭,西至四川和云南,东达沿海地区。喜光,不耐寒,耐干旱瘠薄,耐修剪。

图 3-2-79　海桐

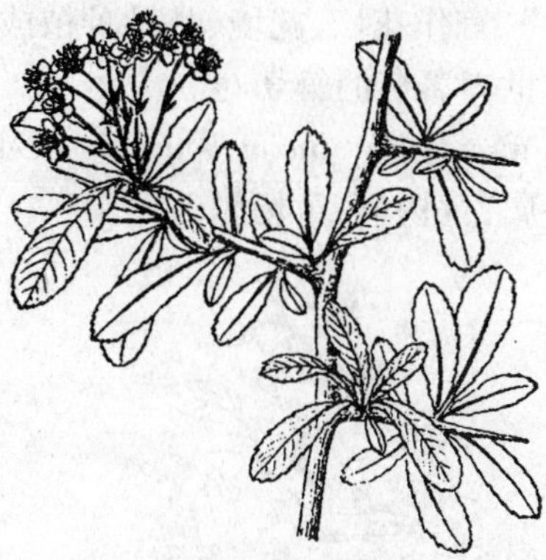

图 3-2-80　火棘

繁殖与栽培：播种或扦插繁殖均可，以播种繁殖为主。秋季采种后即播，移植时带土团以减少根系损伤，定植时可重剪，成活率较高。栽植成活后不需特殊管理。

观赏特征与园林应用：火棘枝叶繁茂，初夏白花繁密，入秋红果累累，经久不落，留存枝头数个月，美丽可爱。在庭园中常作绿篱及基础种植材料，也可修剪成球丛植或孤植于草坪边缘或园路转角处，老桩古雅多姿可制作盆景，果枝可作插花材料。

5. 月季（月季花）　*Rosa chinensis* Jacq.（图 3-2-81）

科属：蔷薇科，蔷薇亚科，蔷薇属

识别要点：常绿或半常绿灌木，高达 1.5 m，茎常具钩刺。羽状复叶互生，小叶 3～5(7)枚，广卵至卵状长圆形，先端渐尖，叶缘有锯齿，两面无毛，表面有光泽；叶柄和叶轴散生皮刺或短腺毛。花单生或数多簇生，深红至近白色，重瓣，微香，萼片常羽裂。果实卵形至球形，径 1.2 cm。花期 4～10 月，果期 9～11 月。

主要的变种、变型：

(1)月月红'Semperflorens'：又名紫月季，茎枝纤细，小叶 5～7 枚，叶较薄，带紫色，花单生或几朵集生成伞房状，紫红至深粉红，重瓣，花梗细长，花期长。

(2)绿月季'Viridiflora'：花绿色，花瓣变成绿叶状。

(3)小月季'Minima'：植株矮小，一般不超过 25 cm，多分枝，花较小，玫瑰红色，单瓣或重瓣。

(4)变色月季'Mutabilis'：幼枝紫色，幼叶古铜色，花单瓣，初为黄色，继变橙红色，最后变成暗红色。

分布与习性：原产我国中部，南至广东，西至云南、贵州、四川。现国内外普遍栽培。喜光，喜温暖湿润气候，适应性强，夏季高温不利于开花。

繁殖与栽培：以扦插或嫁接繁殖为主，亦可分株或播种。扦插繁殖可分为硬枝、嫩枝扦插两种方式，两者均易成活，前者在秋季进行，后者在生长季节进行。嫁接繁殖，一般选择野蔷薇、刺玫等作为砧木，采用枝接、芽接、根接均可。月季栽培管理较简单，新栽植株要重剪，以后每年初冬应根据当地气候情况适当重剪，月季在整个生长季节多次开花，注意花后及时去除残花。

观赏特征与园林应用：月季花期长，花色艳丽，为我国十大传统名花之一，被誉为“花之皇后”，宜作花坛、花境、基础种植或花篱用，在草坪、庭园等处配置也很适合，很多栽培品种为世界著名的鲜切花。

6. 雀舌黄杨　*Buxus bodinieri* Lévl.（图 3-2-82）

科属：黄杨科，黄杨属

图 3-2-81　月季

图 3-2-82　雀舌黄杨

识别要点：常绿小灌木，高 3～4 m。分枝多而密集。单叶对生，叶较狭长，薄革质，倒披针形或卵状长椭圆形，先端圆钝或微凹，有光泽，两面中脉明显凸起。头状花序腋生，顶部生 1 雌花，其余为雄花。蒴果卵圆形。花期 8 月，果期 11 月。

分布与习性：产于长江流域至华南。喜光，亦耐阴，喜温暖湿润气候。浅根性，萌蘖力强，生长慢。

繁殖与栽培：以扦插为主，也可压条和播种。硬枝扦插在 3 月芽萌动以前进行，以基部带踵插效果较好，软枝扦插 7～8 月适宜。栽植时需带土团，并进行适当修剪。

观赏特征与园林应用：雀舌黄杨植株低矮，枝叶茂密，且耐修剪，最适宜布置模纹图案及花坛边缘，亦可点缀草地、山石，或盆栽、制成盆景观赏。

7. 八角金盘　*Fatsia japonica*（Thunb.）Dcne. et Planch.（图 3-2-83）

科属：五加科，八角金盘属

识别要点：常绿灌木，高达 5 m，常呈丛生状，幼叶具易脱落的褐色毛。单叶互生，近圆形，掌状 7～9 裂，径 20～40 cm，基部心形或截形，裂片卵状长椭圆形，有锯齿，表面有光泽；叶柄长，基部膨大。花小，白色；球状伞形花序聚生成顶生圆锥状复花序。浆果紫黑色。花期秋季，果期翌年 5 月。

分布与习性：原产日本，我国长江及其以南地区常见栽培。喜阴，喜温暖湿润气候，不耐干旱，耐寒性不强，抗污染。

繁殖与栽培：以扦插繁殖为主，亦可播种和分株。扦插时间宜在 7～8 月，注意遮阴和保持土壤湿润，成活率较高。移栽时须带土球，时间以春季为宜，管理简单。

观赏特征与园林应用：八角金盘四季常青，叶片大而光亮，托以长柄，状似金盘，是优良的室内观叶植物。我国长江以南地区可露地应用，北方常温室盆栽观赏。

8. 茉莉(茉莉花)　*Jasminum sambac*(L.) Aiton (图 3-2-84)

科属:木犀科,茉莉属

图 3-2-83　八角金盘

图 3-2-84　茉莉

识别要点:常绿灌木。枝条细长而呈藤本状,高 0.3 ~ 3 m,幼枝具柔毛。单叶对生,椭圆状或宽卵形,薄纸质。聚伞花序,通常有 3 朵花,有时多朵,花冠白色,浓香,花后常不结实。花期 5 ~ 11 月,以 7 ~ 8 月开花最盛。

分布与习性:原产印度等地,我国广东、福建及长江流域以南各地都有栽培。喜光,稍耐阴,夏季高温潮湿、光照强的条件下,开花最多、最香。喜温暖湿润气候,不耐寒,不耐干旱,空气相对湿度以 80% ~ 90% 为好,喜肥,以肥沃、疏松的沙质壤土为宜。

繁殖与栽培:扦插、分株、压条繁殖均可。扦插时宜在夏季进行嫩枝扦插,分株选择在 5 ~ 6 月进行,生根后视植株长势切离栽植。

观赏特征与园林应用:茉莉枝叶茂密,叶如翡翠,花似玉铃,花期长,香气清雅而持久,浓郁而不浊,是著名香花之一,花朵可薰茶或提炼香精。宜作树丛、树群下木,亦可作花篱植于路旁。

9. 夹竹桃(柳叶桃)　*Nerium indicum* Mill. (图 3-2-85)

科属:夹竹桃科,夹竹桃属

识别要点:常绿灌木,高达 5 m。嫩枝具棱,叶条状披针形,长 11 ~ 15 cm,3 ~ 4 枚轮生。花冠漏斗状,深红色或粉红色。蓇葖果细长。花期 6 ~ 10 月,结果较少。

分布与习性:原产伊朗、印度等地,我国长江以南广为栽植,北方盆栽。喜光,喜温暖湿润气候,不耐寒,耐旱力强;抗烟尘及有毒气体能力强,对土壤要求不严,在碱性土壤上也能正常生长。性强健,萌蘖性强,病虫少,生命力强。

繁殖与栽培:以压条繁殖为主,亦可扦插,水插尤易生根。压条宜在雨季进行,把近地表的枝条割伤表皮压入土壤中,约 2 个月后生根,即可与母株分离栽植。

观赏特征与园林应用:夹竹桃植株姿态潇洒,叶片如柳似竹,红花灼灼,花色艳丽,胜似桃花,花期长,是常见的观赏花卉。叶、树皮、根、花、种子均有毒,可制杀虫剂;用时需慎重。

10. 珊瑚树（法国冬青） *Viburnum odoratissimum*. var. awabuki（K. Koch）Zabel ex Rümpl.（图 3-2-86）

科属：忍冬科，荚蒾属

图 3-2-85 夹竹桃

图 3-2-86 珊瑚树

识别要点：常绿灌木或小乔木，高 3 ~ 5 m。单叶对生，叶倒卵状长椭圆形，顶端钝或急狭而钝头，基部宽楔形，边缘常有较规则的波状浅钝锯齿。圆锥花序通常生于具两对叶的幼枝顶；合瓣花，花冠筒长 3.5 ~ 4 mm，裂片长 2 ~ 3 mm。浆果状核果倒卵形，熟时先红后变蓝黑色。花期 5 ~ 6 月，果期 9 ~ 10 月。

分布与习性：产于我国浙江、台湾，长江下游各地常见栽培，日本及朝鲜南部也有分布。喜光亦耐阴，喜温暖湿润气候；在潮湿肥沃的中性壤土中生长旺盛。根系发达，萌芽力强，特耐修剪，极易整形。

繁殖与栽培：以扦插繁殖为主，也可播种繁殖。扦插苗床应选择地势高、土层深厚、土壤疏松、排灌良好的地块。扦插以春末夏初和夏末秋初最适宜，冬季扦插要做好苗床的保温工作。

观赏特征与园林应用：珊瑚树枝繁叶茂、紧凑，树叶终年碧绿而有光泽，秋季红果累累，状如珊瑚，是良好的观叶、观果树种。在庭园中可作为绿墙、绿门、绿廊、高篱或丛植装饰墙角，也可修剪成各种几何形状。与大叶黄杨、大叶罗汉松同为海岸绿篱三大树种。抗性强，还可应用于道路及厂矿绿化，可成行栽植作防火树种。

11. 红花檵木(红继木、红梽木) *Loropetalum chinense oliver* var. *rubrum* Yieh(图 3-2-87)

科属：金缕梅科，檵木属

识别要点：常绿灌木或小乔木。嫩枝暗红色，被星状毛。单叶互生，革质，卵形，全缘，暗紫色。头状或短穗状花序顶生，花 4 ~ 8 朵簇生于总状花梗上，花瓣 4 枚，淡紫红色，带状线形。蒴果木质，倒卵圆形；种子黑色光亮，长卵形。花期 4 ~ 5 月，果期 9 ~ 10 月。

分布与习性：主要分布于印度北部、我国长江中下游及以南地区。喜光，稍耐阴，喜温暖，有一定耐寒性，耐旱，耐瘠薄，适应性强，适宜在肥沃、湿润的微酸性土壤中生长。萌枝力强，耐修剪。

繁殖与栽培：扦插、嫁接、压条等方法繁殖。扦插于早春剪取一年生枝或花后6月份采取当年生成熟枝进行。嫁接于早春进行，以檵木桩或实生苗为砧木，可用于制作大型盆景。压条于早春进行，秋季生根后可剪取上盆。移栽前，施腐熟基肥，生长季叶面追肥。栽后及时浇水，保持土壤湿润，叶面湿润、清洁。

观赏特征与园林应用：红花檵木春季开花繁茂，四季叶色为紫红色，是很好的彩色叶树种。在湖南园林绿化中大量用作色块、色带等地被绿化，还可作风景林的下木或制作盆景观赏。

12. 大叶黄杨（冬青卫矛、正木）　*Euonymus japonicus* Thunb.（图3-2-88）

科属：卫矛科，卫矛属

图3-2-87　红花檵木

图3-2-88　大叶黄杨

识别要点：常绿灌木或小乔木，高达5 m。小枝近四棱形。叶片革质，表面有光泽，倒卵形或狭椭圆形，顶端尖或钝，基部楔形，边缘有细锯齿。花绿白色，5～12朵排列成密集的聚伞花序，腋生。蒴果近球形，有4浅沟。种子棕色，假种皮橘红色。花期6～7月，果期9～10月。

分布与习性：产于华北、华中及华东。喜光，较耐阴，亦较耐寒。喜温暖湿润气候及肥沃疏松的土壤，极耐修剪整形。

繁殖与栽培：以扦插为主，亦可播种繁殖。扦插于春、夏进行均可，以5月梅雨季节扦插半成熟嫩枝发根较快，生长亦较好。插后初期要搭棚遮阴，保持苗床湿润。扦插苗生长速度大于播种苗。通常培育成球形树冠再栽植。

观赏特征与园林应用：大叶黄杨叶色光亮，嫩叶鲜绿，极耐修剪，为庭园中常见绿篱树种。可经整形环植于门旁、道边，或作花坛中心栽植。其变种斑叶者，尤为美观。亦可盆植观赏。

13. 枸骨（猫儿刺、鸟不宿）　*Ilex cornuta* Lindl.（图3-2-89）

科属：冬青科，冬青属

识别要点：常绿灌木或小乔木，高3～4 m。树皮灰白色，枝开展而密生。单叶互生，硬革质，矩圆形，顶端有3～5枚大尖硬刺齿，表面深绿而有光泽，背面淡绿色。花小，黄绿色，簇生于2年生枝叶腋，雌雄异株。核果球形，鲜红色。花期4～5月，果期9～10(11)月。

主要变种与品种：

(1)无刺枸骨 var. *fortunei* S. Y. Hu：叶全缘，仅先端1枚刺齿。

(2)黄果枸骨'Luteocarpa'：核果成熟时暗黄色。

分布与习性：产于我国长江流域及以南各地，生于山坡、谷地、溪边杂木林或灌丛中。喜光，稍耐阴，耐寒性不强；喜温暖气候及肥沃、湿润而排水良好的微酸性土壤；对有害气体有较强抗性。生长缓慢，萌蘖力强，耐修剪。

繁殖与栽培：播种、扦插繁殖。扦插多在梅雨季节用软枝带踵插。移栽时须带土球，移栽时间以春季较好。构骨须根稀少，操作时要特别防止散球，同时要剪去部分枝叶，以减少蒸腾。常有红蜡蚧危害枝干。

观赏特征与园林应用：构骨枝叶稠密，叶形奇特，深绿光亮，入秋红果累累，经冬不凋，鲜艳美丽，是良好的观叶、观果树种。宜作基础种植及岩石园材料，孤植于花坛中心、对植于前庭、路口，或丛植于草坪边缘。可作绿篱（兼有果篱、刺篱的效果）及盆栽材料，选其老桩制作盆景，果枝可瓶插。

14. 小叶女贞　*Ligustrum quihoui* Carr.（图 3-2-90）

科属：木犀科，女贞属

识别要点：落叶或半常绿灌木，高 1 ~ 3 m。小枝幼时密被微柔毛。单叶对生，叶片薄革质，常倒卵状椭圆形，先端钝，基部楔形，叶缘反卷，无毛。圆锥花序顶生，花冠裂片与筒部等长；近无花梗。果椭圆形，紫黑色。花期 5 ~ 7 月，果期 8 ~ 11 月。

图 3-2-89　构骨

图 3-2-90　小叶女贞

同属变种有：

金边女贞（*L. ovalifolium* var. *aureo - marginatum*），金叶女贞（*Ligustrum × Vicaryi*）等。

分布与习性：产于我国中部、东部和西南部。喜阳，稍耐阴，较耐寒；适生于肥沃、排水良好的土壤；对二氧化硫、氯化氢等毒气有较好的抗性。耐修剪，萌发力强。

繁殖与栽培：播种、扦插或分株繁殖。可以采后立即播种，也可晒后干贮至翌年 3 月播种。扦插时间在 3 ~ 4 月或 8 ~ 9 月均可。分株繁殖是在春季将根蘖带根割开后，分栽。移植以春季 2 ~ 3 月为宜，秋季亦可。需带土球，栽植时不宜过深。在定植时，穴底施肥以促进生长。如用作绿篱的，可适当进行修剪，并注意修剪枯弱病枝。主要虫害有青虫、吹绵介壳虫等，要注意防治。

观赏特征与园林应用：小叶女贞枝叶紧密、圆整，叶小、常绿，主要用于绿篱栽植、花坛绿化；小叶女贞球主要用于道路、公园、住宅区绿化等。抗多种有毒气体，是优良的抗污染树种，也是制作盆景的优良树种，亦可作桂花、丁香等树的砧木。

15. 凤尾兰(菠萝花)　*Yucca gloriosa* L.（图 3-2-91）

科属:龙舌兰科,丝兰属

识别要点:常绿灌木,有时有分枝。叶片剑形硬直,顶端尖硬,螺旋状密生于茎上,有白粉,边缘光滑或老时有少数白丝。圆锥花序,花朵杯状,下垂,花瓣 6 片,乳白色。蒴果高 1 m 多,椭圆状卵形,不开裂。园艺品种有斑叶、卷叶者。花期 6～10 月。

分布与习性:原产北美东部及东南部,现我国长江流域各地普遍栽植。喜温暖湿润和阳光充足环境;耐寒,耐阴,耐旱也较耐水湿。对土壤要求不严,适应性强。

繁殖与栽培:扦插或分株繁殖。栽培多年的植株会从根部萌生子株,待其稍长大时,将其切离母株。有根者直接栽种,无根者可作插穗,种在消毒过的素沙土中,放置于阴处。50 d 左右后生根,移到阳光充足处莳养。地上茎切成片状水养于浅盆中,可发育出芽来作桩景。

观赏特征与园林应用:凤尾兰常年浓绿,树态奇特,花、叶皆美,是良好的庭园观赏树木,也是良好的鲜切花材料。常植于花坛中央、建筑前、草坪中、池畔、台坡、建筑物旁、路旁等。

16. 扶桑(朱槿)　*Hibiscus rosa－sinensis* L.（图 3-2-92）

科属:锦葵科,木槿属

图 3-2-91　凤尾兰

图 3-2-92　扶桑

识别要点:常绿大灌木。茎直立而多分枝,高可达 6 m。单叶互生,阔卵形至狭卵形,具 3 主脉,先端突尖或渐尖,叶缘有粗锯齿或缺刻,基部近全缘,形似桑叶。花大,单生于上部叶腋间,有单瓣、重瓣之分;呈红、黄、粉、白等色;雄蕊柱超出花冠外,花梗长而无毛。蒴果卵圆形。花期全年,夏秋最盛。

分布与习性:产于中国南部及中南半岛。性喜温暖、湿润,要求日光充足,不耐阴,不耐寒、旱,在长江流域及以北地区,只能盆栽。耐修剪,发枝力强。对土壤的适应范围较广,但以富含有机质的微酸性壤土生长最好。

繁殖与栽培:扶桑常用扦插和嫁接繁殖。扦插,除冬季以外均可进行。嫁接,多用于扦插困难的重瓣花品种,枝接或芽接均可,砧木用单瓣花扶桑。扦插繁殖可在 5～10 月进行,以梅雨季成活率最高。冬季在温室内进行。插条以当年生半质化枝条最好。根长 3～4 cm 时移栽上盆。

观赏特征与园林应用:扶桑又名朝开暮落花,花朵鲜艳夺目,朝开暮萎,在南方多散植于池畔、亭前、道旁和墙边,盆栽扶桑适用于客厅和入口处摆设。

17. 一品红(圣诞花)　*Euphorbia pulcherrima* Willd. ex Klotzsch (图 3-2-93)

科属:大戟科,大戟属

识别要点:常绿灌木。茎直立,无毛。叶互生,卵状椭圆形,先端渐尖或急尖,基部楔形或渐狭,绿色,全缘或浅裂、波状浅裂,叶面被短柔毛或无毛,叶背被柔毛;顶端靠近花序的苞叶 5 ~ 7 枚,狭椭圆形,通常全缘,朱红色。花序数个聚伞排列于枝顶;总苞坛状,淡绿色。蒴果三棱状圆形。花果期 10 月至次年 4 月。

常见栽培品种有一品白、一品粉、一品黄、深红一品红、重瓣一品红等。

分布与习性:原产于中美洲,在我国北方均作盆栽。喜光,喜温暖、湿润,喜疏松、排水良好的土壤。

繁殖与栽培:繁殖以扦插为主。

观赏特征与园林应用:一品红正值圣诞、元旦、春节开花,花色鲜艳,花期长,适合盆栽布置室内。

18. 变叶木(洒金榕)　*Codiaeum variegatum* (L.) Bl. var. *pictum* Muell. Arg. (图 3-2-94)

科属:大戟科,变叶木属

识别要点:常绿灌木或小乔木。单叶互生,薄革质,叶形和叶色多变,狭线形,条形至琴形、阔卵形,全缘或分裂至中脉,边缘波浪状甚至全叶螺旋状,黄色、淡绿色或紫色。腋生总状花序;花小,单性同株,白色。蒴果球形,白色。花期 3 ~ 5 月,果期夏季。

图 3-2-93　一品红

图 3-2-94　变叶木

分布与习性:原产马来西亚和太平洋岛屿。我国华南地区露地栽培,长江流域及其以北地区盆栽。喜高温多湿和阳光充足的环境,不耐寒;喜黏重肥沃而有保水性的土壤。萌芽力强。

繁殖与栽培:播种、扦插、压条均可,以扦插繁殖为主。常于春末秋初用嫩枝扦插,或于早春用老枝扦插,插后用塑料薄膜覆盖保持湿润,在 24 ℃左右温度下 21 d 后可生根。北方盆栽于每年 5 月上旬出室。出室前进行换盆、换土。出室后放阳光充足处培养。生长季节(4 ~ 9 月)除定期浇水外,还应向叶面喷水,有利于增加空气湿度,保持枝叶清新鲜艳。冬天应用温水浇灌,同时减少水量。

观赏特征与园林应用:变叶木枝叶密生,生长繁茂,叶形、叶色变化多姿,五彩缤纷。是著名的观叶树种,华南可用于园林造景。适于路旁、墙隅、石间丛植,也可作为绿篱或基础种植材料。北方常见盆栽，用于点缀案头、布置会场厅堂。

(二)落叶灌木

1. 蜡梅　*Chimonanthus praecox*（L.）Link（图 3-2-95）

科属：蜡梅科，蜡梅属

识别要点：落叶灌木，高达 4 m。小枝淡灰色，有纵条纹和椭圆形皮孔。单叶对生，叶近革质，椭圆状卵形至卵状披针形，全缘，上面粗糙，有硬毛，下面光滑无毛。花单生，鲜黄色，芳香，花被片外层蜡黄色，内层花被有紫色条纹。果托坛状，小瘦果种子状，栗褐色，有光泽。花期 11 月至翌年 2 月，先叶开花，果熟期 8～9 月。

主要变种：

(1)素心蜡梅'Concolor'('Luteus')：花被片全部黄色，无紫斑，香气浓。

(2)馨口蜡梅'Grandiflorus'：叶大，外轮花被片淡黄色，内轮花被片有红紫色条纹。

(3)狗牙梅 var. *intermedius* Mak.：又称狗蝇梅，花瓣狭长椭圆形，花小，色淡、香味差，多作砧木。

分布与习性：原产我国中部，黄河流域至长江流域各地区均有分布，其中以河南省鄢陵县的蜡梅最为著名。喜光，稍耐阴，耐寒；喜深厚、排水良好的轻壤土，在黏性土和盐碱地生长不良，耐干旱，忌水涝。

繁殖与栽培：以嫁接繁殖为主，分株、压条、扦插均可。移栽时间在秋季落叶后至萌芽前带土球移植，若叶芽萌发后不宜移栽，移栽时结合修剪，以保证成活率。

观赏特征与园林应用：蜡梅花开于隆冬，凌寒怒放，花黄似蜡，清香四溢，是著名的冬春观花灌木。适宜孤植或丛植于窗前、墙角、草坪、山坡等处，树桩盆景姿态优美。

2. 小檗(日本小檗)　*Berberis thunbergii* DC.（图 3-2-96）

科属：小檗科，小檗属

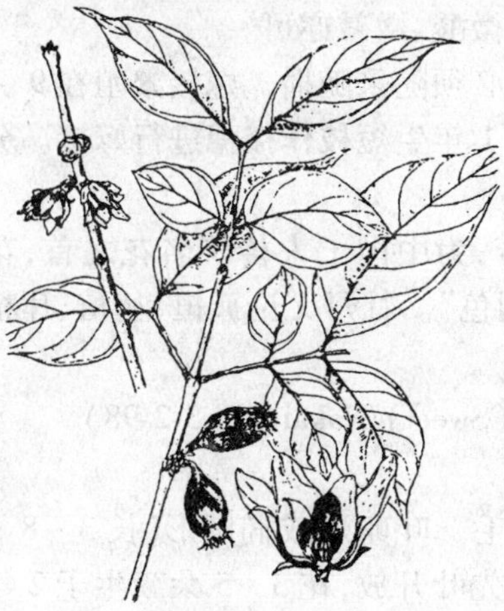

图 3-2-95　蜡梅

图 3-2-96　小檗

识别要点：落叶灌木，高 3～3.5 m。小枝红褐色，有沟槽，刺通常不分叉。叶倒卵形或匙形，0.5～2 cm，全缘；表面暗绿色，背面灰绿色。花浅黄色，1～5 朵，组成簇生状伞形花序，果实椭圆形，成熟时亮红色。花期 5 月，果期 9 月。

主要变种：

(1)紫叶小檗'Atropurpurea'：叶片在整个生育期内紫红色。

(2)金叶小檗'Aurea'：叶金黄色。

分布与习性：原产日本，现我国各地均有栽培。喜光，稍耐阴，耐寒性强，对土壤要求不严，较耐干旱，喜深厚肥沃、排水良好的土壤。萌蘖性强，耐修剪。

繁殖与栽培：播种或扦插繁殖均可。现生产上扦插应用较广泛，嫩枝扦插在7~9月进行；硬质扦插于冬春季节在温室内进行，次年5~6月分栽。移植时尽可能多带土，并结合强度修剪，以促使其多发枝丛，生长旺盛。

观赏特征与园林应用：小檗枝细叶密，春季黄花簇簇，秋季红果满枝，枝条紫红色，是良好的观叶、观果和刺篱材料，适宜丛植、孤植，也可用作基础栽植及岩石园种植材料。

3. 牡丹　*Paeonia suffrutrcosa* Andr.（图3-2-97）

科属：芍药科，芍药属

识别要点：落叶灌木，高达2 m，肉质根肥大，枝多粗壮，2回3出复叶，小叶广卵形至卵状长椭圆形，先端3~5裂，基部全缘，背面有白粉，平滑无毛。花单生于枝顶，大型，径10~30 cm，有单瓣和重瓣，花色丰富，有紫、深红、粉红、白、黄、绿等色，聚合蓇葖果。花期4~5月，果期9月。

品种分类：牡丹是我国传统名花，传统上，牡丹品种分为"三类六型八大色"，即单瓣类—葵花型，重瓣类—荷花型、玫瑰型、平头型，千瓣类—黄冠型、绣球型，有红、黄、白、蓝、粉、紫、绿、黑八色。目前，全国牡丹品种有1 000多种，著名品种有姚黄、魏紫、赵粉、豆绿、洛阳红、首案红等。

分布与习性：原产我国西部及北部，秦岭有野生，现各地广泛栽培，以河南洛阳和山东菏泽最为著名。喜光，稍耐阴；喜温凉气候，忌夏季烈日暴晒。喜深厚肥沃而排水良好的沙质壤土，忌黏重、积水或排水不良处，中性土最好，微酸、微碱亦可。

繁殖与栽培：播种、分株和嫁接繁殖。种子繁殖必须随采随播。嫁接繁殖在9~10月进行，一般以芍药和牡丹的肉质根作砧木，选用枝干1年生短枝作接穗进行嫁接。分株繁殖也在9~10月进行。

观赏特征与园林应用：牡丹雍容华贵、艳冠群芳，为中国十大传统名花之首，花大而美，姿、色、香兼备，素有"花王"之称，被誉为"天香国色"。牡丹无论孤植、丛植、片植都很适宜，在园林中最适宜成片栽植，建立牡丹专类园。

4. 贴梗海棠(皱皮木瓜)　*Chaenomeles speciosa*（Sweet）Nakai（图3-2-98）

科属：蔷薇科，木瓜属

识别要点：落叶灌木，高达2 m，有枝刺，小枝无毛。叶卵形或椭圆形，长3~8 cm，先端尖，基部楔形，具有尖锯齿缘，托叶大，半圆形。花先叶开放，花3~5朵簇生于2年生枝上，红色、粉红或白色，花梗短粗。果卵球形，径4~6 cm，黄色或黄绿色。花期3~4月，果期9~10月。

分布与习性：产于陕西、甘肃、四川等省。喜光，耐寒，对土壤要求不严，但喜深厚肥沃的沙质壤土；不耐积水，耐修剪。

繁殖与栽培：分株、扦插和压条繁殖均可。分株时一般在秋季或早春将母株挖掘分割，每株2~3个枝干，栽后3年又可分株。扦插分为嫩枝扦插和硬枝扦插两种方式，前者宜在生长季节（易生根），后者宜在秋季落叶后。压条繁殖在春季进行，生根至秋后或翌年春季分割移栽。移栽时应带一定的土团，适当修剪，管理较简单。

观赏特征与园林应用：贴梗海棠花簇生于枝间，花色艳丽，秋季硕果芳香金黄，是优良的观花、观果灌木，适宜草坪、庭园、花坛、池畔边沿丛植或点缀山石、建筑，亦可作花篱及基础种植。

图3-2-97 牡丹

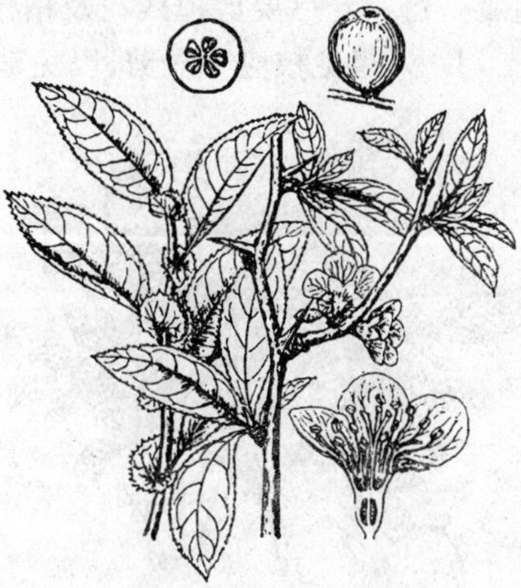

图3-2-98 贴梗海棠

5. 玫瑰 *Rosa rugosa* Thunb.（图3-2-99）

科属：蔷薇科，蔷薇属

识别要点：落叶丛生灌木，高1~2 m。枝条较粗，灰褐色，密生刺毛与倒刺。小叶5~9枚，椭圆形至椭圆形倒卵状，长2~5 cm，宽8~15 cm，叶缘有锯齿，表面亮绿色，多皱，无毛。托叶大部与叶柄连合。花单生或3~6朵簇生于当年新枝条顶端，紫红色，径6~8 cm。果扁球形，砖红色。花期5~6月，果期9~10月。

变种：紫玫瑰'Rubia'，花玫瑰紫色；红玫瑰' Rosea'，花玫瑰红色；白玫瑰'Alba'，花白色；重瓣紫玫瑰'Rubro－plena'，花玫瑰紫色，重瓣，香气馥郁，不结实；重瓣白玫瑰'Albo－plena'，花白色，重瓣。

分布与习性：产于我国北部，现各地均有栽培。喜光，耐寒，耐旱，对土壤要求不严，在微碱性土上也能生长良好，不耐积水，萌蘖性强。

繁殖与栽培：以分株、扦插为主，也可嫁接和压条繁殖。分株多在春、秋两个季节进行，每隔2~4年分一次，根据植株长势而定。扦插可选择硬枝扦插和嫩枝扦插两种方式进行，前者2~3月进行，后者7~8月进行，扦插时蘸取一定浓度的生长剂，成活率较高。玫瑰栽植养护比较简单，每年春季追肥一次，初冬灌封冻水一次即可。

观赏特征与园林应用：玫瑰花色艳丽，香气浓郁，在庭园中宜栽作花篱、花境、花坛及坡地栽植。鲜花瓣可提取芳香油，为世界名贵香精。

6. 黄刺玫 *Rosa xanthina* Lindl.（图3-2-100）

科属：蔷薇科，蔷薇属

识别要点:落叶丛生灌木,高 2 ~ 3 m。小枝褐色,茎密被刺毛及直刺。小叶 7 ~ 13 枚,卵形或近圆形,先端分裂成披针形裂片。花单生,黄色,重瓣或单瓣,径 4.5 ~ 5 cm。果近球形,红褐色。花期 4 ~ 6 月,果期 9 ~ 10 月。

分布与习性:产于我国东北、华北至西北。喜光,耐寒,耐干旱瘠薄,抗病虫害。

繁殖与栽培:分株、压条及扦插繁殖均可。一般在 3 月下旬至 4 月初带土球栽植。栽植时,穴内施腐熟的堆肥作基肥;栽后重剪,浇透水,隔 3 d 左右再浇 1 次。隔年在花后施 1 次追肥。每年花后要剪掉残花及枯枝,落叶后或萌芽前结合分株剪除老枝、枯枝及过密细弱枝, 1 ~ 2 年生枝应少短剪,以免减少花数。

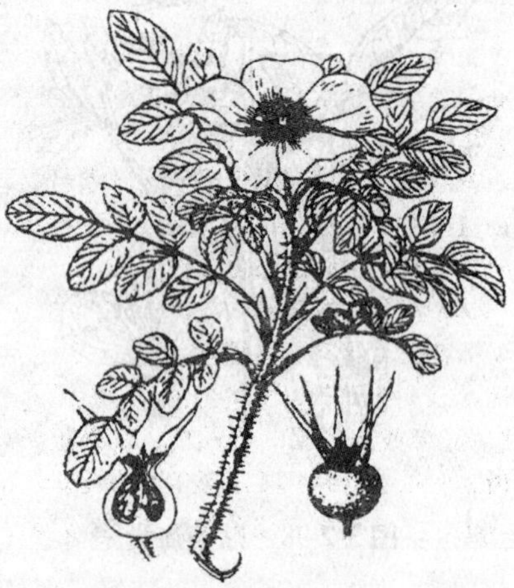

图 3-2-99　玫瑰

图 3-2-100　黄刺玫

观赏特征与园林应用:黄刺玫春天花开金黄色,且花期较长,为北方园林重要的观花灌木,适于草坪、林缘及路边栽植,亦可作绿篱及基础种植。

7. 棣棠　*Kerria japonica*(L.)DC.（图 3-2-101）

科属:蔷薇科,棣棠属

识别要点:落叶丛生灌木,高达 1 ~ 2 m。小枝绿色,光滑,有棱。单叶互生,卵形至卵状披针形,长 5 ~ 9 cm。花两性,金黄色,单生于侧枝顶端,花径 3 ~ 4.5 cm。花期 4 ~ 5 月,果期 7 ~ 8 月。

栽培品种:

(1)重瓣棣棠花‘pleniflora ’:花黄色,重瓣。

(2)金边棣棠花‘Aureo – variegata’:叶具深黄色边缘。

(3)银边棣棠花‘Argenteo – variegata’:叶具白色边缘。

分布与习性:分布于河南、陕西、甘肃、湖南、四川、云南等省。喜光,耐半阴,适生于湿润、肥沃、排水良好的土壤。萌蘖力较强,耐修剪。

繁殖与栽培:播种、分株及扦插均可。栽培容易,管理粗放,因花芽在新梢上形成,栽植 2 ~ 3 年的植株,应注意修剪老枝,以促发新枝,多开花。

观赏特征与园林应用:棣棠枝、叶、花俱美,枝条嫩绿,叶形秀丽,花色金黄,在园林中可用作花篱,或丛植于草坪、角隅、路边、林缘、假山旁,均可产生良好的景观效果。

8. 榆叶梅 *Prunus triloba*(Lindl.)(图 3-2-102)

科属:蔷薇科,李属

识别要点:落叶灌木,枝干为紫褐色。叶椭圆形至倒卵形,先端渐尖,常 3 裂,基部宽楔形,叶缘具粗重锯齿。花 1～2 朵,粉红色,径 2～3 cm,萼筒钟状。果近球形,红色,密被柔毛。花期 3～4 月,果期 6～7 月。

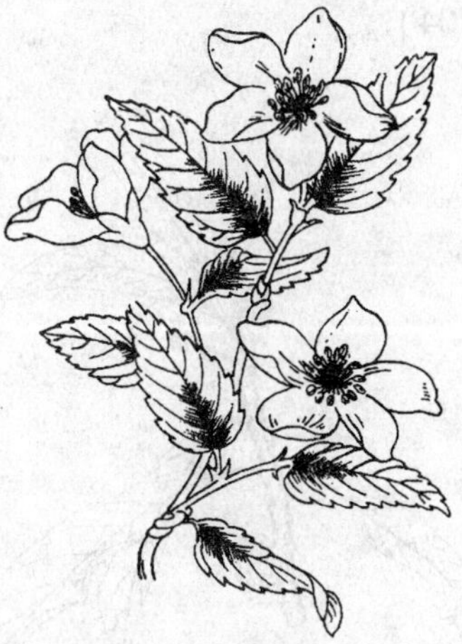

图 3-2-101 棣棠

图 3-2-102 榆叶梅

变种、变型:

(1)鸾枝(var. *atropurpurea* Hort):小枝紫红色,花重瓣,紫红色,1～2 朵,萼片 10 枚。

(2)单瓣榆叶梅(*f. simplex* Rehd.):花单瓣,淡红色至白色。

(3)重瓣榆叶梅'Plena':花大,径达 3 cm,花瓣深粉红色,重瓣,花萼常为 10。

分布与习性:原产我国北部,现各地广泛栽培。喜光,耐寒,对土壤要求不严,以中性至微碱性而肥沃土壤为宜,不耐水涝,耐轻盐碱。

繁殖与栽培:播种或嫁接法繁殖。嫁接砧木多用杏、山桃和榆叶梅实生苗。栽植宜在早春进行,应适当修剪和花后施肥,以利新的花芽分化。修剪应注意去弱枝、杂乱枝和病枝,保持良好株型。

观赏特征与园林应用:榆叶梅早春开花,花团锦簇,宜成片应用,丛植房前、墙角、路旁、坡地均适宜。

9. 绣线菊(空心柳、柳叶绣线菊、珍珠梅) *Spiraea salicifolia* L.(图 3-2-103)

科属:蔷薇科,绣线菊属

识别要点:落叶直立灌木。单叶互生,长椭圆形至披针形,有细锐锯齿或重锯齿。顶生圆锥花序,花密生,粉红色。蓇葖果,种子细小。花期 6～8 月,果期 8～9 月。

分布与习性:产于我国东北,内蒙古、河北等地;日本、朝鲜、蒙古,西伯利亚以及东南欧也有分布。喜光也稍耐阴,抗寒,抗旱,喜温暖湿润的气候及深厚肥沃土壤。萌蘖力和萌芽力均强,耐修剪。

繁殖与栽培:播种、分蘖和扦插繁殖,以扦插繁殖为主。扦插除冬季外均可进行,但 5～9 月带 2 片叶扦插效果最佳。扦插基质可选用保水性能较好的珍珠岩、蛭石或河沙。

选取生长健壮、充实的当年生枝条做插穗，浸泡 ABT 生根粉 50 mg/kg，插后浇透水并定时叶面喷雾。定植后每年施两次肥，注意剪去枯萎枝、徒长枝、重叠枝及病虫枝。

观赏特征与园林应用：绣线菊夏季开花，花色艳丽，是优良的花灌木，又为蜜源植物。可以丛植于山坡路旁、水岸、石边、草坪角隅等，也可植于建筑物周围作基础栽植，起到点缀或美化作用。

10. 结香　*Edgeworthia chrysantha* Lindl.（图 3-2-104）

科属：瑞香科，结香属

图 3-2-103　绣线菊

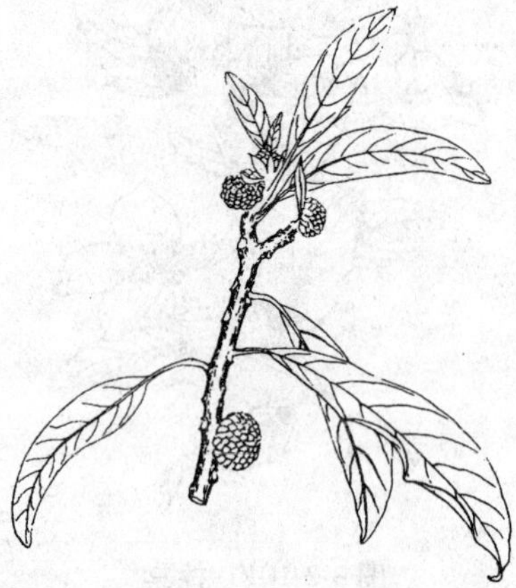

图 3-2-104　结香

识别要点：落叶灌木，高达 2 m。枝条粗壮而柔软（可打结），常三叉分枝。单叶互生，常集生枝端，长椭圆形至倒披针形，长 6～15 cm，先端急尖，基部楔形并下延，表面疏生柔毛，背面被长硬毛，具短柄。花被黄色，先叶开放，芳香。果卵形。花期 3～4 月，果期 7～8 月。

分布与习性：产于我国长江流域至西南地区，北达陕西、河南。喜半阴，喜温暖湿润气候和肥沃排水良好的土壤，耐寒性不强，过干和积水处生长不良。

繁殖与栽培：分株、扦插和压条繁殖。分株在落叶至发芽前进行；扦插在 2～3 月或 6～7 月选健壮的 1 年生枝干，剪成 10～15 cm 的插条进行。压条选粗壮的蘖丛枝，压入土中的一面半环状剥皮后埋入土中，枝稍露出，保持湿润，次年可截断母枝，另行培育。移植宜于冬、春季进行裸根移植。栽培中保持土壤潮湿。

观赏特征与园林应用：结香早春开花，芳香馥郁。适于草坪、水边、石间、墙隅等处丛植。枝条柔软，可打结不断，做成各种造型。长江流域常栽培于庭园观赏，北方则盆栽。

11. 红瑞木　*Cornus alba* L.（图 3-2-105）

科属：山茱萸科，梾木属

识别要点：落叶灌木，高达 3 m。树皮暗红色，枝血红色，无毛。单叶对生，叶表面暗绿色，背面粉绿色，全缘。花小，黄白色。核果长圆形，白色或蓝白色。花期 5～6 月，果期 8～

图 3-2-105　红瑞木

10月。

分布与习性：产于我国东北及内蒙古、河北、陕西、山东等地。喜光，稍耐阴，耐寒。萌蘖性强，耐修剪。

繁殖与栽培：播种、扦插、分株或压条繁殖均可。栽植时应结合重剪进行，栽后及时浇水，以后每年适当修剪以保持良好树形。

观赏特征与园林应用：红瑞木茎枝终年红色，叶片秋季变红，均美丽可观。园林中宜丛植于草坪、池畔及建筑物旁，若与棣棠、梧桐等绿枝树种搭配，色彩美观，对比鲜明；冬季衬以白雪，则相映成趣，冬景效果极佳。

12. 连翘（黄花秆、黄绶带）　*Forsythia suspensa*（Thunb.）Vahl.（图 3-2-106）

科属：木犀科，连翘属

识别要点：落叶丛生灌木，高达 3 m。枝条拱形下垂；小枝黄褐色，皮孔明显，髓中空。单叶或有 3 出羽状复叶，卵形或椭圆状卵形，长 3 ~ 10 cm，无毛，先端渐尖，基部宽楔形。花黄色，单生或数朵簇生，先叶开放。蒴果卵圆形。花期 3 ~ 4 月，果期 9 ~ 10 月。有金叶'Aurea'、黄斑叶'Variegata'等栽培变种。

分布与习性：产于我国北部、中部及东北各省，喜光，稍耐阴，耐寒，耐干旱瘠薄，忌积水。对土壤要求不严，萌蘖性强。

繁殖与栽培：扦插、压条或分株繁殖均可，以扦插为主。硬枝或嫩枝扦插于节处剪下，花后适当修剪，去除弱枝、病虫枝，栽培管理简易。

观赏特征与园林应用：连翘枝条拱形开展，花色金黄，早春先叶开放，鲜艳夺目，是北方优良的早春观花树种。连翘适宜丛植于草坪、角隅、路旁、池畔、溪边、假山等处。

13. 迎春（金腰带）　*Jasminum nudiflorum* Lindl.（图 3-2-107）

科属：木犀科，茉莉属

图 3-2-106　连翘

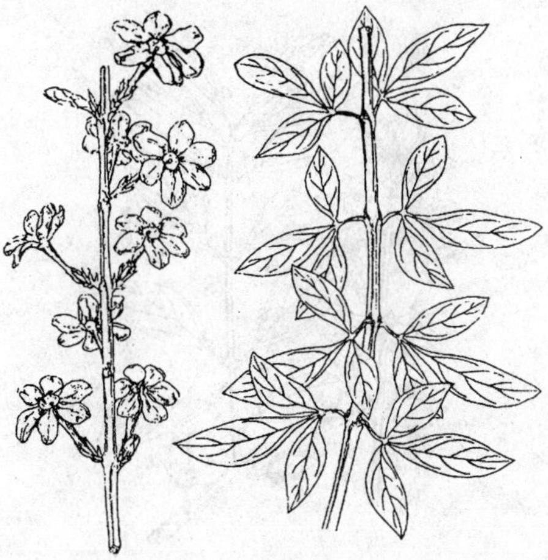

图 3-2-107　迎春

识别要点：落叶灌木，高 0.4 ~ 5 m。枝条细长，直出或拱形下垂，绿色。3 出复叶对生，小叶卵形至长圆状卵形，长 1 ~ 3 cm。叶缘有短刺毛。花单生于叶腋，先叶开放，花冠黄色。花期 2 ~ 4 月，通常不结实。

分布与习性：产于我国北部、中部及西南各地，现各地广泛栽培。喜光，稍耐阴，较耐寒，耐干旱，忌涝。根部萌发力强，与土壤接触时易生出不定根。

繁殖与栽培：扦插、压条及分株繁殖均易成活。因枝条着地易生根，特别在雨季，要注意防止与土壤接触生根，应经常扶立或适当修剪，以免影响植株整齐。

观赏特征与园林应用：迎春植株铺散，枝条鲜绿，早春黄花满枝，艳丽无比，是我国北方园林装点早春之景的最佳花木之一。适宜植于坡地、花台、堤岸、池畔、假山、草坪边缘或作花篱、花丛等。

14. 金钟花（黄金条、细叶连翘）　*Forsythia viridissima* Lindl.（图 3-2-108）

科属：木犀科，连翘属

识别要点：落叶灌木，高可达 3 m。茎丛生，枝直立，有时拱形下垂，小枝黄绿色，微有四棱状，髓薄片状。单叶对生，椭圆形至披针形，先端锐尖，基部楔形，中部以上有锯齿。花先叶开放，深黄色，1～3 朵腋生，花萼裂片卵圆形，长为花冠筒的 1/2。蒴果卵球形，先端嘴状。花期 3～4 月，果期 7～8 月。

分布与习性：产于长江流域及西南各地，南北各地园林常栽培观赏。喜光，耐半阴；耐热、耐寒、耐旱、耐湿；喜温暖湿润；对土壤要求不严，盆栽要求疏松肥沃、排水良好的沙质土。

繁殖与栽培：扦插、压条、分株、播种繁殖，以扦插为主。硬枝或嫩枝扦插均可。盆栽每半月施 1 次稀薄液肥，孕蕾期增施 1～2 次磷钾肥。地植于冬春开沟施 1 次有机肥即可。花后剪去枯枝、弱枝、过密枝，短截徒长枝，保持优美株形。

观赏特征与园林应用：金钟花先叶而花，金黄灿烂，是优良的早春观花灌木。可丛植于草坪、墙隅、路边、树缘、院内庭前等处。

15. 紫丁香（丁香、华北紫丁香）　*Syringa oblata* Lindl.（图 3-2-109）

科属：木犀科，丁香属

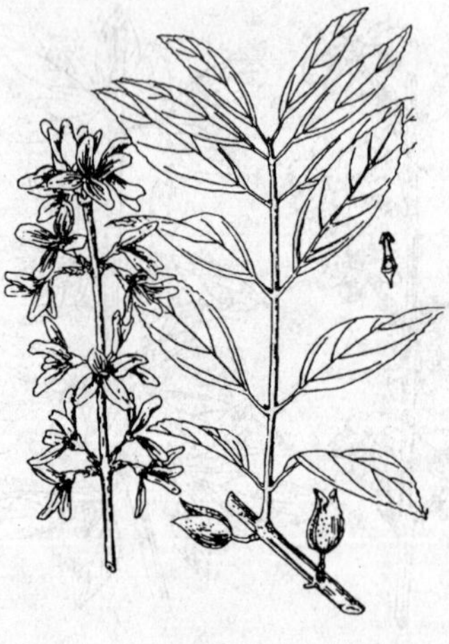

图 3-2-108　金钟花

图 3-2-109　紫丁香

识别要点：落叶灌木或小乔木，树皮灰褐色，假二叉分枝，小枝黄褐色，较粗壮。单叶对生，广卵形，先端渐尖，基部心形，全缘。圆锥花序，花冠堇紫色，花冠呈管柱状，浓香；花冠筒细长。蒴果长卵形，顶端尖，光滑。花期 4～5 月，果期 6～10 月。

分布与习性：产于我国东北、华北、西北（除新疆）以至西南达四川，朝鲜也有分布。喜温暖、湿润及阳光充足，耐寒、耐旱，忌低湿；对多种有毒气体抗性强，萌芽力强，耐修剪，寿命长。

繁殖与栽培：播种、扦插、嫁接、压条和分株繁殖。播种可于春、秋两季在室内盆播或露地畦播。北方以春播为佳。扦插以花后剪条插最易成活，苗期注意浇水；栽植以排水好的土壤见光好的地段为佳；成年养护注意及时剪除病枝、枯枝和根蘖；移植时宜重剪，以保证成活。

观赏特征与园林应用：紫丁香是我国北方广为应用的著名观花灌木、传统名花，其灌丛丰满，叶形秀丽，春日开花，有色有香，适宜丛植于建筑物周围、道路两侧、草坪及林缘等地，也可与其他丁香穿插配植成专类园。

16. 木绣球（斗球、绣球荚蒾）　*Viburnum macrocephalum* Fort.（图 3-2-110）

科属：忍冬科，荚蒾属

识别要点：落叶或常绿灌木，枝条开展，树冠呈球形。冬芽裸露，芽、幼枝、叶柄及叶下面密生星状毛。单叶对生，卵形至卵状椭圆形，先端钝尖，基部圆形，具细锯齿。大型聚伞花序呈球状，全由不孕花组成；花冠白色，瓣片倒卵形。花期 4 ~ 5 月，不结果。

分布与习性：产于长江流域，各地常见栽培。喜光，略耐阴，喜温暖湿润气候，较耐寒，宜在肥沃、湿润、排水良好的土壤中生长。萌芽、萌蘖性强。

繁殖与栽培：常扦插、压条、分株繁殖。扦插一般于早春和秋季进行。压条在春季当芽萌动时将去年枝压埋土中，次年春与母株分离移植。其变型琼花可播种繁殖，10 月采种，堆放后熟，洗净后置于 1 ~ 3 ℃低温下 30 d，露底播种，次年 6 月发芽可出土，搭棚遮阴，留床 1 年分栽。

观赏特征及园林应用：木绣球为我国传统观赏花木，树冠开展圆整，春日白花聚簇，团团如球，宛如雪花压树，枝垂近地，尤饶幽趣；花落之时，又宛如满地积雪。最宜孤植于草坪及空旷地，或栽植于园路两侧，配植于房前窗下；还可作大型花坛的中心树。

17. 金银木（金银忍冬）　*Lonicera maackii*（Rupr.）Maxim.（图 3-2-111）

科属：忍冬科，忍冬属

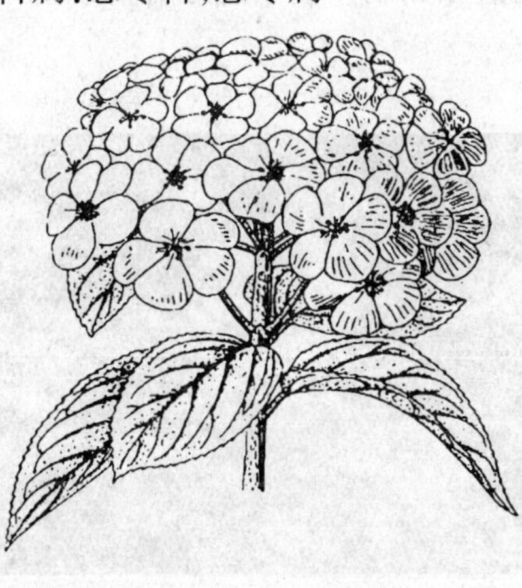

图 3-2-110　木绣球

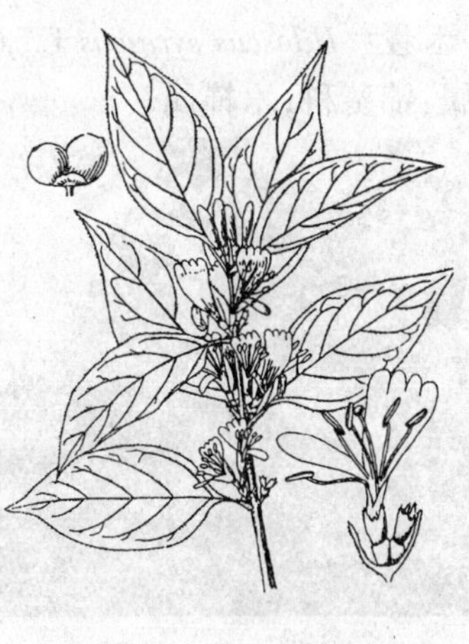

图 3-2-111　金银木

识别要点：落叶灌木或小乔木，高达6 m，小枝幼时被短柔毛，髓心黑褐色，后变中空。单叶对生，卵状椭圆形至卵状披针形，全缘，两面疏生柔毛。花成对生于叶腋，总花梗短于叶柄；花冠唇形，初开时白色，不久变为黄色，芳香。花期4～6月，果期9～10月。

分布与习性：产于我国东北、华北、华东等地，俄罗斯、朝鲜、日本亦产。性强健，喜光，耐半阴，耐寒，耐旱；不择土壤，在肥沃、深厚、湿润土壤中生长旺盛；萌蘖性强。

繁殖与栽培：播种、扦插繁殖。春季可以播种繁殖，夏季可以采用嫩枝扦插，也可在秋季选取一年生健壮饱满枝条进行硬枝扦插。剪取插条长15～20 cm，保留顶部2～4片叶。将插条插入干净的细河沙中，深度为其长度的1/3～1/2。插后适当遮阴保湿，待根系足壮后移植于圃地。

观赏特征及园林应用：金银木初夏满树繁花，先白后黄，清雅芳香，秋季红果满枝，晶莹可爱，是一种花果兼赏的优良花木。在园林中，常丛植于草坪、山坡、林缘、路边或点缀于建筑周围。

18. 紫薇（百日红、满堂红、痒痒树）　*Lagerstroemia indica* L.（图3-2-112）

科属：千屈菜科，紫薇属

识别要点：落叶灌木或小乔木。树皮易脱落，树干光滑。幼枝略呈四棱形，稍成翅状。单叶互生或对生，近无柄；叶子呈椭圆形、倒卵形或长椭圆形。圆锥花序顶生；花瓣6，紫色、红色、粉红色或白色，边缘有不规则缺刻，基部有长爪。蒴果椭圆状球形，6瓣裂。种子有翅。花期6～9月，果期10～11月。

分布与习性：产于我国华东、华中、华南、西南各地。栽培品种丰富。耐旱、怕涝，喜温暖潮湿，喜光，喜肥，对有毒气体的抗性强，在中性土或偏酸性土上生长较好。

繁殖与栽培：播种、扦插或分蘖繁殖。选择土层深厚、土壤肥沃、排水良好的背风向阳处。大苗移植要带土球，并适当修剪枝条。栽植穴内施腐熟有机肥作基肥，栽后浇透水，3 d后再浇1次。成活后的植株管理比较粗放。紫薇花序着生在当年新枝的顶端，因此在修剪时要对一年生枝进行重剪回缩。

观赏特征与园林应用：紫薇树姿优美，树干光洁，花色艳丽而花期特长。在园林绿化中，被广泛用于公园、庭园、道路、街区、城市等，也是盆栽和制作桩景的好材料。

19. 木槿　*Hibiscus syriacus* L.（图3-2-113）

科属：锦葵科，木槿属

图3-2-112　紫薇

图3-2-113　木槿

识别要点:落叶灌木,高2~5 m。小枝密被黄色星状绒毛。单叶互生,菱状卵形,端部3裂,边缘有钝齿基部楔形,端部常成缺刻,三主脉。花单生叶腋,单瓣或重瓣,萼片外侧密生星状柔毛,有淡紫、红、白、粉等颜色,朝开暮落。蒴果卵圆形,密被黄色星状绒毛。种子肾形,背部被黄白色长柔毛。花期6~9月,果期10月。

分布与习性:原产亚洲东部,现在世界各地均有栽培。喜光,耐半阴,耐寒,喜温暖湿润的气候;耐干旱瘠薄,不耐水湿。适应性强,对土壤要求不严,以深厚、肥沃、疏松的土壤为好。萌芽性强,耐修剪。对烟尘、有毒气体等抗性较强。

繁殖与栽培:播种、扦插繁殖。扦插多在早春或梅雨季节进行,秋末冬初也可,均极易生根成活。播种,单瓣木槿结种后干藏至翌春播种,播后约20 d发芽。

观赏特征与园林应用:木槿夏、秋季开花,花期特长,且花色、花型的变种和品种多,是优良的园林观花树种。常作围篱及基础种植材料,宜丛植于草坪、路边或林缘,也可造型制作桩景或盆栽,还可用于厂矿绿化。

20. 毛刺槐(毛洋槐、江南槐)　*Robinia hispida* L.（图3-2-114）

科属:蝶形花科,刺槐属

识别要点:落叶灌木。茎、小枝、叶柄、花梗均有红色长刺毛。奇数羽状复叶互生,小叶7~15枚,广椭圆形。总状花序,蝶形花冠,粉红或紫红色。荚果线形,扁平,密被腺状刚毛。花期5~6月,果期7~10月。

分布与习性:原产北美,我国华北、东北及黄淮地区均有栽培。喜光,喜温润肥沃土壤;耐寒、耐旱,生长快,耐修剪,萌蘖力强,对烟尘及有毒气体有较强的抗性;浅根性,侧根发达。

繁殖与栽培:播种、嫁接繁殖。嫁接多用刺槐为砧木进行"切接"。在春季发芽前,选择大规格健壮的刺槐,在一定高度进行截剪,将毛刺槐接穗削成楔形插入,形成层对合,用细塑料绳捆扎,套上塑料袋防止水分蒸发,萌芽后揭去。

观赏特征与园林应用:毛刺槐荫浓,叶色鲜绿,一年开两次花,花大而美丽,每当花开季节红绿相映,素雅而芳香。花色浓艳,孤植、列植、丛植均佳,是庭园、小游园、公园不可多得的观赏树种。

21. 紫穗槐(紫花槐、棉槐)　*Amorpha fruticosa* L.（图3-2-115）

科属:蝶形花科,紫穗槐属

图3-2-114　毛刺槐

图3-2-115　紫穗槐

识别要点:落叶灌木。小枝密生柔毛,侧芽常两个叠生。奇数羽状复叶,叶互生,小叶长椭圆形,先端圆形,全缘。顶生穗状花序密,花轴密生短柔毛,萼钟形,旗瓣蓝紫色,翼瓣,龙骨瓣均退化。荚果弯曲短,棕褐色,密被瘤状腺点,不开裂,内含1种子。花期5~6月,果期9~10月。

分布与习性:原产美国,我国东北以南等省(区)均有栽培。喜光、耐寒,耐旱、耐湿,耐盐碱、抗风沙,是抗逆性极强的灌木。

繁殖与栽培:播种、分株、扦插或压条繁殖。选择苗圃地以地势平坦、土质肥沃、土壤深厚、灌水方便的中性壤土为好。播种前,种子可用热水浸种催芽法进行处理。

观赏特征与园林应用:紫穗槐枝叶繁密,又为蜜源植物。可用于水土保持、被覆地面和工业区绿化,也常作防护林带的林木用。

22. 八仙花(绣球花)　*Hydrangea macrophylla* (Thunb.) Ser. (图 3-2-116)

科属:八仙花科,八仙花属

识别要点:落叶灌木,小枝粗壮,无毛,皮孔明显。单叶对生,大而有光泽,倒卵形至椭圆形,长7~20 cm,有粗锯齿,无毛或仅背脉有毛。顶生伞房花序近球形,径可达20 cm;几乎全部为不育花,萼片4枚,卵圆形,全缘,粉红色、蓝色或白色。花期6~7月。

分布与习性:产于我国长江流域至华南各地,朝鲜、日本也有分布。喜温暖、湿润和半阴环境;不耐寒;喜疏松、肥沃和排水良好的沙质壤土,对有毒气体抗性强。

繁殖与栽培:常用分株、压条、扦插等繁殖。分株繁殖宜在早春萌芽前进行。压条繁殖在芽萌动时进行,翌年春季与母株切断,带土移植,当年可开花。扦插繁殖一般在梅雨季节进行。盆栽植株在春季萌芽后注意充分浇水,保证叶片不凋萎。花期肥水要充足,每半月施肥1次。盛夏光照过强时,适当遮阴可延长观花期。每年春季换盆一次,适当修剪以保持株形优美。

观赏特征及园林应用:八仙花花球大而美丽,且有许多园艺品种,是极好的观赏花木。在暖地可配植于林下、路缘、棚架边及建筑物之北面;还常作室内布置用。

23. 杜鹃(杜鹃花、映山红)　*Rhododendron simsii* Planch. (图 3-2-117)

科属:杜鹃花科,杜鹃花属

图 3-2-116　八仙花

图 3-2-117　杜鹃

识别要点:落叶或半常绿灌木,高达3 m。枝条、叶两面、苞片、花柄、花萼、子房、蒴果均有棕褐色扁平糙伏毛。单叶互生,纸质,卵状椭圆状披针形,先端锐尖,基部楔形;花2~6朵簇生枝顶,花冠宽漏斗状,鲜红或深红色,有紫斑。花期3~5月,果期9~10月。

分布与习性:产于长江流域及其以南各省区山地。喜半阴、凉爽、湿润气候及酸性土壤,不耐寒,忌酷热干燥。

繁殖与栽培:常用播种、扦插、嫁接、压条和分株繁殖。播种,常绿杜鹃类最好随采随播,落叶杜鹃亦可将种子贮藏至翌年春播。西鹃繁殖采用嫁接较多,常行嫩枝劈接。西鹃全行盆栽,培养土多用黑山土,用泥炭土、黄山土、腐叶土、松叶土及煤渣、锯末等配制的培养土。杜鹃花根系扩展缓慢,每隔3~5年换盆1次,同时修整根系。浇水,要根据天气情况、植株大小。

观赏特征及园林应用:杜鹃是我国十大名花之一,享有"花中西施"之美誉。花、叶兼美,地栽、盆栽皆宜。花朵开放时,繁花满树艳如云霞,灿烂夺目。宜丛植于林下、溪旁池畔、岩边。杜鹃是尼泊尔国花。栽培品种很多。

24. 紫荆(满条红、箩筐树)　*Cercis chinensis* Bunge(图3-2-118)

科属:苏木科,紫荆属

识别要点:落叶灌木。单叶互生,叶卵圆形,叶顶短渐尖,基部心形,全缘,光滑无毛;叶柄顶端膨大。花假蝶形,5~8朵于老干上簇生或成总状花序,叶前开放;花萼阔钟状;5齿裂;花两侧对称,上面3片花瓣较小。荚果腹缝具窄翅。花期4~5月。

分布与习性:产于黄河流域及其以南地区。性喜光,耐寒。喜肥沃、排水良好的土壤,不耐淹。萌蘖性强,耐修剪。

繁殖与栽培:播种、分株、压条、扦插繁殖。9~10月收集成熟荚果,取出种子,埋于干沙中置阴凉处越冬,3月下旬到4月上旬播种。分株在秋季10月或春季发芽前容易成活。嫁接可用长势强健的普通紫荆、巨紫荆做砧木,但由于巨紫荆的耐寒性不强,故北方地区不宜使用。

观赏特征与园林应用:紫荆春季开花,繁花簇生,满树紫红,鲜艳夺目,华北各地园林中普遍栽培。

图3-2-118　紫荆

四、常见木质藤本植物的识别

1. 葡萄 *Vitis vinifera* L.（图 3-2-119）

科属：葡萄科，葡萄属

识别要点：落叶木质藤本，茎长达 30 m。树皮红褐色，老时条状剥落，小枝光滑或有毛，卷须间歇性与叶对生。单叶互生，近圆形，3～5 掌状裂，基部心形，叶缘有粗锯齿。圆锥花序；花黄绿色，有香味。浆果圆形或椭圆形，成串下垂，绿色、紫红色或黄绿色，表面被白粉。花期 5～6 月，果期 8～10 月。

分布与习性：原产亚洲西部至欧洲东南部；世界温带地区广为栽培。品种繁多。喜光，喜干燥和夏季高温，冬季需一定的低温，但严寒时须埋土防寒，喜温暖湿润的气候，在肥沃、土层深厚的土壤中生长最好；耐干旱，怕涝；深根性，生长快，结果早。

繁殖与栽培：以扦插繁殖为主，也可压条、嫁接。葡萄作为果树生产栽培，管理要求精细，要加强肥水管理，注意与整枝相结合，同时还要做好病虫害防治、摘心、疏花等其他管理工作。

观赏特征与园林应用：葡萄绿叶成荫，果实晶莹，适应性强，是叶果俱佳、遮阴、观赏、经济效益并重的优良垂直绿化材料。

2. 爬山虎（地锦、爬墙虎） *Parthenocissus tricuspidata*（Sieb. et Zucc.）Planch.（图 3-2-120）

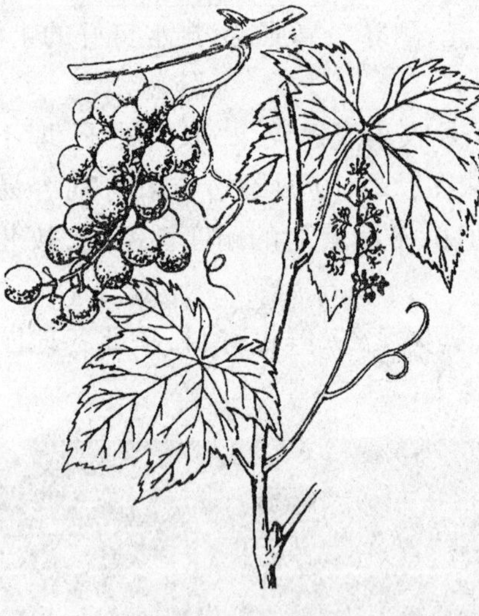

图 3-2-119 葡萄

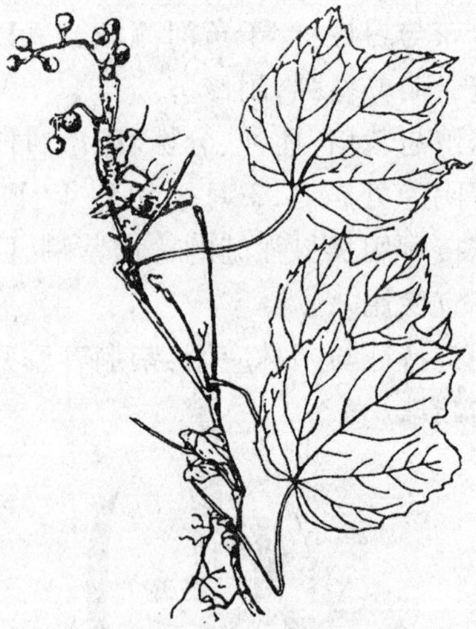

图 3-2-120 爬山虎

科属：葡萄科，爬山虎属

识别要点：落叶藤木，卷须顶端膨大成圆形吸盘。单叶互生，广卵形，通常 3 裂，基部心形，叶缘有粗锯齿，表面无毛，背面脉上常有柔毛。聚伞花序常生于短枝顶端两叶之间，花淡黄色。浆果球形。花期 6 月，果期 9～10 月。

分布与习性：产于我国和日本，在我国分布极为广泛，北自吉林，南至广东均有。喜光，较耐阴，耐寒，对气候和土壤适应性强，生长快。

繁殖与栽培：播种、扦插或压条繁殖均可。播后注意遮阴以保持土壤湿润。扦插在春、夏两季均可，春季于3月进行硬枝扦插，嫩枝扦插和压条繁殖于夏季进行。移栽选择在落叶后至发芽前，结合修剪以利于提高成活率。

观赏特征与园林应用：爬山虎枝蔓纵横，叶形优美，入秋后叶片变成红色或橙色，颇为美丽，是一种优良的墙面攀缘绿化和建筑美化装饰材料。在园林中可广泛应用于建筑、墙面、石壁、栅栏、假山、枯树的垂直绿化，也是优良的地面覆盖材料。

3. 紫藤　*Wisteria sinensis* (Sims) Sweet（图3-2-121）

科属：蝶形花科，紫藤属

识别要点：落叶大藤木，茎枝为左旋生长，长达20 m。奇数羽状复叶互生，小叶7～13枚，卵形至卵状披针形，幼叶两面密生白色疏柔毛。总状花序，侧生下垂，紫色。荚果扁平，密生黄色绒毛。花期4～5月，果期9～10月。

分布与习性：原产我国，华北、西北、华南、西南等地均有栽培。喜光，稍耐阴，较耐寒；喜深厚、肥沃、排水良好的土壤，耐干旱、瘠薄和水湿，适应性强。

繁殖与栽培：播种、扦插、压条、嫁接或分株繁殖。平时养护管理比较简单，注意休眠期应适当疏剪过密枝及细弱枝，以利开花，并调整长势。

观赏特征与园林应用：紫藤生长迅速，枝叶繁茂，春季先叶开放，花大而美丽，清香四溢，是优良的棚架、门廊、枯树、山石及庭园垂直绿化材料。

4. 络石　*Trachelospermum jasminoides* (Lindl.) Lem.（图3-2-122）

科属：夹竹桃科，络石属

图3-2-121　紫藤

图3-2-122　络石

识别要点：常绿藤木，长达10 m，幼枝具有黄色柔毛，常有气生根。单叶对生，椭圆形或卵状披针形，全缘，背面有柔毛。聚伞花序腋生，花萼5深裂，花后发卷；花冠白色，芳香。蓇葖果狭长。花期4～5月，果期8～10月。

分布与习性：分布极广，主产于我国长江流域。喜光，耐阴，喜温暖湿润气候，耐寒性不强;对土壤要求不严,抗干旱,也抗海潮风,萌蘖性尚强。

繁殖与栽培:扦插、压条繁殖。因花多生于1年生枝上,每年需对老枝进行适当修剪,以促发新枝,开花繁茂。

观赏特征与园林应用:络石叶色浓绿,四季常青,白花繁茂,芳香馥郁,适宜植于假山、枯树、墙垣之旁,也可用于林下的常青地被和垂直绿化。

5. 凌霄 *Campsis grandiflora* (Thunb.) Schum. (图 3-2-123)

科属:紫葳科,凌霄属

识别要点:落叶藤木,长10 m,借助气生根攀缘向上生长。树皮灰褐色,呈细条状丛裂。羽状复叶对生,小叶7~9枚;卵形至卵状披针形。顶生聚伞圆锥花序,花冠唇状漏斗形,鲜红色或橘红色。蒴果长如荚。花期6~8月,果期10月。

分布与习性:原产我国东部、中部,现各地都有栽培。喜光,稍耐阴,喜温暖湿润气候,有一定的耐寒性,耐干旱,忌积水,对土壤要求不严,萌蘖力、萌芽力均强。

繁殖与栽培:扦插、压条、分株繁殖均可。春季进行硬枝扦插,嫩枝扦插和压条繁殖在雨水多、温度高、湿度大、易生根的生长季节进行。栽植后不需特殊管理,只要将植株的主茎引向攀缘支架即可。

观赏特征与园林应用:凌霄夏季开红花,花大色艳,花期甚长,是理想的垂直绿化材料。可用于棚架、墙垣、枯树、假山、石壁的装饰。但花粉有毒,能伤眼睛,需加注意。

6. 中华常春藤 *Hedera nepalensis* K. Koch var. *sinensis* (Tobl.) Rehd. (图 3-2-124)

科属:五加科,常春藤属

图 3-2-123 凌霄

图 3-2-124 常春藤

识别要点:常绿藤木,长达30 m。嫩枝、叶柄上有鳞片。单叶互生,营养枝上的叶三角状卵形,全缘或3浅裂;花枝上的叶椭圆状卵形,全缘。伞形花序,单生或2~7簇生,花绿白色,芳香。果球形,熟时橙红或橙黄色。花期8~9月,果期翌年3月。

分布与习性:分布于华中、华南、西南及甘肃、陕西等省。喜阴,喜温暖湿润气候,有一定的耐寒性,对土壤要求不严,以中性或微酸性土壤为好。

繁殖与栽培：以扦插繁殖为主，亦可压条繁殖，栽培管理简单。

观赏特征与园林应用：常春藤四季常青，枝叶浓密，攀缘能力强，是优良的垂直绿化材料，也是极好的木本地被植物。适宜用于假山、岩石、围墙等处的垂直绿化，也可用于庇荫的环境，作为林下地被或盆栽室内装饰绿化。

7. 金银花(忍冬)　*Lonicera japonica* Thunb.（图 3-2-125）

科属：忍冬科，忍冬属

识别要点：半常绿缠绕藤木。枝细长中空，有柔毛。单叶对生，纸质，卵形或椭圆形，全缘；两面具柔毛。花两性，成对腋生；苞片大，叶状；花冠白色，后变黄色，唇形，筒稍长于唇瓣；雄蕊和花柱均高出花冠。浆果圆形，熟时蓝黑色。花期 4～6 月(秋季亦常开花)，果期 10～11 月。

分布与习性：原产我国，各省均有，日本、朝鲜也有分布。喜阳、耐阴，耐寒，也耐干旱和水湿，对土壤要求不严，但以湿润、肥沃的深厚沙质壤土上生长最佳。

繁殖与栽培：播种、扦插繁殖。播种一般在 4 月进行，扦插繁殖一般在雨季进行。栽植后的头 2 年内，多施人畜粪、草木灰、尿素、硫酸钾等肥料。栽植 2～3 年后，每年春初，应多施畜杂肥、厩肥、饼肥、过磷酸钙等肥料。

观赏特征与园林应用：金银花夏日开花不绝，黄白相映，且有芳香，是良好的垂直绿化及棚架材料；也适合在林下、林缘、建筑物北侧等处做地被栽培。花为有名的中药材。

8. 五叶地锦(五叶爬山虎、美国地锦)　*Parthenocissus quinquefolia* (L.) Planch.（图 3-2-126）

科属：葡萄科，爬山虎属

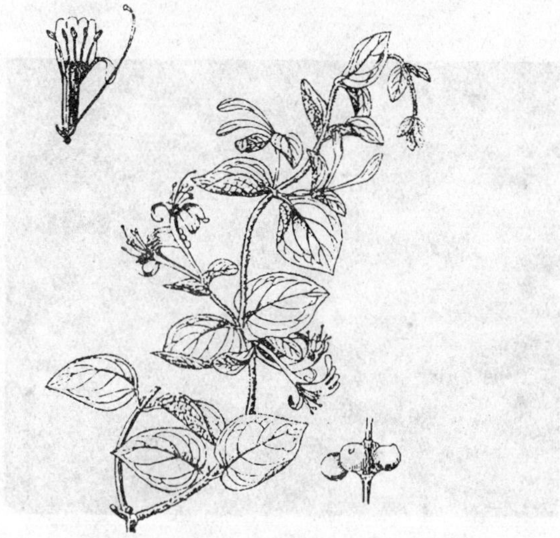

图 3-2-125　金银花

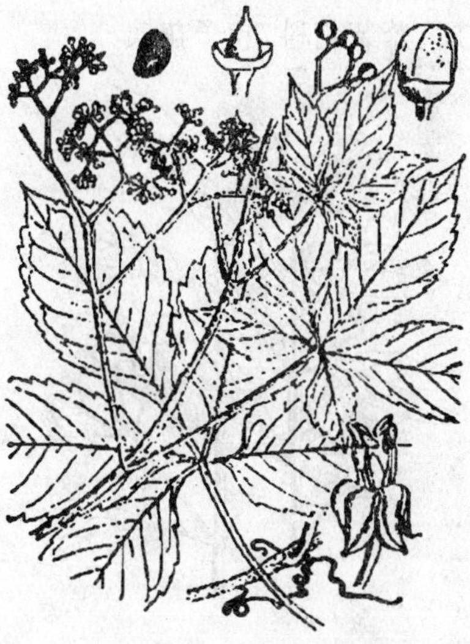

图 3-2-126　五叶地锦

识别要点：落叶藤木，幼枝常带紫红色。卷须 5～12 分枝，先端膨大成吸盘。掌状复叶互生，有长柄；小叶 5 枚，质地较厚，卵状长椭圆形至长倒卵形，基部楔形，叶缘有粗大锯齿。聚伞花序集成圆锥状。浆果球形。花期 7～8 月，果期 10 月。

分布与习性：原产北美洲，我国北方常见栽培。喜湿润、肥沃土壤，较爬山虎更耐寒，但攀缘、吸附能力较逊色。

繁殖与栽培：扦插、压条和分株繁殖均可。在生长期，可追施液肥2～3次。并经常锄草松土和适当修剪。

观赏特征与园林应用：五叶地锦生长迅速，蔓茎纵横，密布气根，翠叶遍盖如屏，秋后入冬，叶色变红或黄，十分艳丽，是优良的垂直绿化和地面覆盖材料，适于配植在宅院墙壁旁、围墙旁、庭园入口等处。

9. 扶芳藤 *Euonymus fortunei*(Turcz.)Hand. – Mazz.（图3-2-127）

科属：卫矛科，卫矛属

识别要点：常绿藤木，匍匐或攀缘，靠气生根攀缘。单叶对生，薄革质，椭圆形、长椭圆形至披针形，钝锯齿，表面通常浓绿色，背面叶脉显著。聚伞花序腋生，花梗短。蒴果球形。种子外被橘红色假种皮。花期6～7月，果期9～10月。

分布与习性：分布于黄河以南至长江流域。耐阴，喜温暖湿润，耐干旱瘠薄；耐寒性不强，对土壤要求不严。

繁殖与栽培：扦插繁殖。常于春末秋初用当年生的枝条进行嫩枝扦插，或于早春用去年生的枝条进行老枝扦插。在冬季植株进入休眠或半休眠期，注意结合修剪把病虫、枯死、过密等枝条剪掉，也可结合扦插对枝条进行整理。

观赏特征与园林应用：扶芳藤枝叶繁茂，叶片入秋红艳可爱，气生根发达，吸附能力强，适于美化假山、石壁、墙面、栅栏、老树干等，也是优良的地被和护坡植物。

10. 三角花（九重葛、毛宝巾、叶子花）*Bougainvillea spectabilis* Willd.（图3-2-128）

科属：紫茉莉科，叶子花属

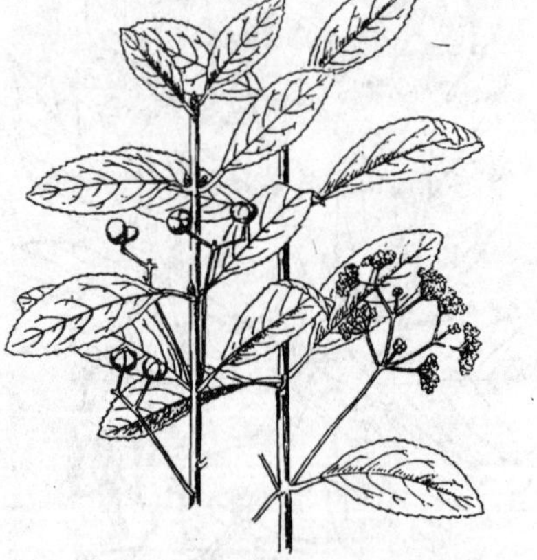

图3-2-127 扶芳藤

图3-2-128 三角花

识别要点：常绿攀缘状灌木，有枝刺，枝、叶密被毛。单叶互生，卵状或卵圆形，全缘。常3朵小花聚生于枝的中上部或顶端，下边的苞叶呈三角形。苞片有紫、红、橙、白等色。花期可从11月开始到来年6月。

分布与习性：原产巴西，中国各地均有栽培。喜光，喜温暖，不耐寒，不耐阴，不耐旱。

对土壤要求不严。

繁殖与栽培：多采用扦插、高压和嫁接法繁殖。扦插以3～6月为宜，高压繁殖约一个月生根，移栽以春季最佳。生长期要摘心，促使花芽分化和萌发侧枝。温带盆栽最适温度为15～30 ℃。勿施浓肥或生肥（未经充分腐熟的有机肥）以防止伤根，寒冬需将其移到室内，否则会使其冻伤。

观赏特征与园林应用：三角花花期繁花似锦，十分美丽。园林品种很多，可用于花架、花柱、绿廊、拱门和墙面的装饰等。南方宜庭园种植或作绿篱及修剪造型，老株可制作树桩盆景，长江流域及其以北温室栽培。

五、观赏竹类的识别

竹属于单子叶植物纲，禾本科，竹亚科。我国竹类植物资源丰富，种类繁多。竹类植物形态特殊，非草非木，绝大多数竹子具有丛生、中空、带节的茎、细长的叶。有的植株高达30 m，如巨龙竹；有的植株矮小仅1 m，如倭竹。很多不同形态的种或品种被广泛应用于观赏和园林绿化；竹子还有其独特的文化内涵，如常青、刚毅、坚贞、挺拔、清幽等，用于园林及庭园栽培以陶冶情操，鼓舞精神。

（一）观赏竹类植物形态特征观察

竹子全株分为：地下茎、根、芽（笋）、枝、叶、竹箨、花、果实。地下茎为根状茎，横卧土壤中，其上具有节，节上有芽和根。竹子的地上茎称为竹秆，一般为圆形，木质，中空有节，节由箨环和秆环组成。节上生长的芽发育成竹枝，竹叶着生于枝节上，每节长一叶，交错排列成两行；叶分叶鞘、叶柄、叶片、叶舌、叶耳。竹箨着生于箨环上，由箨叶、箨舌、箨耳、箨鞘组成。竹子的花以小穗为单位，每一小穗由若干小花组成。每一小花有内、外稃各一枚，花由鳞被、雄蕊、雌蕊构成；果实有颖果、坚果、浆果、囊果四种类型，多数为颖果。

（二）常见观赏竹的识别

1. 毛竹（茅竹、楠竹） *Phyllostachys heterocycla* (Carr.) Mitford (*P. pubescens* Mazel)（图3-2-129）

科属：禾本科，刚竹属

识别要点：常绿乔木状竹类，秆散生，基部节间短，中间节部长达40 cm。秆环不隆起，笋箨有毛。枝叶2列状排列，每小枝2～3片叶，叶较小，披针形，长4～11 cm。秆箨厚革质，密被糙毛和深褐色斑点、斑块。一年出笋两次，笋期3月底至5月初。

分布与习性：原产中国，分布于秦岭、汉水流域至长江以南海拔400～800 m的丘陵、低山山麓地带。喜温暖湿润，对土壤的要求也高于一般树种，既需要充裕的水湿条件，又不耐积水淹浸。

繁殖与栽培：多用分株和播种方法繁殖。毛竹苗怕涝、怕旱、怕冻，容易发生病虫害。要选择深厚、肥沃、湿润、排水良好的壤土作圃地，细致整地做床。播前，用0.3%的高锰酸钾浸种消毒2～4 h后即可播种。条播、撒播、穴播均可。

观赏特征与园林应用：毛竹四季常青，竹秆挺拔秀伟，和松、梅并列为“岁寒三友”。常植于庭园曲径、池畔、溪涧、山坡、石迹、天井、景门，以及室内盆栽观赏，宜大面积种植。

2. 刚竹(光竹、台竹、胖竹)　*Phyllostachys viridis* (Young) McClure(图 3-2-130)

科属:禾本科,刚竹属

识别要点:乔木状竹类,秆散生,秆高达 15 m, 径 8~10 cm,淡绿色。全秆各节箨环均突起,新竹无毛,微被白粉;老竹仅节下有白粉环。节间具猪皮状皮孔区,秆箨密布褐色斑点或斑块。箨叶绿色,常有橘红色边带。每小枝 2~6 片叶,叶披针形,长 6~7 cm。笋期 5~7 月。

分布与习性:原产中国,黄河、长江流域及福建均有分布。喜光,稍耐阴,耐寒性较强。喜肥沃、深厚、排水良好土壤。

繁殖与栽培:移植母株或播种繁殖。从秋后到初春移植 2~3 年生母株。新竹林要搞好排水、除草、施肥工作。竹苗注意立枯病和笋腐病的防治,成苗注意茎腐病、竹竿锈病的防治。

观赏特征与园林应用:刚竹秆高挺秀,枝叶青翠,是长江下游各省区重要的观赏和用材竹种之一。可配植于建筑物前后、山坡、水池边、草坪一角,或配植松、梅,形成"岁寒三友"之景。

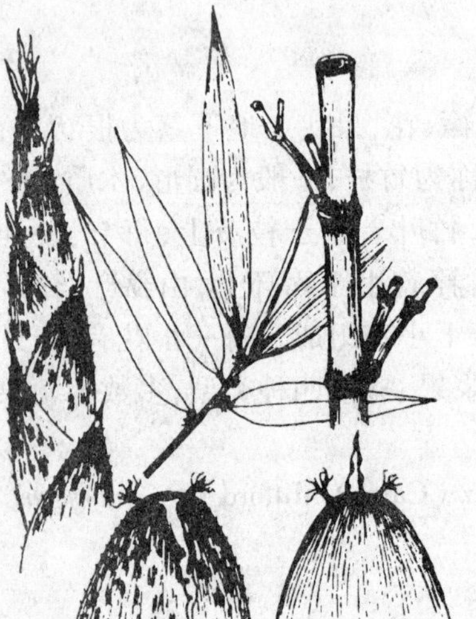

图 3-2-129　毛竹

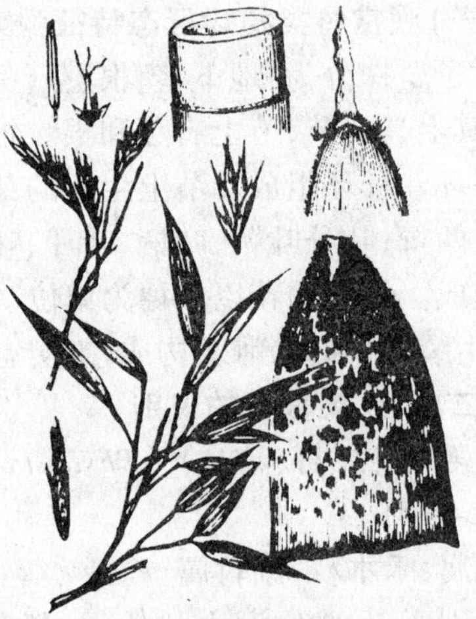

图 3-2-130　刚竹

3. 淡竹(粉绿竹)　*Phyllostachys glauca* McClure (图 3-2-131)

科属:禾本科,刚竹属

识别要点:乔木状竹类,中型竹秆高 5~15 m,直径 2~5 cm。新秆蓝绿色,密被白粉;老秆绿色或黄绿色,节下有白粉环。秆环及箨环均稍隆起,箨鞘淡红褐色或淡绿色,有紫褐色斑点,无箨耳及隧毛。箨舌紫色;箨叶带状披针形,绿色。每小枝 2~3 片叶,叶片披针形。叶背基部有细毛,叶舌紫色。笋期 4 月中旬至 5 月下旬。

分布与习性:分布于黄河流域至长江流域间以及陕西秦岭等地。耐寒、耐旱,适应性较强。常见于平原地、低山坡地及河滩上。

繁殖与栽培:分株繁殖。移植选 2~3 年生母株,栽竹较母株深 1~2 cm。成活后做好日常管理工作。

观赏特征与园林应用:淡竹竹林姿态婀娜多姿,竹笋光洁如玉,适于大面积片植,也可制作小品。

4. 桂竹(刚竹、五月季竹、麦黄竹) *Phyllostachys bambusoides* Sieb. et Zucc.(图3-2-132)

科属:禾本科,刚竹属

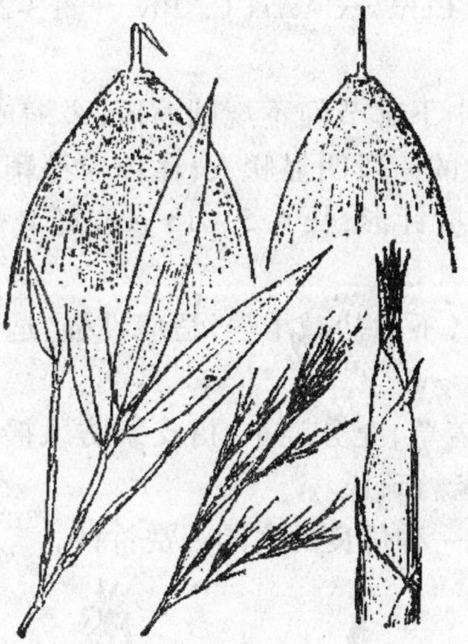

图3-2-131 淡竹

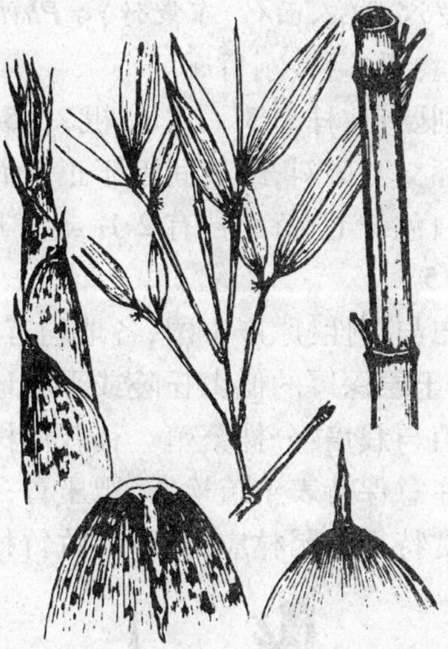

图3-2-132 桂竹

识别要点:乔木状竹类,秆高可达20 m,粗达15 cm。新秆绿色或深绿色,秆环、箨环均隆起。箨鞘革质,背面黄褐色,密生紫褐色斑块与小斑点和脉纹,疏生少量刺毛;箨耳小镰形或倒卵状;箨舌拱形,淡褐色或带绿色,边缘生较长或较短的纤毛;箨片带状,中间绿色,两侧紫色,边缘黄色,平直或微皱,外翻。每小枝具2~4片叶,带状披针形,长7~15 cm,有叶耳和长肩毛。笋期5月下旬。

分布与习性:原产中国,分布于黄河流域及其以南各地。较耐寒,适应性较强,喜深厚肥沃土壤。

繁殖与栽培:播种、分株、埋鞭等方法繁殖。因秆大株高,笋期晚,当年生竹易受风雪压折,应注意预防。

观赏特征与园林应用:桂竹枝秆挺拔、修长,四季青翠,常栽于庭园、池畔水边、山石之间,形成竹园。

5. 紫竹(黑竹、乌竹) *Phyllostachys nigra* (Lodd.) Munro(图3-2-133)

科属:禾本科,刚竹属

识别要点:乔木状小型竹,秆高4~8 m,直径可达5 cm。幼秆绿色,老秆紫黑色;新秆、箨环、箨鞘均被较密刚毛;箨耳长圆形至镰形,紫黑色;箨舌长而强烈隆起;每小枝具2~3片叶,质薄,长7~10 cm。笋期4~5月。

分布与习性:原产中国,分布于华北及长江流域至西南各地。抗寒,耐阴,耐水湿,适应性强,对土壤要求不严,以疏松肥沃微酸性土壤为好。

繁殖与栽培:分株繁殖。紫竹易发笋,移植母竹或埋鞭根繁殖。母竹以2~3年生、秆形较矮小、生长健壮者为佳。挖母竹时，应留鞭根约 1 m，并带宿土，除去秆梢，留分枝 5 ~ 6 盘，以利成活。埋鞭繁殖，应选生长良好的鞭根 1.5 m 左右、笋芽饱满、2 ~ 3 年生者，于早春 2 月间栽植为宜。

观赏特征与园林应用：紫竹竹秆紫黑色，柔和发亮，隐于绿叶之下，甚为绮丽。宜种植于庭园山石之间或书斋、厅堂、小径、池水旁，也可栽于盆中。

6. 罗汉竹（人面竹、布袋竹） *Phyllostachys aurea* Carr. ex A. et C. Riv.（图 3-2-134）

科属：禾本科，刚竹属

识别要点：秆高 5 ~ 12 m，粗 2 ~ 5 cm。部分秆中下部节间不规则缩短，缢缩或肿胀，或其节环交互倾斜，或节间近于正常而节下约 1 cm 的一段明显膨大；箨环与箨鞘基部均有一圈白色纤毛；每小枝有 2 片或 3 片叶。叶狭长披针形，长 6.5 ~ 13 cm，宽 1 ~ 2 cm。笋期 4 ~ 5 月。

分布与习性：原产中国，各地均有栽培。较耐寒，不耐盐碱干旱；适应性强，适生于温暖湿润、土层深厚的低山丘陵或平原地区。

繁殖与栽培：分株繁殖。移栽母株时注意覆土盖草，充分浇水，搭支架防风摇。庭园栽培时注意保持表土疏松，施肥压青；过密时，选择老竹疏伐。

观赏特征与园林应用：罗汉竹竹秆畸形多姿，是一种优良的庭园观赏竹种。

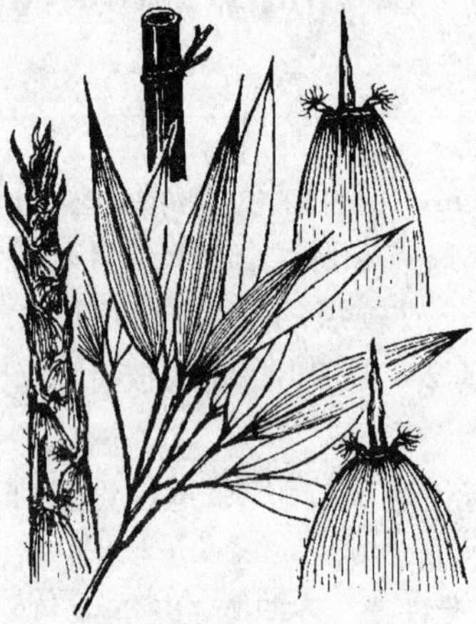

图 3-2-133　紫竹

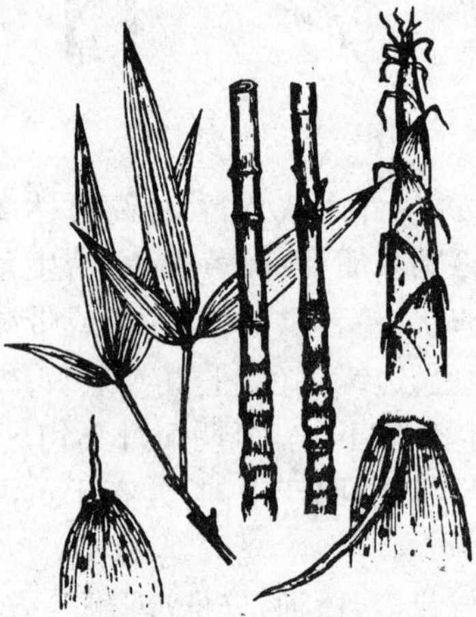

图 3-2-134　罗汉竹

7. 方竹　*Chimonobambusa quadrangularis*（Fenzi）Makino（图 3-2-135）

科属：禾本科，方竹属

识别要点：秆散生，高 3 ~ 8 m，径 1 ~ 4 cm。秆深绿色，节间呈钝圆的四棱形，向上逐渐变圆，基部数节有刺状气根一圈；上部每节具 3 分枝，秆环基隆起；小枝近实心。小枝着叶 3 ~ 5 片，叶片薄纸质，长椭圆状披针形。笋期主要在秋季。

分布与习性：中国特产，分布于华东、华南地区。日本也有分布。喜光，喜温暖湿润气候。适生于土质疏松肥厚、排水良好的沙壤土，低丘及平原均可栽培。

繁殖与栽培：移栽母株或鞭根埋植法繁殖。庭园栽植宜选墙隅、屋旁空地，数株丛植并注意浇水培土。冬季可施腐熟厩肥、土杂肥。

观赏特征与园林应用：方竹竹秆下方上圆，别具风韵，为庭园常见观赏竹种。可植于窗前、花台中、假山旁。

8. 粉单竹　*Bambusa chungii* McClure（图3-2-136）

科属：禾本科，单竹属

识别要点：秆丛生，高3～10 m，径5～8 cm。秆圆筒形，壁薄，顶端下垂甚长；箨鞘坚硬，鲜时绿黄色，被白粉，背面遍生淡色细短毛；箨落后箨环上有一圈较宽的木栓质环；箨耳长而狭窄；箨叶反转，卵状披针形，近基部有刺毛。每小枝有4～8片叶，叶片线状披针形，长达20 cm。笋期5～10月。

图3-2-135　方竹

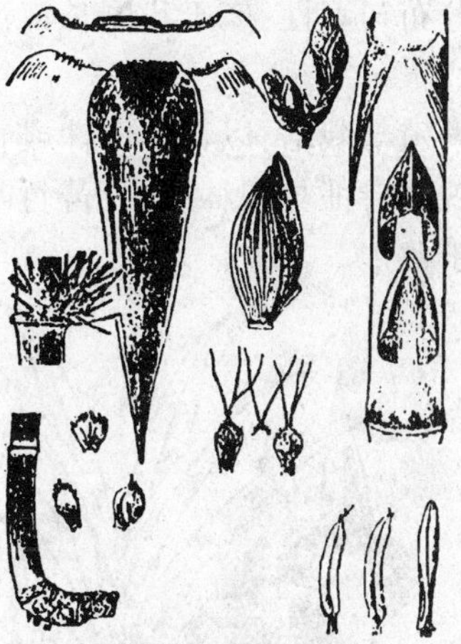

图3-2-136　粉单竹

分布与习性：中国南方特产，华南地区多植于园林绿地。喜温暖湿润，适应性强，生长快，酸性土、石灰质土壤均可种植。

繁殖与栽培：移鞭栽植、移竹造林。栽植时间以2～3月为宜，株行距2 m×3 m（也可以三角形定点），穴为长方形（1 m×0.5 m×0.5 m）；栽植时母竹轻拿轻放，蔸土密接。

观赏特征与园林应用：粉单竹竹冠略呈半圆形，竹秆通直，光滑，叶色秀丽，四季葱绿，秆和新叶具较多银白色蜡粉，是主要观赏竹类，可植于园林的山坡、院落或道路、立交桥边。

9. 慈竹（钓鱼竹、钓鱼慈）　*Neosinocalamus affinis*（Rendle）Keng f.（图3-2-137）

科属：禾本科，慈竹属

识别要点：乔木型竹类，丛生，秆高5～10 m，径3～6 cm。壁薄，顶端细长弧垂；每节具多数分枝，主枝较侧枝粗而长，节间长达60 cm，贴生长2 mm的灰褐色脱落性小刺毛；箨环明显，在秆基数节有时在其上下方均贴生有宽5～8 mm的银白色绒毛环。箨鞘革质，背部密集贴生棕黑色刺毛，先端稍呈山字形；箨耳不明显，狭小，呈皱折状；箨叶外翻，披针形，先端渐尖。笋期6～9月。

分布与习性：产于我国西南及华中地区，云南、四川尤为常见。喜光，喜温暖湿润。适生于土质疏松肥厚、排水良好的沙壤土，低丘及平原均可栽培。

繁殖与栽培：一般采用母竹移竹法。宜在江河湖岸栽植。

观赏特征与园林应用：慈竹枝叶秀丽，丛生，宜种植于庭园山石之间或书斋、厅堂、小径、池水旁，也可栽于盆中，置窗前、几上，别有一番情趣。

10. 苦竹　*Pleioblastus amarus*(Keng) Keng f.（图 3-2-138）

科属：禾本科，苦竹属

识别要点：地下茎横走，散生竹；秆高 3～5 m，粗 1.5～2 cm。直立，幼秆淡绿色，具白粉，老后渐转绿黄色，被灰白色粉斑；秆环、箨环均隆起，箨环留有箨鞘基部木栓质的残留物；每节具 5～7 枝，无明显主枝，直立或斜举；箨鞘无斑点或有时具紫色小斑点，有淡棕色刺毛。叶条状披针形。笋期 4～5 月。

分布与习性：产于我国长江流域及西南地区。适应性强，较耐寒，喜肥沃、湿润的沙质土壤。

繁殖与栽培：以移植母株或竹鞭繁殖为主，也可埋蔸、埋秆、埋节繁殖。

观赏特征与园林应用：苦竹叶色秀丽，竹秆通直、光滑，可植于厅堂、小径、池水旁，也可栽于盆中。

图 3-2-137　慈竹

图 3-2-138　苦竹

11. 箬竹　*Indocalamus tessellatus* (Munro) Keng f.（图 3-2-139）

科属：禾本科，箬竹属

识别要点：矮生灌木竹类，秆高约 0.75 m，直径 4～5 mm。节间长约 25 cm，每节 1(2)分枝。秆箨宿存，长 20～25 cm，背部无毛，仅边缘下部具纤毛，箨舌弧形。叶片巨大，宽披针形或长圆状披针形，长达 45 cm 以上，宽 10 cm 以上，次脉 15～18 对。笋期 4～5 月。

分布与习性：产于长江流域，生于低丘山坡。属阳性竹类，喜温暖湿润，较耐寒，适宜生长于疏松、排水良好的酸性土壤。

繁殖与栽培：分株繁殖。春秋两季采用成丛挖取母竹进行分株。新笋发生后注意保护，防止损伤；栽种的深度一般在 20～25 cm。根据竹鞭长度，挖成长条穴，埋入竹鞭，覆土后踏实，浇足水。

观赏特征与园林应用：箬竹叶大宽翠绿，适宜于林缘、山崖、园路石阶两旁群植。

图 3-2-139　箬竹

12. 佛肚竹（佛竹、密节竹）　*Bambusa ventricosa* McClure（图 3-2-140）

科属：禾本科，佛肚竹属

识别要点：丛生竹，灌木状。秆二型：正常秆高 8～10 m，直径 3～5 cm，节间圆柱形，长 30～35 cm；另一种是畸形秆，通常高不足 60 cm，径 1～2 cm，节间长 2～5 cm，中下部节间膨大如花瓶。箨鞘光滑无毛，箨耳发达，箨舌极短。分枝 1～3，小枝具 7～13 片叶，叶条状披针形，背面具微毛。

分布与习性：原产于广东，现我国南方各地以及亚洲的马来西亚和美洲均有引种栽培。喜光，喜温暖、湿润，不耐寒。宜在肥沃、疏松、湿润、排水良好的沙质壤土上生长。

繁殖与栽培：分株繁殖。北方只能在大盆或种植槽内栽植。露地栽培要施有机肥，以促进生长。佛肚竹应在每年 2 月进行换土和分株种植。选用微酸性的土质，以疏松腐叶土和肥沃的矿质土混合使用为好。换土时要把旧土和老根除去一部分，才易长出新根。

观赏特征与园林应用：佛肚竹秆形奇特，状如佛肚，姿态秀丽，四季翠绿。华南常植于庭园或盆栽观赏。

13. 孝顺竹（凤凰竹、蓬莱竹）　*Bambusa glaucescens*（Will.）Sieb. ex Munro（图 3-2-141）

科属：禾本科，孝顺竹属

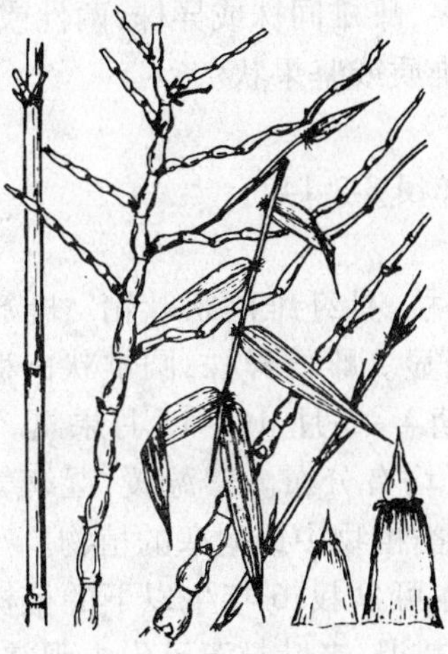

图 3-2-140　佛肚竹

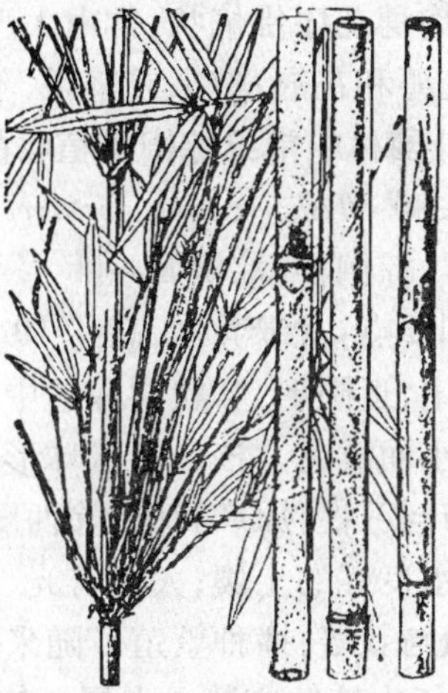

图 3-2-141　孝顺竹

识别要点：灌木型丛生竹，秆高 2～7 m，径 1～3 cm。秆绿色，后变黄；无刺，近实心；枝秆稠密，纤细而不弯。每小枝上有叶 5～9 片，排成二列状；叶条状披针形，质薄，表面深绿色，背面粉白色。笋期 4～6 月。

常见栽培变种及品种：

(1)花秆孝顺竹'Alphonse Karr':竹秆金黄色,节间有绿色纵条纹。长江以南各地庭园常见栽培。

(2)观音竹(实心凤尾竹)var. *riviereorum* Maire:秆紧密丛生,实心;每小枝具叶 13 ~ 23 片,羽状二列。产于我国东南部,常植于庭园观赏。

另外,还有非白孝顺竹、条纹孝顺竹、凤尾竹等。

分布与习性:原产中国、东南亚及日本,分布于我国东南部至西南部。喜光,稍耐阴,喜温暖、湿润、土层深厚、排水良好的壤土。

繁殖与栽培:以移栽母株(分蔸栽植)为主。3 月连蔸带土 3 ~ 5 株成丛挖掘栽植,母株留枝 2 ~ 3 盘,其余截去;也可只栽竹蔸。

观赏特征与园林应用:孝顺竹枝叶清秀,姿态潇洒,可丛植于池边水畔,对植于路旁、桥头、入口,或列植于道路两侧。

六、棕榈类植物的识别

棕榈类是指棕榈科中具有观赏价值的植物类群。棕榈科属于单子叶植物纲,棕榈科植物一般掌状叶子的叫棕、榈或葵,羽状叶子的叫椰子,是热带景观的象征,多为常绿乔木或灌木,具有婀娜多姿的树型、健壮通直的树干、优雅洒脱的叶片,不仅大量用于适生区的园林绿化,还通过盆栽更广泛地用于室内装饰与季节性的室外点缀。

(一)棕榈类植物主要形态特征观察

棕榈科植物多为常绿树种,乔木、灌木或藤本,茎单生或丛生,树干多不分枝。叶大型,掌状或羽状分裂,常聚生于树干的顶端,螺旋状排列,叶鞘常具网状纤维(棕衣),有时具利刺;肉穗花序佛焰状,常由大型苞片紧包被;花小而多,雌雄同株或异株,两性或单性;花被具花萼和花冠;核果或浆果,不开裂,肉质,具核,纤维质或坚果状。

(二)园林中常见棕榈类植物的识别

1. 棕榈 *Trachycarpus fortunei* (Hook.) H. Wendl. (图 3-2-142)

科属:棕榈科,棕榈属

识别要点:常绿乔木,高达 10 m。树干圆柱形,不分枝,具纤维网状叶鞘。叶簇生干顶,形如扇,近圆形,掌状裂深达中下部;叶柄两侧细齿明显。雌雄异株,圆锥状肉穗花序腋生,花小而黄色。核果肾状球形,蓝褐色,被白粉。花期 4 ~ 5 月,10 ~ 11 月果熟。

分布与习性:原产我国,除西藏外我国秦岭以南地区均有分布。喜温暖、湿润气候及肥沃、排水良好的土壤;大树喜光,小树喜阴;本种是棕榈类植物中最耐寒的植物。

繁殖与栽培:播种繁殖。随采随播效果好。在北方亦可盆栽,6 年生以下的植株可盆栽,8 ~ 9 年生植株应栽入木桶。20 年生以上生长势大大减退,老叶枯黄已失去观赏价值,应予淘汰。棕榈栽植五要点:选择壮苗;起好土球;剪除 1/2 ~ 1/3 叶片,浅栽;注意栽后保湿防晒;土壤通气、排水良好。

观赏特征与园林应用:棕榈树势挺拔,叶色葱茏,叶姿优雅。可对植、列植、孤植、群植于庭园、路边及花坛之中,小型种可盆栽。

2. 棕竹(筋头竹、观音竹) *Rhapis excelsa* (Thunb.) Henry ex Rehd. (图 3-2-143)

科属:棕榈科,棕竹属

图 3-2-142　棕榈

图 3-2-143　棕竹

识别要点：常绿丛生灌木，茎干直立，高 1 ~ 3 m。茎纤细如手指，不分枝，有叶节，包以有褐色网状纤维的叶鞘。叶集生茎顶，掌状，3 ~ 12 枚片深裂。肉穗花序腋生，花小，淡黄色，极多，单性，雌雄异株。浆果，球形，种子球形。花期 4 ~ 5 月。

分布与习性：原产我国广东、云南等地，日本也有分布。栽培的有大叶、中叶和细叶棕竹之分（另外还有花叶棕竹）。喜温暖潮湿、半阴及通风良好的环境，畏烈日，稍耐寒。

繁殖与栽培：采用分株或播种繁殖。我国南方可露地栽培，北方盆栽。

观赏特征与园林应用：姿态秀雅，翠杆亭立，叶盖如伞，四季常青。丛植、列植均可，也可盆栽或制作盆景，供室内装饰。

3. 蒲葵（扇叶葵、葵树）　*Livistona chinensis*（Jacq.）R. Br.（图 3-2-144）

科属：棕榈科，蒲葵属

识别要点：常绿乔木，高 10 ~ 20 m，茎不分枝。外形似棕榈，主要不同是叶裂较浅，裂片先端 2 裂并柔软下垂，叶柄两边有倒刺。肉穗花序，多分枝而疏散；雌雄异株，花小，两性，黄色。核果橄榄形，成熟后黑褐色，外被蜡质。花期 5 ~ 7 月，果期 8 ~ 11 月。

分布与习性：产于福建、广东、海南、广西、云南等省区；东南亚各国也有分布。喜光，耐半阴，不耐寒，不耐旱，喜温暖湿润及肥沃、疏松、排水良好土壤。

繁殖与栽培：采用播种繁殖。产地多于秋冬播种，偏北地区可春播。种子先沙藏层积催芽，挑选幼芽刚突破种皮的种子点播于苗床。苗期充分浇水，避免阳光直射，苗长出 5 ~ 7片大叶时可出圃定植和盆栽。盆栽可用腐殖培养土作盆土，每 2 ~ 3 年翻盆换土一次，10 年生以上的植株可用木桶栽植。

观赏特征与园林应用：蒲葵树形优美，可作行道树、庭荫树和风景树。寒冷地区可盆栽，供室内装饰。叶片可制蒲扇。

4. 散尾葵　*Chrysalidocarpus lutescens* H. Wendl.（图 3-2-145）

科属：棕榈科，散尾葵属

识别要点：常绿丛生灌木，高达 7 ~ 8 m。茎干如竹，光滑，黄绿色，无毛刺，嫩时披蜡粉，上有明显叶痕，呈环纹状。羽状复叶，小叶条状披针形，左右两侧不对称；叶柄、叶轴、叶鞘均黄绿色;叶鞘圆筒形,光滑,包茎。肉穗花序圆锥状,生于叶鞘下,多分支;花小,金黄色。果近圆形,长 1.2 cm,宽 1.1 cm,橙黄色。种子卵形至椭圆形。花期 3 ~4 月。

分布与习性:原产非洲,世界各热带地区多有栽培。性喜温暖湿润、半阴且通风良好的环境,怕寒冷、怕强光暴晒;对土壤要求不严,但以疏松、肥沃、富含腐殖质的土壤为宜。

繁殖与栽培:播种繁殖和分株繁殖。多用分株,春季结合换盆进行,选分蘖多的植株分株。作为切叶栽培的散尾葵,连续采叶 2 年后,须对植株进行全面复壮及必要的设备维护。

观赏特征与园林应用:散尾葵姿态优美,华南庭园栽植观赏,北方地区主要用于室内盆栽。

图 3-2-144　蒲葵

图 3-2-145　散尾葵

5. 鱼尾葵　*Caryota ochlandra* Hance (图 3-2-146)

科属:棕榈科,鱼尾葵属

识别要点:常绿乔木,高可达 20 m。单干直立,有环状叶痕。二回羽状复叶,大而粗壮,先端下垂,羽片厚而硬,形似鱼尾。花序长达约 3 m,多分枝,悬垂;花 3 朵聚生,黄色。果球形,成熟后淡红色。花期 7 月。

分布与习性:原产亚洲热带、亚热带及大洋洲,我国华南有分布。喜疏松、肥沃、富含腐殖质的中性土壤,不耐盐碱,不耐干旱,也不耐水涝。

繁殖与栽培:播种繁殖。盆栽用土为草炭土、园土、沙各 1/3 混合,生长季节大量浇水,春秋每月施肥一次,夏季需遮阴避免强光直晒。盆栽可用园土和腐叶土等量混合作为基质。一般每 1 ~2 年换盆一次,换盆时去掉部分旧土,剪去部分老根,用新培土重新种植,并且添加少量腐熟有机肥。

观赏特征与园林应用:鱼尾葵植株挺拔,叶形奇特,姿态潇洒,富热带情调,可盆栽布置会堂、大客厅等场合,也可用作行道树及园林布景。

6. 软叶刺葵(江边刺葵)　*Phoenix roebelenii* O. Brien (图 3-2-147)

科属:棕榈科 ,刺葵属

识别要点: 常绿灌木,单干或丛生,高 1 ~3 m,具宿存的三角状叶柄基部。叶羽状全裂,长 1 ~2 m,常拱垂;羽片线形,较柔软,长 20 ~30 cm,呈 2 列排列,下部羽片变成细长软刺。肉穗花序,雌雄异株。果实长圆形,成熟时枣红色,果肉薄而有枣味。花期 4 ~5

月，果期6～9月。

图3-2-146　**鱼尾葵**

图3-2-147　**软叶刺葵**

分布与习性：产于我国云南，缅甸、越南、印度也有分布，广东、广西等省区均有引种栽培。喜阳、喜光，耐阴，不耐寒；喜疏松、肥沃土壤。

繁殖与栽培：播种繁殖。春夏移栽，小苗带宿土，大苗带土球。

观赏特征与园林应用：树形美丽，可用于广州等地庭园及道路绿化，也可盆栽供室内观赏。

7. 椰子　*Cocos nucifera* L.（图3-2-148）

科属：棕榈科，椰子属

识别要点：常绿乔木，高15～30 m，茎有环状叶痕。叶集生于顶端，羽状全裂，长3～4 m；裂片线状披针形，长65～100 cm或更长，顶端渐尖；叶柄粗壮。花单性同株，花序腋生。核果卵球状或近球形，长15～25 cm。花果期主要在秋季。

分布与习性：产于热带岛屿及海岸，我国华南有栽培，海南最多。喜光，在高温、湿润、阳光充足的海边生长发育良好。根系发达，抗风能力强。

繁殖与栽培：播种繁殖。海南普遍采用预备苗圃催芽法。耕深15～20 cm，开沟，宽度比果稍宽，将种果一个接一个地斜靠沟底成45°角，埋土至果实的1/2～2/3。当芽长10～15 cm时，移栽到有适度荫蔽的苗圃中，注意浇水、排水、除草和施肥。一般一年左右，苗高约1 m便可出圃定植。

观赏特征与园林应用：椰子树形优美，苍翠挺拔，是优美的风景树及海岸防护林树种。可作行道树，孤植、丛植、片植均可，组成热带风光。

8. 枣椰子（伊拉克蜜枣、海枣）　*Phoenix dactylifera* L.（图3-2-149）

科属：棕榈科，刺葵属

识别要点：常绿乔木，高达35 m。羽状复叶，长达3～4 m；小叶线状披针形，硬直，有白粉，长30～40 cm，基部内折；基部小叶成针刺状。密集的圆锥花序，花单性异株。果实椭球形，成熟时深橙黄色。花期3～4月，果期9～10月。

分布与习性：原产于西亚和北非。华南、滇南有栽培。喜光，不耐阴，喜温暖、湿润气候，对土壤要求不严，以肥沃、排水良好的壤土为佳。

繁殖与栽培：播种繁殖。移植要带完整土球。我国热带及亚热带地区可露地栽培。

图 3-2-148　椰子

图 3-2-149　枣椰子

观赏特征与园林应用：枣椰子植株高大，树形美观，适宜孤植，也可列植于湖畔、池边、路边等处作行道树，或群植在庭园、公园等绿地，尤其适于海滨造园或温室盆栽观赏。

9. 假槟榔（亚历山大椰子）　*Archontophoenix alexandrae*（F. Muell.）H. Wendl. et Drude（图 3-2-150）

科属：棕榈科，假槟榔属

识别要点：常绿乔木，高达 10～25 m，茎粗约 15 cm，圆柱状，基部略膨大。叶羽状全裂，生于茎顶，长 2～3 m，羽片呈 2 列排列，线状披针形，先端渐尖，全缘或有缺刻；叶鞘筒状包干，绿色光滑。花单性，雌雄同株，白色。果实卵球形，红色。花期 4 月，果期 4～7 月。

分布与习性：原产澳大利亚；我国热带、亚热带地区有栽培。喜光，喜高温多湿气候，不耐寒。

繁殖与栽培：播种繁殖。可粗放管理，移栽易活。

观赏特征与园林应用：树干通直高大，叶片垂枝碧绿，果实红色美丽，是优美热带风景树之一。华南常作庭园风景树或行道树。

10. 王棕（大王椰子）　*Roystonea regia*（Kunth）O. F. Cook（图 3-2-151）

科属：棕榈科，王棕属

识别要点：常绿乔木，高 10～20 m。干灰色，光滑，幼时基部膨大，老时近中部不规则地膨大，向上部渐狭。叶羽状全裂聚生干端，弓形并常下垂，长 4～5 m，叶轴每侧的羽片多达 250 片，呈 4 列排列，线状披针形，渐尖；叶鞘包干，绿色光滑。圆锥花序多分枝，初时斜举，开花结果后下垂；花小，雌雄同株。果实近球形，熟时红色至淡紫色。花期 3～4 月，果期 10 月。

分布与习性：原产古巴及巴拿马，现广植于热带地区。喜高温高湿，阳光充足。

繁殖与栽培：播种繁殖。管理粗放；用大苗、大树需带土球移栽时，需提前 3～4 个月作“断根”处理。

观赏特征与园林应用：王棕树形优美，在我国南部广泛作行道树和庭园绿化树种。

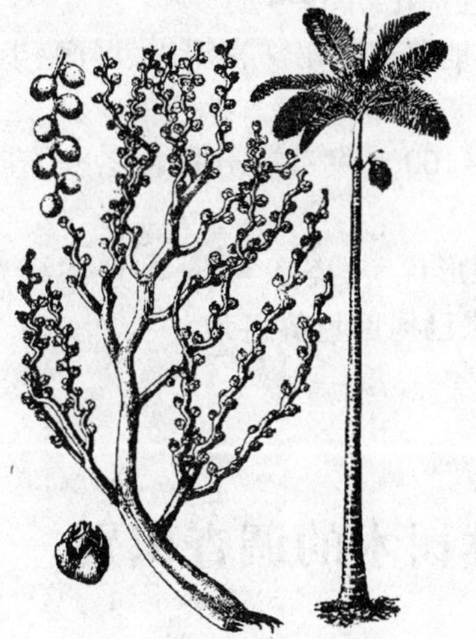

图 3-2-150　假槟榔

图 3-2-151　王棕

11. 酒瓶椰子　*Hyophore lagenicaulis* H. E. Moore（图 3-2-152）

科属：棕榈科，酒瓶椰子属

识别要点：单干，高可达 3 m，上部细，基部肥似酒瓶，最大茎粗 38～60 cm。羽状复叶，小叶披针形，40～60 对，叶鞘圆筒形。肉穗花序多分枝，油绿色。浆果椭圆，熟时黑褐色。

分布与习性：原产毛里求斯，华南有引种栽培。我国多分布于海南。喜高温、湿润、阳光充足，耐贫瘠，不耐寒；在排水良好的沙质壤土上生长最佳。

繁殖与栽培：播种繁殖。春夏带土球移栽，冬季注意防寒。可盆栽。

观赏特征与园林应用：干茎膨大奇特，叶形株姿别致优美。可盆栽用于装饰宾馆和大型商场，也可孤植于草坪或庭园之中。

12. 袖珍椰子　*Chamaedorea elegans* Mart.（图 3-2-153）

科属：棕榈科，袖珍椰子属

图 3-2-152　酒瓶椰子

图 3-2-153　袖珍椰子

识别要点：常绿小灌木，高 1.8 m，茎干细长直立，不分枝。叶片由茎顶部生出，羽状复叶，全裂，裂片宽披针形，羽状小叶 20 ~ 40 枚，镰刀状，深绿色，有光泽。肉穗状花序腋生，雌雄异株，花黄色呈小珠状。小浆果球形，多橙红色。花期 3 ~ 4 月。

分布与习性：原产于墨西哥和危地马拉，现世界各地普遍栽培。喜温暖、湿润、半阴环境，喜肥沃、湿润、排水良好的土壤。

繁殖与栽培：播种或分株繁殖。5 ~ 8 月播种，90 ~ 100 d 发芽。分株在冬末、春初进行。

观赏特征与园林应用：袖珍椰子植株小巧玲珑，株形优美，姿态秀雅，叶色浓绿光亮，耐阴性强，是优良的室内中小型盆栽观叶植物。近年来已风靡世界各地。

【巩固训练】

实训二　本地常见阔叶类园林树木的调查识别

一、实训目的

正确识别本地常见阔叶类园林树木，进一步了解其习性，掌握其主要识别要点、观赏特征及园林用途。

二、实训材料

校园中及附近游园、公园绿地中的阔叶类园林树木。

三、实训内容

实地指认、观察阔叶类园林树木如白玉兰、马褂木、香樟、刺槐、乌桕、竹类、棕榈类等常见园林植物。

四、实训步骤

(1)生态环境的观察。

(2)植物习性的观察：首先观察是木本还是草本，如果是木本，需分清是乔木还是灌木，以及树皮颜色、开裂情况等。

(3)叶的观察：首先区分是单叶还是复叶，然后是叶序、叶色、叶形等观察。

(4)花和花序的观察。

(5)果实和种子的观察。

(6)对以上调查植物的观察结果，必须将重点记录于笔记本上。

(7)教师归纳总结，选取典型植物种类，对学生进行技能考核测试。

五、实训作业

将在校园、公园等绿地中调查的植物种类，列表整理出来，并注明它们各属于哪一科，主要观赏特征及园林用途。

六、实训考核

实训考核方式采用实操考评、素质考评、小组互评与自评等相结合。实训成绩包括：实操成绩占60%，素质考评成绩占20%，小组互评或自评成绩占20%。实操成绩由授课教师根据学生的技能测试成绩、实训报告的规范性、实习内容记录的准确性及全面性、任务完成情况等综合评定，素质考评由授课教师根据学生的表现、团队合作、观察是否认真等情况进行打分。

【思考与练习】

(1)阔叶类园林树木的主要形态特征是什么？

(2)举出当地常见的阔叶类常绿乔木5种，落叶乔木10种，简述其识别要点、观赏特征与园林用途。

(3)举出当地常见的阔叶类常绿灌木5种，落叶灌木10种，简述其识别要点、观赏特征与园林用途。

(4)举出当地园林中常见木质藤本植物5种，简述其识别要点、观赏特征与园林用途。

(5)举出当地常见的观赏竹类5种，简述其识别要点、观赏特征与园林用途。

(6)举出当地常见的棕榈类植物5种，简述其识别要点、观赏特征与园林用途。

任务三　常见草本园林植物的识别

学习目标

能力目标：能熟练识别常见的一、二年生花卉，宿根类、球根类、水生园林植物，兰花类园林植物，草坪、地被类园林植物，为从事花卉生产和植物景观配置和营造打下基础。

知识目标：掌握园林中常见的草本园林植物的识别要点、分布与习性、繁殖与栽培、观赏特征与园林应用。

【任务提出】 在花坛布置、室内装饰、水景绿化及道路、广场、庭园等各类园林绿地的绿化中，都会应用大量的草本植物，如矮牵牛、一串红、鸡冠花、百日草、菊花、芍药、睡莲、麦冬等。本任务就是认识实训基地、广场、公园、花卉市场等绿地中常见的草本园林植物种类，并了解其分布与习性、繁殖与栽培、观赏特征与园林应用。

【任务分析】 草本园林植物相对于乔木、灌木等木本植物而言，茎的木质化程度较低，而且植物株型相对比较矮小，多数种类花朵鲜艳、密集、突出，色彩丰富。其主要类型包括一二年生类、宿根类、球根类、水生类、兰花类、草坪地被类等。识别时，先明确其分类地位，在此基础上掌握其识别要点，了解其分布习性、栽培管理、观赏特征及园林用途等。

【任务实施】 准备当地常见草本园林植物图片及新鲜植物材料，教师首先引导学生认真观察分析，然后简要总结草本园林植物的特点，接着到实际绿地中结合具体的植物介绍观察的方法、步骤及内容，最后让学生分组到当地广场、公园等实际园林绿地中调查、识别。

一、一、二年生园林花卉的识别

(一)一、二年生花卉及主要特点的分析

一年生园林花卉是从播种到开花、结实、枯死均在一个生长季内完成。一般在春天播种、夏秋生长，开花结实，然后枯死，因此一年生花卉又称春播花卉　如凤仙花、鸡冠花、百日草、半支莲、万寿菊等。一年生花卉多数属阳性植物，喜光，喜温暖，不耐寒，遇霜枯死。大多数原产热带或亚热带。

二年生园林花卉是在当年只生长营养器官，越年后开花、结实、死亡，即在两个生长季内完成生命周期的花卉种类。一般秋天播种，次年春季开花。因此，这类花卉又称为秋播花卉。如五彩石竹、紫罗兰、羽衣甘蓝、瓜叶菊等。二年生花卉多为长日照花卉，耐寒，不耐高温，多原产于温带或寒冷地区。

由于各地气候及栽培条件不同，与一年生花卉常无明显的界限，园艺上常将二者通称为一、二年生花卉，或简称草花。

一、二年生花卉具有以下主要特性：种类繁多，品种丰富，育种较易；以种子繁殖为主，生长迅速，发育期短；植株健壮，株型较为矮小；花朵繁茂，开花期长；病虫害较少或易于防治；对环境条件要求不严，栽培技术简单。园林应用广泛，适用于花坛、花境布置，或作盆花、切花。

(二)园林中常见一、二年生花卉的识别

1. 雏菊(春菊、马兰头花、延命菊)　*Bellis perennis* L.(图 3-3-1)

科属：菊科，雏菊属

识别要点：多年生宿根草本，常作二年生栽培，株高 15 ~ 20 cm。叶基部簇生，匙形。头状花序单生于茎顶，直径 3 ~ 5 cm，舌状花条形，有红、白、蓝、粉、粉红、深红或紫色，筒状花黄色。每株可抽生多数花葶。花期暖地 2 ~ 3 月，寒地 4 ~ 5 月。

类型与品种：种类很多，有单瓣和重瓣，花型有蝶形、球形、扁球形，有大花、半重瓣品种及重花种，还有 10 cm 高的矮花品种及斑叶品种。

分布与习性：原产于西欧。喜冷凉湿润和阳光充足的环境，较耐寒，不耐炎热；喜全日照，也耐微阴；对土壤要求不严，不耐水湿。

繁殖与栽培：播种、分株繁殖。以播种繁殖为主，秋播也可春播。一般采用撒播法。播种后长出 2 ~ 3 片真叶时可移栽一次，5 片真叶时定植。定植株距 15 ~ 20 cm。播种后 15 ~ 20 周开花。喜水、喜肥，生长期间保证充足的水分供应，薄肥勤施，每周追肥一次。夏季花后，老株分株，加强肥水管理，秋季又可开花。花后种子陆续成熟，以 5 月采种为

宜,种子发芽力可保持3年。夏凉地区可用分株繁殖,对一些优良品种可采用分株法繁殖。

观赏特征与园林应用:雏菊植株矮小,花期较长,色彩丰富,优雅别致,是装饰花坛、花带、花境的重要材料,或装点岩石园、植于草地边缘,也可盆栽。

2. 翠菊(江西腊、七月菊、蓝菊)　*Callistephus chinensis* (L.) Nees (图3-3-2)

科属:菊科,翠菊属

图3-3-1　雏菊

图3-3-2　翠菊

识别要点:一年生草本,茎被白色糙毛,直立,粗状,上部多分枝。叶互生,广卵形至匙形。叶缘具不规则的粗锯齿。头状花序单生枝顶;舌状花常为紫色,心部管状花为黄色;栽培品种花色丰富,有白、黄、橙、红、紫、蓝等色,深浅不一,管状花黄色。亦有全部转变为舌状花而呈重瓣的类型。花期7~10月。

类型与品种:株型有直立型、半直立型、分枝型和散枝型等。株高有矮型(30 cm以下)、中型(30~50 cm)、高型(50 cm以上)。花型有平瓣类和卷瓣类,有单瓣型、芍药型、菊花型、放射型、托桂型、驼羽型等多个花型。花色分为绯红、桃红、橙红、粉红、浅粉、紫、墨紫、蓝、白、乳白、乳黄、浅黄等。

分布与习性:中国特产。原产中国东北、华北以及四川、云南各地。喜凉爽,不耐寒,忌酷热;喜阳光充足的环境;喜肥沃、湿润、排水良好的沙质土壤,忌涝。浅根性。

繁殖与栽培:播种繁殖,四季都可进行。种子发芽率随种子贮藏期延长而明显下降。可于3月温室播种或4月中旬露地直播,播种不宜过密。苗高10 cm即可定植,定植株距20~30 cm。露地栽培应保持土壤适当湿润,夏季干旱时需经常灌溉。喜肥,栽植地应施足基肥,生长期半月追肥一次。耐移植,能自播繁衍。忌连作。

观赏特征与园林应用:翠菊花期长,花色多样、鲜艳,是园林中重要花卉。高型品种主要用作切花,也可作背景花卉;中型品种适于花坛、花境,矮型品种可用于花坛或作边缘材料,亦可盆栽。

3. 百日草(百日菊、节节高、对叶菊)　*Zinnia elegans* Jacq. (图3-3-3)

科属:菊科,百日草属

识别要点：一年生草本，茎直立粗壮，上被短毛，表面粗糙，株高 40 ~ 120 cm。叶对生无柄，基部抱茎，卵圆形至长椭圆形，全缘。头状花序单生枝端；舌状花一至多轮，有白、绿、黄、粉、红、橙等色；管状花集中在花盘中央，黄橙色，边缘分裂。花期 6 ~ 9 月，果期 8 ~ 10 月。

类型与品种：栽培类型很多，有大花重瓣型，花径 12 cm 以上；纽扣型，花径 2 ~ 3 cm；鸵羽型，花瓣带状而扭旋；大丽花型，花瓣先端卷曲；斑纹型。依据高矮可分为高型（70 cm 以上），中型（30 ~ 70 cm），矮型（30 cm 以下），低矮型（15 cm 左右）。同属常见栽培品种有：

（1）小花百日草（*Z. angustifolia*）：株高 30 ~ 45 cm，叶椭圆形至披针形，头状花序深黄或橙黄色，花径 2.5 ~ 4.0 cm。分枝多，花多，易栽培。

（2）细叶百日草（*Z. linearis*）：株高约 25 cm，叶线状披针形。头状花序金黄色，舌状花边缘橙黄，花径约 5 cm。分枝多，花多。

分布与习性：原产墨西哥，现世界各地均有栽培。生长势强，喜温暖、不耐寒，喜光、忌暑热，较耐旱与干燥，也能耐半阴，不择土壤。

繁殖与栽培：以种子繁殖为主。宜春播，播种后应覆土、浇水、保湿，20 ~ 25 ℃约 1 周后发芽出苗。也可扦插繁殖，选嫩枝夏季进行，注意遮阴。真叶 2 ~ 3 片时移苗，4 ~ 5 片时摘心，晚霜过后定植露地。矮茎品种盆栽要反复摘心，促生侧枝，形成丰满丛株。追肥以磷钾肥为主，夏季注意防涝。栽培忌连作。

观赏特征与园林应用：百日草花色丰富，花期长，常用作花带、花境及花丛等。一些中型、矮性品种，也常用来栽植花坛或盆栽观赏。

4. 蛇目菊（小波斯菊、金钱菊、金钱梅）　*Coreopsis tinctoria* Nutt.（图 3-3-4）

科属：菊科，蛇目菊属

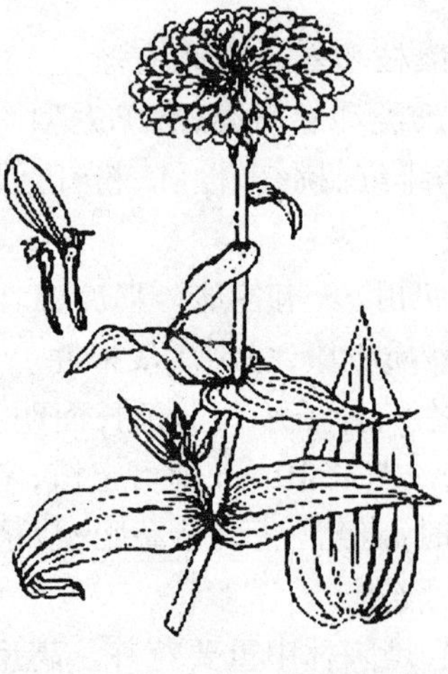

图 3-3-3　百日草

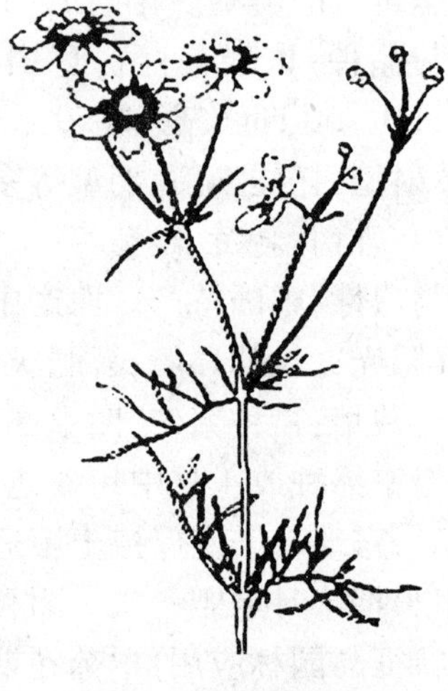

图 3-3-4　蛇目菊

识别要点：一年生草本，株高 60 ~ 80 cm。叶对生，基生叶 2 ~ 3 回羽状深裂至全裂，裂片线形或披针形。头状花序顶生，径 3 ~ 4 cm，具细长总柄，多数成疏松的伞房花序状，总苞片外列短于内列；舌状花单轮，花瓣 6 ~ 8 枚，黄色，基部红褐色，端具裂齿；管状花紫褐色。瘦果纺锤形。花期5～9月,果期8～10月。

分布与习性:原产北美洲中部及西部。性强健,喜凉爽,不耐霜冻,耐寒性强,不耐酷暑;喜阳光,耐半阴;不择土壤,耐干旱瘠薄,在排水良好、疏松土壤上生长良好。

繁殖与栽培:以播种繁殖为主,也可扦插繁殖。在北京一般春播或秋播,15～20 ℃播后1周发芽。幼苗极耐移植,高种定植株距40 cm,矮种定植株距20 cm。夏季嫩枝扦插。秋播在寒冷地区需移入冷床越冬。蛇目菊栽培容易,管理粗放。在养护管理中适当地控制水肥,促使植株矮化,花朵繁多艳丽,雨季要排涝。极易自播繁衍。

观赏特征与园林应用:茎叶亮绿,花朵玲珑,可自然丛植、切花、配植花坛和花境,作自然式地被。

5. 向日葵(太阳花、葵花、转日莲、观赏向日葵) *Helianthus* annuus L.(图3-3-5)

科属:菊科,向日葵属

识别要点:一年生高大草本,茎直立。单叶互生,心状卵形或卵圆形,有基出3脉,具粗锯齿,两面粗糙。总苞片多层,覆瓦状排列,被长硬毛。头状花序,单生于茎的顶端,俗称花盘。花盘上有两种花,即舌状花和管状花。舌状花1～3层,着生在花盘的四周边缘,为无性花,它的颜色和大小因品种而异;管状花,位于舌状花内侧,为两性花,花冠的颜色有黄、褐、暗紫色等。果实为瘦果,倒卵形或卵状长圆形,稍扁,灰色或黑色。花期7～9月,果期8～9月。

类型与品种:按花瓣颜色分,有黄色系列、红色系列、白色系列品种和多种复色的观赏向日葵品种;从植株高度来分,有20～60 cm品种、110～180 cm品种,还有高达300 cm的品种;从花瓣类型分,分单瓣和重瓣两类;从植株分枝分,有单干和分枝。还有食用品种。

分布与习性:原产北美,世界各国均有栽培。喜温暖、湿润环境,耐寒、不耐阴。为短日照植物,对日照的反应不十分敏感;对土壤要求不严。

繁殖与栽培:播种繁殖。直根系,不耐移植,适宜直播育苗,也可以室内播种育苗。发芽适温20～25 ℃,5～10 d发芽。定植前施足有机肥,根据高度合理安排株行距。夏季宜经常灌溉浇水,保持土壤潮湿。生长期视植株状况追施肥料。花序上的舌状花已稍呈干燥并有脱粒现象时,即表明种子成熟,可将总梗割下,放通风处晾干脱粒,贮存。

观赏特征与园林应用:向日葵花朵硕大,鲜艳夺目,枝叶茂密,宜成片种植于林缘和草地,作花带、花境,也可盆栽观赏或作切花。

6. 金鸡菊(小波斯菊、金钱菊、孔雀菊) *Coreopsis basalis* Blake(图3-3-6)

科属:菊科,金鸡菊属

识别要点:一年生草本。叶1～3回羽状全裂,小裂片线状披针形至长圆形。头状花序,直径2.5～5 cm,舌状花8枚,黄色,基部褐紫色,管状花紫色。花期春末至秋季,因品种和播种时间而异。

常见同属花卉 :

(1)大花金鸡菊(*C. grandiflora* Hogg.):株高30～90 cm,全株疏生长毛,叶全缘浅裂,茎生叶长圆匙形或披针形,茎生叶3～5裂,头状花序径6～7 cm,具长梗,舌状花8枚,黄色,端3裂,管状花也为黄色。

(2)剑叶金鸡菊(*C. lanceolata* L.):无毛或疏生长毛,叶多簇生基部或少数对生,茎上叶很少,头状花径 5 ~ 6 cm,外列总苞常较内列短,舌状花 8 枚黄色,端 2 ~ 3 裂。管状花黄色。

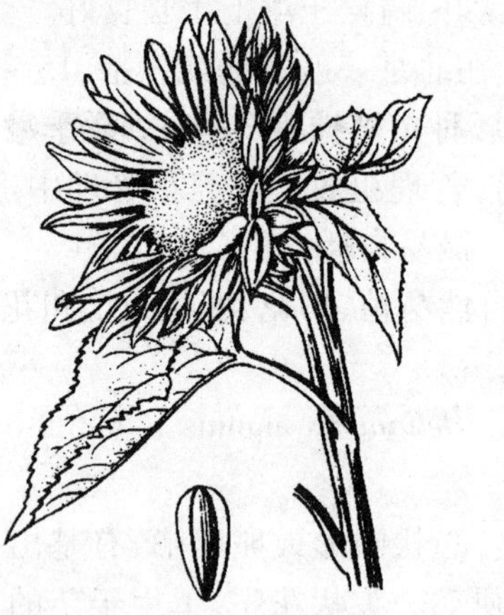

图 3-3-5　向日葵

图 3-3-6　金鸡菊

(3)轮叶金鸡菊(*C. verticillata* L.):无毛,少分枝,叶轮生无柄掌状 3 深裂,各裂片又细裂,管状花黄色至黄绿色。

分布与习性:原产于北美,现广为栽培。金鸡菊类耐寒耐旱,对土壤要求不严,喜光,但耐半阴,适应性强,对二氧化硫有较强的抗性。

繁殖与栽培:多采用播种或分株繁殖,夏季也可进行扦插繁殖。栽培容易,常能自行繁衍。播种繁殖一般在 8 月进行,也可春季 4 月底露地直播。欲使金鸡菊开花多,可花后摘去残花,7 ~ 8 月追一次肥,国庆节可花繁叶茂。

观赏特征与园林应用:金鸡菊枝叶密集,花大色艳,常开不绝。冬季幼叶萌生,鲜绿成片。还能自行繁衍,是极好的疏林地被。可观叶也可观花。可在屋顶绿化中作覆盖材料,还可作花境材料。

7. 波斯菊(秋英、扫帚梅、大波斯菊、秋樱)　*Cosmos bipinnatus* Cav.(图 3-3-7)

科属:菊科,秋英属

识别要点:一年生草本,株高 50 ~ 120 cm,茎纤细而直立。叶对生,二回羽状全裂,裂片线形,全缘。头状花序顶生或腋生,边缘舌状花先端截形或微有齿,淡红或红紫色,盘心黄色。瘦果有喙。花期 6 ~ 8 月,果期 9 ~ 10 月。

常见变种有:

(1)白花波斯菊(var. *albiflorus*):花纯白色;

(2)大花波斯菊(var. *grandiflotus*):花较大,有白、粉红、紫诸色;

(3)紫花波斯菊(var. *purpureus*):花紫红色,有托桂型、重瓣和半重瓣品种;

(4)硫华菊(*C. sulphureus*):一年生,高 20 ~ 30 cm,叶裂片宽,花较小,舌状花全黄或橘黄。

分布与习性:原产于墨西哥及南美洲。喜温暖,不耐寒,也忌酷热,喜光。性强健,耐干旱瘠薄,适宜排水良好的沙质土壤。忌大风,宜种背风处。具有极强的自播繁衍能力。

繁殖与栽培:播种、扦插繁殖。露地直接播种,及时间苗。4 月初播,4 片真叶后摘心,促分枝矮化。6 月初定植,株行距 50 cm。春播常在 6 月进行,夏季枝叶繁茂,注意摘心修剪,入秋仍可如期开花。移苗前结合整地施用一些有机肥,以后可不追或少追肥。移植成活后浇水不要太多。一般瘦果陆续成熟,易自然脱落,及时在清晨露水未干时摘采。

观赏特征与园林应用:植株较高而纤细,宜植花境、路边、花篱、花丛、草坪边缘或作为屏障种植,可作地被、切花、背景材料及公路彩化材料。

8. 万寿菊　*Tagetes erecta* L.（图 3-3-8）

科属:菊科,万寿菊属

图 3-3-7　波斯菊

图 3-3-8　万寿菊

识别要点:一年生草本,高 30 ~ 90 cm。叶对生或互生,羽状全裂,裂片披针形或长圆形,具齿,顶端锐尖,叶缘背面具油腺点,有强臭味。头状花序单生,花黄色或橘黄色,舌状花有长爪、边缘皱曲;总花梗肿大。花期 7 ~ 9 月。

类型与品种:栽培类型很多,按植株高度分为矮型(25 ~ 30 cm)、中型(40 ~ 60 cm)、高型(70 ~ 90 cm),按花形分为单瓣、重瓣、蜂窝形、伞展形、绣球形、卷钩形等,按花色可以分为金黄色、橙黄色、乳白、橘红色或复色等。

分布与习性:原产墨西哥,中国各地均有栽培。喜温暖、稍耐早霜;喜欢阳光充足、湿润环境,比较耐干旱,对日照长短反应较敏感,可以通过短日照处理提早开花;对土壤要求不严,以肥沃、排水良好的沙质壤土为好。

繁殖与栽培:播种、扦插繁殖,以播种繁殖为主。种子发芽适宜温度为 21 ~ 24 ℃,约经 1 周发芽。70 ~ 80 d 后开花。扦插繁殖,在 6 ~ 7 月采取嫩枝长 5 ~ 7 cm 扦插,略遮阴,极易成活,两周后生根,1 个月可开花。一般地栽,也宜盆栽。定植后浇透水,移植宜早。生长期需放在阳光充足的地方,最好全日照;注意浇水,保持潮润偏干状态。喜肥,但施肥不宜过勤、过多。

观赏特征与园林应用:植株矮壮,花色艳丽,适合庭园栽培观赏,或布置花坛、花境、花带,也可用于切花。

9. 麦秆菊(蜡菊、贝细工)　*Helichrysum bracteatum* (Vent.) Andr.（图 3-3-9）

科属:菊科,蜡菊属

识别要点:多年生草本,常作一年生栽培。茎粗硬直立,有分枝。叶互生,长椭圆状披针形,全缘。头状花序单生枝顶,径为 3~6 cm;总苞片多层呈膜质覆瓦状排列,外层苞片短,内部各层苞片伸长,酷似舌状花,有白、黄、橙、褐、粉红、暗红等色;管状花黄色;花晴天开放,阴天及夜间闭合。花期 7~9 月,果期 9~10 月。

类型与品种:有高(90~150 cm)、中(50~80 cm)、矮(30~40 cm)品种和大花及四倍体特大花品种。目前常见栽培的是变种帝王麦秆菊(var. *monstrosum*),还有重瓣品种。

分布与习性:原产于澳大利亚,现世界各国均有栽培。喜温暖和阳光充足的环境,不耐寒,忌酷热。喜湿润、肥沃、排水良好的土壤,宜黏质壤土。

繁殖与栽培:播种繁殖。春播,多在 3~4 月进行,温暖地区也可秋播,冬季在温床或冷床中越冬。种子喜光,覆土宜薄,发芽适温为 15~20 ℃,1 周左右出苗。幼苗 3~4 片真叶时移植,7~8 片真叶时定植。定植株距 30~40 cm。生长期摘心 2~3 次。从播种至开花约需 3 个月。栽培管理较粗放,施肥不宜过多。采种尽量选择花色深的花头,清晨进行手摘,以免种子散落。

观赏特征与园林应用:麦秆菊苞片色彩艳丽,膜质,干后有光泽且花色、花形经久不变不褪,是做干花的重要植物,可供冬季室内装饰用,又可布置花坛、花境,还可在林缘丛植。

10. 金盏菊(金盏花、黄金盏)　*Calendula officinalis* L.(图 3-3-10)

科属:菊科,金盏菊属

图 3-3-9　麦秆菊

图 3-3-10　金盏菊

识别要点:一、二年生草本。株高 25~60 cm。全株被软腺毛,有气味;茎直立,粗壮,多分枝;叶互生,长圆至长圆状倒卵形,全缘,基部抱茎。头状花序单生,花梗粗壮,直径可达 15 cm。花淡黄至深橙红色,夜间闭合。舌状花有黄、橙、白等色,也有重瓣、卷瓣和绿心、深紫色花心等栽培品种。瘦果弯曲舟形。花期 4~6 月,果期 5~7 月。

类型与品种:园艺品种多为重瓣,重瓣品种有平瓣型和卷瓣型。还有适作切花的长花茎品种。花色有淡黄至深橙色。有播种 10 周可开花的矮品种。还有多种花型如托桂花型。

分布与习性:本属约 15 种,原产地中海地区和中欧、加那列群岛至伊朗一带。喜光,忌炎热和潮湿,较耐寒,性强健,喜凉爽环境,不耐阴。对土壤要求不严。

繁殖与栽培：播种繁殖。春播或秋播，但春播不及秋播生长开花好。在21～24 ℃下，播种后7～10 d发芽，16～18周开花。4～5片真叶时摘心。定植观赏株行距20～30 cm。播种后长出3片真叶时移植一次，5～6片真叶时可定植。定植后7～10 d摘心。生长快，枝叶肥大，早春应及时分株，并注意通风；喜肥，生长期每半月施肥一次；生长期间不宜浇水过多，保持土壤湿润即可，后期控制水肥。花谢后及时去花梗，适当整枝，可延长花期。

观赏特征与园林应用：金盏菊植株矮生，花朵密集，花色鲜艳夺目，开花早，花期又长，是早春园林和城市中重要花坛、花境材料，也可作切花栽培或盆栽。

11. 矢车菊（蓝芙蓉） *Centaurea cyanus* L.（图3-3-11）

科属：菊科，矢车菊属

识别要点：一、二年生草本，株高30～90 cm。枝细长，多分枝。茎叶具白色绵毛，叶线形，全缘；茎部常有齿或羽裂。头状花序顶生，边缘舌状花为漏斗状，花瓣边缘带齿状，中央花管状，呈白、红、蓝、紫等色，但多为蓝色。花期4～6月。

类型与品种：栽培品种繁多，有重瓣、半重瓣、大花型和矮生型等。

常见同属花卉：同属种类有香矢车菊、大矢车菊和山矢车菊。

（1）香矢车菊（*C. moschata* L.）：别名香芙蓉，原产亚洲。一年生草本，茎光滑，基部有分枝，株高60～80 cm。叶有齿或羽裂。花分白、乳黄、鹅黄、粉红、淡紫诸色，芳香，花径5 cm，本种必须直播，不宜移栽。

（2）大矢车菊（*C. americana* Nutt.）：别名花篮矢车菊，原产北美南部。一年生草本，株高60～150 cm。叶多数全缘，矩圆状披针形。头状花序，径8～12 cm，花玫瑰红、肉红色，有时带紫，并有白色变种，丝状裂，日开夜闭。

（3）山矢车菊（*C. montana* L.）：原产欧洲。多年生草本，株高30～40 cm，少有50 cm者。茎通常匍匐，无分枝。叶广披针形或倒卵状披针形，有齿，嫩叶银白色。总苞片边缘具黑边，花径5～7 cm，舌状花，蓝色，有白色变种。可分株繁殖。

分布与习性：原产欧洲东南部。性喜阳光及温暖、干燥、凉爽气候，忌炎热；耐寒、好肥，对土壤要求不严，但喜排水良好的疏松园地，忌积水雨涝。能自播繁衍。

繁殖与栽培：春秋均可播种，以秋播为好。9～10月进行种子播种，当苗长至10 cm高时便可移植，移植需带土球。于11月或翌春3月上旬定植，定植距离为20～40 cm。生长期要注意中耕除草，并加施追肥，酌量浇水，使前期生长旺盛，多分枝，多抽生花蕾。开花期要注意浇灌。矢车菊盛花期要勤加采摘。花序一经枯黄，即可采收种子。

观赏特征与园林应用：花形清丽，色彩奇特。高茎型品种可丛植、片植，作花境背景，或作切花、瓶花；矮生品种，可布置花坛、花境、草地镶边，也可盆栽观赏。

12. 红叶甜菜（莙荙菜、红恭菜、厚皮菜、紫菠菜） *Beta vulgaris* L. var. *cicla* L.（图3-3-12）

科属：藜科，甜菜属

识别要点：多年生草本观叶植物，多作二年生栽培。主根直立。叶片呈暗紫红色，菱形，全缘。叶在根颈处丛生，叶片长圆状卵形，全绿、深红或红褐色，肥厚有光泽。花茎自叶丛中间抽生，高约80 cm，花小，单生或2～3朵簇生叶腋。花、果期5～7月。

分布与习性：原产欧洲，我国长江流域地区栽培广泛。喜光，好肥，耐寒力较强，不怕霜。对土壤要求不严，适应性强。

繁殖与栽培：播种繁殖。秋播，在9月底进行，播后覆土，在15～20 ℃条件下，8 d左右出齐苗。幼苗4～5片真叶时，移苗定植，花坛定植株行距为30～40 cm。在定植前，施足腐熟的有机肥作基肥，定植后要及时灌透水，一个月后，每隔二周追施一次复合肥。

观赏特征与园林应用：红叶甜菜紫红色的叶片整齐美观，在园林绿化中可作露地花卉，布置花坛。也可盆栽，作室内摆设。

图3-3-11 矢车菊

图3-3-12 红叶甜菜

13. 地肤（扫帚草、孔雀松、绿帚） *Kochia scoparia*（L.）Schrad.（图3-3-13）

科属：藜科，地肤属

识别要点：一年生花卉，株高30～150 cm。株丛紧密，卵圆至圆球形，草绿色。主茎木质化，分枝多而纤细。叶互生线形，稠密，淡绿色，窄条形至线形，全缘。秋季全株成紫红色。主要观赏株形和嫩绿色，花小、腋生、集成稀疏的穗状花序，花期秋季。

目前，园林中主要栽培其变种细叶扫帚草（var. *culta* Farwell，K. trichophylla Voss）株型矮小，叶细软、嫩绿色，秋季转为红紫色。

分布与习性：全国各地均产。喜温暖，不耐寒，极耐炎热。喜光。耐干旱、耐瘠薄和盐碱。对土壤要求不严。极易自播繁衍。

繁殖与栽培：播种繁殖。一般春播，宜直播。幼苗初期生长缓慢并要求园地湿润，随着气温上升生长转快，间苗后定植株距50 cm。生长初期幼苗纤弱，要加强除草、松土，追施磷、钾肥1～2次。入夏植株生长旺盛，枝叶浓密，可修剪造型育成球形、方形等。为防止自播过多，可在叶色尚未变红时割除。

观赏特征与园林应用：地肤外形似千头柏，叶纤细、嫩绿，入秋泛红，是布置花坛、花境、花篱良好的材料，可作短期绿篱，也可盆栽观赏。

14. 红绿草（五色苋、模样苋） *Alternanthera bettzickiana* Nichols.（图3-3-14）

科属：苋科，莲子草属

识别要点：多年生草本，作一、二年生栽培。茎直立或斜出，节膨大，分枝呈密丛状；株丛紧密，极耐低修剪。叶色因品种不同而异，绿、褐红等。叶小，叶柄较长。观赏期5～10月。

园林中常栽培绿色叶品种小叶绿和褐红色品种小叶黑。

红草五色苋(*Alternanthera amoena*)别名小叶红、可爱虾钳菜。叶色暗紫色,茎平卧,分枝较多。叶狭,基部下延,叶柄短。

分布与习性:分布于热带和亚热带地区,中国产西南至东南地区,野生于湿地。喜阳光充足,略耐阴;喜温暖湿润,畏寒;喜高燥的沙质土壤,不耐干旱和水涝。

繁殖与管理:扦插繁殖,极易生根。生长期保持湿润,多次摘心和修剪可保持低矮的株型。定植株距视苗的大小,一般 350 ~ 500 株/m^2。盆栽时,盆土以富含腐殖质、疏松肥沃、高燥的沙质壤土为宜,忌黏质壤土。一般每盆种 3 ~ 8 株。一般不需施肥,为促其生长,也可追施 0.2% 的磷酸铵。

观赏特征与园林应用:红绿草植株低矮,分枝性强,耐修剪,最适于模纹花坛。可用不同的色彩配置成各种花纹、图案、文字等平面或立体的形象,也可用于花坛和花境边缘及岩石园。

图 3-3-13　地肤

图 3-3-14　红绿草

15. 三色苋(雁来红、老来少)　*Amaranthus tricolor* L.(图 3-3-15)

科属:苋科,苋属

识别要点:一年生草本。株高 100 ~ 150 cm,直立,少分枝。叶大,互生,卵圆形至卵圆状披针形;基部暗紫色,入秋顶叶或包括中下部叶变为红、橙、黄色相间,为主要观赏部位。穗状花序腋生,花小,色绿,不明显。自播能力很强。

园林中主要栽培变种:

(1)紫叶雁来红(*Amaranthus tricolor* var. *splendengs*):株高可达 1.8 m,茎叶紫色,秋季顶叶鲜红色。

(2)杂种雁来红(*Amaranthus* × *hybrida*):株高 60 ~ 90 cm,有各种叶色的品种,绯红、桃红、褐红、黄、金黄等。

分布与习性:原产于亚洲及美洲热带。喜阳光充足,湿润及通风良好的环境;不耐寒;喜疏松肥沃、排水良好的土壤,耐碱;忌湿热,怕涝,耐干旱。

繁殖与栽培：播种繁殖，种子细小，覆土宜薄。直根系，宜春季4～5月直播于露地，保持15～20 ℃，播后7 d出苗。株高10～15 cm时定植。生活力强，管理粗放。生长季施肥2～3次。氮肥充足叶色鲜艳。后期肥水不可过多，但亦不可贫瘠缺肥；光照不足不易变色，影响观赏效果。

观赏特征与园林应用：三色苋叶形和叶色均多变，其连同色斑的变化较为稳定，从而形成多个不同颜色的品种。宜丛植，也可作花坛中心、花境背景材料或美化院落角隅。

16. 鸡冠花(红鸡冠)　*Celosia cristata* L.（图3-3-16）

科属：苋科，青葙属

图3-3-15　三色苋

图3-3-16　鸡冠花

识别要点：一年生草本，株高15～120 cm。茎粗壮直立，光滑具棱，少分枝。叶互生，卵状至线状变化不一。穗状花序肉质顶生，具丝绒般光泽，花序上部退化成丝状，中下部成干膜质状，生不显著细小花。花序有不同形状，有深红、鲜红、橙黄、黄、白等色。花果期7～9月。

园艺变种、变型很多。按花型分为头状和羽状；按高矮分为高型鸡冠(80～120 cm)、中型鸡冠(40～60 cm)、矮型鸡冠(15～30 cm)。本属共约60种，同属常见栽培的有青葙(*C. argentea* L.)，高60～100 cm，茎紫色，叶晕紫，花序火焰状，紫红色。

分布与习性：原产东亚及南亚亚热带和热带地区，喜阳光充足、炎热和空气干燥的环境，不耐寒，怕霜冻；喜疏松肥沃及排水良好的土壤，不耐瘠薄。可自播繁衍。

繁殖与栽培：播种繁殖。春播，种子细小，覆土宜薄。直根性，4～5枚叶时即可移植。定植株行距：矮型品种为25 cm×25 cm，中高型品种为55 cm×55 cm。忌水涝，但在生长期间特别是炎热夏季，需充分灌水。苗期不宜施肥，不能摘心。花期要通风良好，植株高大，花序硕大者应设支柱，以防倒伏。

观赏特征与园林应用：花序顶生，显著，形状色彩多样，是重要的花坛花卉。矮型及中型鸡冠花用于花坛和盆栽观赏，高型鸡冠花用于花境和切花，也可制成干花。

17. 千日红(火球花、红光球、千年红)　*Gomphrena globosa* L.（图3-3-17）

科属：千屈菜科，紫薇属

识别要点：一年生草本，株高20～60 cm。茎直立，有分枝；叶对生，椭圆形至倒卵形；头状花序球形，1～3个着生于枝顶，有长总花梗，花小密生。每花有小苞片2个。膜质苞片有光泽，紫红色，干后不凋，色泽不褪。花色有紫红、橙黄、白、粉等色。花果期6～9月。

分布与习性:原产于亚洲热带,现世界各地广为栽培。喜炎热干燥气候,不耐寒;喜阳光充足;性强健,不择土壤。

繁殖与栽培:播种繁殖。春播,一般用冷水浸种 1 ~ 2 d 后挤出水分,然后用草木灰拌种,或用粗沙揉搓使其松散便于播种。发芽温度 21 ~ 24 ℃,播后 10 ~ 14 d 发芽。出苗后 9 ~ 10 周开花。定植株距 30 cm。生长期不宜浇水过多,每隔 15 ~ 20 d 施肥一次。花后修剪、施肥可再次开花;花期应不断地摘除残花,促使开花不断。

观赏特征与园林应用:植株低矮,花繁色浓,是布置花坛、花境的好材料,还可作切花,球状花也是良好的自然干花材料。

18. 半支莲(龙须牡丹、松叶牡丹、大花马齿苋、太阳花、死不了)　*Portulaca grandiflora* Hook.(图 3-3-18)

科属:马齿苋科,马齿苋属

图 3-3-17　千日红

图 3-3-18　半支莲

识别要点:一年生肉质草本。株高 15 ~ 30 cm,茎匍匐状或斜生状,叶尖形肉质圆棍状,互生,有时成对或簇生。花单生或数朵簇生枝顶,单瓣或重瓣,花色丰富,有白、淡黄、黄、橙、粉红、紫红或具斑嵌合色。蒴果盖裂,种子细小多数,具灰黑色金属光泽。花期 6 ~9月,果期 8 ~ 11 月。

分布与习性:原产于南美巴西、阿根廷、乌拉圭等地,现世界各地广为栽培。喜高温,不耐寒,耐干旱贫瘠;不耐水涝;不择土壤,以疏松湿润、排水良好环境为佳。

繁殖与栽培:播种、扦插繁殖。播种繁殖一般采用撒播方法,种子发芽适温 20 ~ 25 ℃,10 d 左右出苗。露地栽培晚霜过后播种,覆土宜薄。扦插在生长期进行,摘取新梢进行扦插。果实成熟时开裂,极易散落,应及时采收。栽培土质以肥沃沙质壤土为最佳。生长期间浇水不宜过多,不可密植或土壤长期潮湿。开花期可追薄肥。

观赏特征与园林应用:丛生密集,花繁色艳,花期长,是装饰草地、坡地和路边的优良配花,也适于花坛边缘、花境栽植和盆栽。

19. 矮雪轮(大蔓樱草)　*Silene pendula* L.(图 3-3-19)

科属:石竹科,蝇子草属

识别要点：一、二年生草本。株高约 30 cm。分枝多。单叶对生，茎下部叶匙形，上部叶卵状披针形。聚伞花序。花瓣倒心脏形，先端 2 裂，粉红色；栽培品种花色有白色、淡紫色、浅粉红色、玫瑰色等；又有重瓣品种，花色也很丰富。萼筒长而膨大，筒上有紫红色条筋。蒴果卵形。花期 4 月下旬至 6 月中旬，采种期 6 月。

常见同属花卉：

高雪轮（*S. armeria* L.）：株高约 60 cm，茎被白霜，上部有一段具黏液。叶对生，茎下部叶片匙形，上部叶片卵状披针形。复聚伞花序、顶生，具总花梗；花瓣淡红、玫红、白或雪青色，花径约 1.8 cm。花期5 ~ 7月。

分布与习性：原产地中海地区，现世界各地广泛栽培。耐寒，喜光，喜肥。在含有丰富腐殖质、排水良好而湿润的壤土中生长良好。

繁殖与栽培：播种繁殖。选用疏松肥沃土壤做床，于早春、秋季、冬季播种，覆细土 0.2 cm，约 1 周发芽。待真叶长至 4 ~ 6 片时移植。亦可直播，间苗后留 20 ~ 30 cm 株距定植。移栽时要尽量多带些原土坨，及时浇透水。生长期间要勤施肥、勤浇水，适时中耕除草。

观赏特征与园林应用：矮雪轮植株矮生密集，开花繁茂，花后膨大萼筒仍十分美丽。适宜布置花坛、花境。矮性品种特别适宜布置整形花坛。

20. 霞草（满天星、丝石竹）　*Gypsophila elegans* M. Bieb.（图 3-3-20）

科属：石竹科，丝石竹属

图 3-3-19　矮雪轮

图 3-3-20　霞草

识别要点：一、二年生花卉，株高 40 ~ 50 cm。茎叶光滑，被白粉呈灰绿色；茎直立，叉状分枝，上部枝条纤细。单叶对生，上部叶披针形，下部叶矩圆状匙形。聚伞状花序顶生，稀疏而扩展，花小繁茂，犹如繁星，白色或粉红色。

作切花品种较多，有重瓣种和大花种，变种有大花类型、矮花类型、重瓣类型。

分布与习性：原产于高加索至西伯利亚一带，现中国广泛栽培。喜阳光充足、高燥、通风、凉爽的环境，忌酷暑、多雨；耐寒，耐干旱瘠薄，也耐盐碱；在腐殖质丰富、排水良好的石灰性沙壤土上生长良好。

繁殖与栽培:播种繁殖。直根性,宜直播,小苗带土尚可移植。寒冷地区宜春播,5月中旬开花;南方不结冻地区秋播,或立冬播或小雪播,加覆盖物越冬,翌年5月开花。直播于园地或盆播。发芽适温21~22 ℃,7~10 d幼苗出土,园林定植株距30~40 cm。生长期每2周施稀薄肥水一次,可使植株生长旺盛,开花多。

观赏特征与园林应用:霞草繁星点点,花丛蓬松,在园林中有云雾般效果。可用于花丛、花境、岩石园,尤其适合与秋植球根花卉配植。常用于切花配花,也可制成干花。

21. 石竹(中国石竹、十样景花、洛阳石竹) *Dianthus chinensis* L.(图3-3-21)

科属:石竹科,石竹属

识别要点:多年生草本,一般作一、二年生栽培。北方秋播,来春开花;南方春播,夏秋开花。株高30~40 cm,直立簇生。茎直立,有节,多分枝,叶对生,条形或线状披针形。花萼筒圆形,花单朵或数朵簇生于茎顶,形成聚伞花序,花径2~3 cm,花色有紫红、大红、粉红、纯白、红色、杂色,单瓣5枚或重瓣,先端锯齿状,微具香气。花瓣阳面中下部组成黑色美丽环纹。花期4~10月,集中于4~5月。

类型与品种:

(1)锦团石竹(*D. chinensis* L. var. *heddewigii* Regel):别名繁花石竹。株高20~30 cm,茎叶被白粉,呈蓝绿色。花大,直径4~6 cm,重瓣性强,先端齿裂或羽裂,色彩变化丰富。多年生作一、二年生栽培或短期多年生栽培,栽培多年后观赏效果差。

(2)石竹梅(*D. latifolius* willd.):别名美人草。为锦团石竹和须苞石竹的杂交种,形态介于两者之间。花瓣表面常聚银白色的边缘,背面全为银白色,多复瓣和重瓣。花芽分化要求春化阶段。多年生作二年生栽培。

(3)常夏石竹(*D. plumarius* L.):茎、叶有白粉,花2~3朵,径为2.5 cm,有粉红、紫或白色花瓣,有环纹或中心色深,芳香。

(4)瞿麦(*D. superbus* L.):稀疏圆锥花序,花径为3.5~4 cm,花瓣端细裂,有淡紫、白、粉等色。花期在6月底至7月,果期在7月。

分布与习性:原产中国东北、华北、长江流域及东南亚地区,分布很广。耐寒,要求高燥、通风凉爽的环境;喜阳光充足,不耐阴;喜排水良好、含石灰质的肥沃土壤,忌潮湿水涝,耐干旱瘠薄。

繁殖与栽培:以播种繁殖为主。一般秋播,发芽适温20~22 ℃,播后5 d可发芽,苗期生长适温10~20 ℃。也可扦插繁殖。幼苗间苗后移植一次。翌年春天定植,株距20~30 cm。定植后每隔3周施一次肥,摘心2~3次,促进分枝。花后剪去花枝,每周施肥一次,9月以后又可开花。

观赏特征与园林应用:石竹花朵繁密,花色丰富,色泽艳丽,花期长;叶似竹叶,青翠,柔中有刚。用于花坛、花境和镶边布置;也可布置岩石园;花茎挺拔,水养持久,是优良的切花材料。

22. 须苞石竹(五彩石竹、美国石竹、十样锦) *Dianthus barbatus* L.(图3-3-22)

科属:石竹科,石竹属

识别要点:多年生草本,作二年生栽培。株高40~50 cm,茎直立、光滑、粗壮,微有细棱,分枝少;叶较宽,中脉明显;花小而多,密集成聚伞花序,花序直径达10 cm以上,花苞片先端粗壮，花色丰富，有白色系、红色系及复色，稍有香气。花果期5～10月。

分布与习性：原产于欧洲、亚洲，由美国传入中国，故名“美国石竹”。耐寒，耐旱，怕热忌涝，喜阳光充足，夏季以半阴为宜，喜高燥通风之地，要求肥沃、疏松、排水良好的石灰质壤土。

繁殖与栽培：繁殖多用播种法。北方播种宜早不宜晚。扦插繁殖也较容易，气温在5～15 ℃时扦插最易成活。苗长至15 cm时摘除顶芽，促其分枝，以后注意适当摘除腋芽；生长期间应光照充足，通风良好，夏季雨水多应注意排水；冬季宜少浇水，如温度保持在5～8 ℃，则冬春不断开花。

观赏特征与园林应用：须苞石竹花朵繁密，花色丰富，色泽艳丽，花期长；叶似竹叶，青翠，柔中有刚。用于花坛、花境和镶边布置；也可布置岩石园；花茎挺拔，水养持久，是优良的切花材料。

图3-3-21　石竹

图3-3-22　须苞石竹

23. 虞美人（丽春花、赛牡丹、小种罂粟花）　*Papaver rhoeas* L.（图3-3-23）

科属：罂粟科，罂粟属

识别要点：一、二年生草本，茎细长，高30～60 cm，全株都有疏毛。叶互生，羽状深裂，边缘具齿，主要生于分枝基部。花蕾单生于花梗的顶端，花瓣4枚组成圆形花冠，花瓣薄有光泽，似绢，花色丰富，有白、粉、红等深浅变化，或有不同颜色的边缘，姿态轻盈秀美。蒴果杯形，顶部平截，种子褐色，极小。花果期3～8月。

同属植物有约100种，主产欧、亚、美洲。中国有6～7种。常见栽培品种有：

（1）观赏罂粟（*P. somniferum* L.）：又名鸦片花，原产南欧。一、二年生草本，株高40～80 cm，全株具白粉；春夏开花，花大，呈艳丽玫瑰色，花径约10 cm，有重瓣品种。

（2）孔雀罂粟（*P. pavonium* Schrenk.）：原产中国新疆及伊朗、阿富汗。一年生草本。夏季开花，红色，花径约4.5 cm，花瓣基部有黑色环纹。

（3）冰岛罂粟（*P. nudicaule* L.）：亦称北极罂粟，又名鸡蛋黄。原产北极地区。多年生草本，春夏开花，花橙黄或白色，径约8 cm，芳香，亦有重瓣品种。

（4）东方罂粟（*P. orientalis* L.）：又名火花罂粟，原产地中海及伊朗。多年生草本，株高 1 m 左右，茎直立，较粗壮。夏季开花，鲜红色，径约 15 cm，也有粉、紫及白花和重瓣品种。

（5）摩洛哥罂粟（*P. atlanticum* Ball.）：原产摩洛哥。多年生草本，株高 30～80 cm，夏初开花，花橙红或淡红色。种子有自播能力。

分布与习性：原产欧洲与亚洲，世界各地有栽培。喜欢日照充足的凉爽气候，要求高燥通风，不宜湿热过肥之地，但不择土壤。

繁殖与栽培：播种繁殖，我国大部分地区作二年生草花栽培。可于 9 月中下旬播种，来年春天开花。

观赏特征与园林应用：花色艳丽，姿态轻盈可人，可以布置花坛、花境以及庭园栽植，特别适合成片栽植，但花期较短，注意需要及时补栽其他花卉代替。也可盆栽或作切花用。

24. 醉蝶花（西洋白花菜、凤蝶草、蜘蛛花）　*Cleome spinosa* L.（图 3-3-24）

科属：白花菜科，醉蝶花属

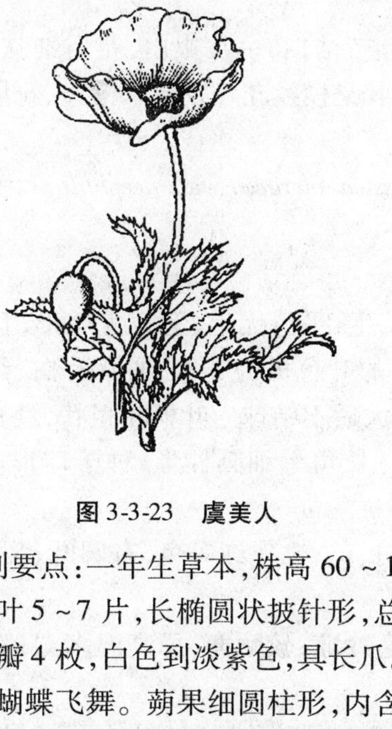

图 3-3-23　虞美人

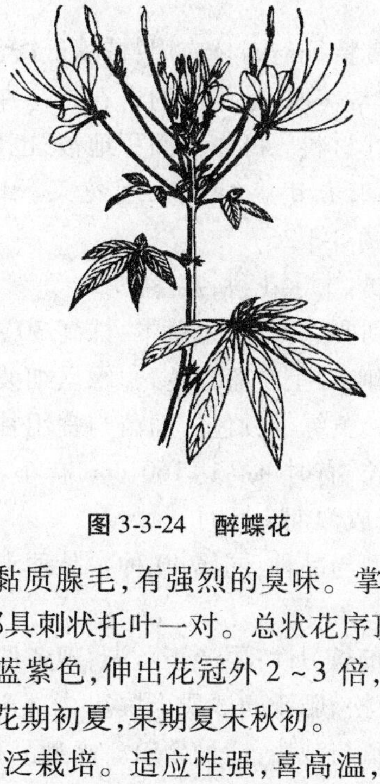

图 3-3-24　醉蝶花

识别要点：一年生草本，株高 60～120 cm，被有黏质腺毛，有强烈的臭味。掌状复叶互生，小叶 5～7 片，长椭圆状披针形，总叶柄长，基部具刺状托叶一对。总状花序顶生，花多数，花瓣 4 枚，白色到淡紫色，具长爪。雄蕊 6 枚，蓝紫色，伸出花冠外 2～3 倍，状似蜘蛛，又似蝴蝶飞舞。蒴果细圆柱形，内含种子多数。花期初夏，果期夏末秋初。

分布与习性：原产南美热带地区，现世界各地广泛栽培。适应性强，喜高温，较耐暑热，忌寒冷，喜阳光充足，也耐半阴；喜湿润、肥沃土壤，亦较能耐干旱，忌积水。

繁殖与栽培：播种繁殖。发芽适宜温度 20～30 ℃，播后覆土，保持湿润，10～15 d 出苗。幼苗及时间苗，2 片真叶可移植一次，晚霜过后定植园地，株距 30～40 cm。生长期间控制施肥，花前可追肥 2～3 次。在蒴果由绿变黄时，逐荚采收，晾干脱粒。

观赏特征与园林应用：花瓣轻盈飘逸，盛开时似蝴蝶飞舞，颇为有趣，可在夏秋季节布置花坛、花境，也可作为盆栽观赏，还可在林下或建筑阴面观赏，在污染较重的工厂、矿山也能很好地生长。

25. 香雪球(小白花、玉蝶球、庭荠) *Lobularia maritima*(L.) Desv.(图3-3-25)

科属:十字花科,香雪球属

识别要点:多年生草本,多作一、二年生栽培,株高15~25 cm。植株矮小,茎叶纤细,叶披针形,互生,全缘,分枝多,匍匐生长,被灰白色。总状花序顶生,着花繁密成球形,花白色、淡紫色、深紫色、浅黄、紫红等色,微香。

类型与品种:有叶缘为白色或淡黄色斑叶的品种,有株高在10 cm以内的矮生品种,有紫花品种,有四倍体大花品种。

分布与习性:原产地中海地区及加那列群岛,世界各地均有栽培。稍耐寒,喜冷凉气候,喜向阳、疏松土壤,但也略耐阴及干旱瘠土。

繁殖与栽培:播种或扦插繁殖。秋播或春播,以秋播生长良好。播种适温为21~22 ℃,播后8~10 d发芽,5~6周开花。春播6月开花,秋播则翌年5月盛花。种子细小,不覆盖或覆盖一层薄细土。幼苗长到3~4片复叶时定植于盆中,在冷床或冷室越冬,翌年脱盆定植于露地或盆栽应用,观赏株距15~20 cm。茎叶易受肥害,施肥时不要污染茎叶。

观赏特征与园林应用:植株低矮匐地,盛花时晶莹洁白,一片银白,花质细腻,芳香而清雅,非常美丽,是优美的岩石园花卉,也是花坛尤其是模纹花坛及花坛镶边、花境边缘布置的良好材料。可作小面积地被,也可盆栽观赏。

26. 羽衣甘蓝(叶牡丹、花菜、牡丹菜) *Brassica oleracea* var. *acephala* L. f. tricolor Hort.(图3-3-26)

科属:十字花科,芸薹属

识别要点:二年生草本,株高30~60 cm。叶基生,平滑无毛,呈宽大匙形,且被有白粉,外部叶片呈粉蓝绿色,边缘呈细波状皱褶,内叶的叶色极为丰富,通常有白、红、粉、乳黄、紫红、黄绿等颜色。幼苗与食用甘蓝极像,但长大后不结球。叶柄较粗壮,且有翼。花葶比较长,有时可高达160 cm,有小花20~40朵。长角果细圆柱形,种子球形。花期4月,种子成熟期为6月。

类型与品种:同属40种。品种丰富,有紫红、白、黄、玫瑰红等色,有圆叶、裂叶、皱叶叶型等。

分布与习性:原产于欧洲,现各地多有栽培。喜冷凉,较耐寒,忌高温多湿;喜阳光充足;喜疏松、肥沃的沙质土壤。

繁殖与栽培:播种繁殖。高型品种春、夏播种,矮型品种秋播。甘蓝种子比较小,覆土要薄。留种母株应低温贮藏或低温处理,使其度过春化阶段。发芽适温20~25 ℃,4~6 d可发芽。播种后3个月即可观赏。播种苗一般在长出4~5片真叶时进行移植,6~8片叶时可定植。播种后应及时浇足水。生长期间要多追肥。花坛定植株行距为30 cm×30 cm。

观赏特征与园林应用:耐寒性较强,且叶色鲜艳,是重要的观叶植物,亦可作花坛、花境的布置材料及盆栽观赏。

图3-3-25　香雪球

图3-3-26　羽衣甘蓝

27. 紫罗兰（春桃、草桂花、草紫罗兰） *Matthiola incana*（L.）R. Br.（图3-3-27）

科属：十字花科，紫罗兰属

识别特征：多年生作二年生栽培，株高20～60 cm。全株被灰色星状柔毛。茎直立，基部稍木质化。叶互生，长圆形至倒披针形，全缘灰绿色。总状花序顶生，有粗壮的花梗，具芳香；花淡紫色和深粉红色，花瓣倒卵形，十字状着生，花径约3 cm，具香气。长角果，圆柱形，种子具白色膜质翅。花期4～5月。

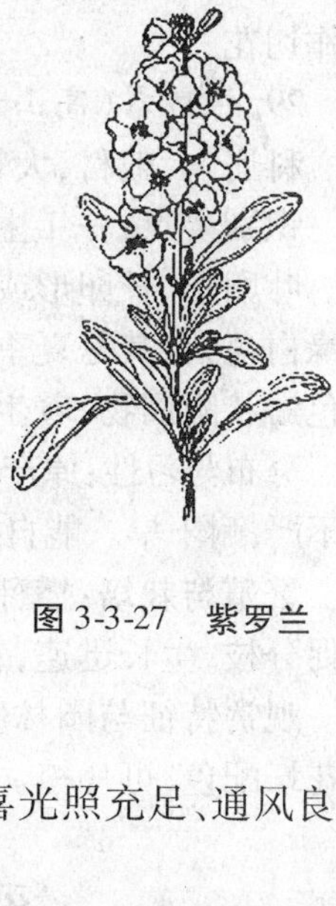

图3-3-27　紫罗兰

类型与品种：栽培品种极多，依株高分为高、中、矮3类；按花型可分为单瓣和重瓣类型；按花期有夏、秋、冬；依栽培习性分为一年生及二年生；花色有纯白、淡黄、雪青、玫瑰红、桃红等色。变种有香紫罗兰（var. *annua*），一年生，香气浓。有花坛和切花品种。常见花栽培的还有：夜香紫罗兰（*M. bicornis*）。

分布与栽培：原产于欧洲地中海沿岸。喜冷凉，忌燥热，耐寒，喜光照充足、通风良好的环境，稍耐半阴。喜肥沃、湿润、深厚的中性或微酸性土壤。

繁殖与栽培：以播种繁殖为主，也可扦插。秋播，发芽适温16～18 ℃，播后约2周发芽。在冷床中越冬，翌年春定植露地，5月1日前后开花。一年生栽培品种，在夏季比较冷凉地区，一年四季均可播种。因直根性强，须根不发达，应较早移植，移植时多带宿土，少伤根，以提高成活率。定植株距30 cm。不可栽植过密。薄肥勤施。

观赏特征与园林应用：紫罗兰花朵丰盛，色艳香浓，花期长，是春季花坛的重要花卉，也可作花境、花带，切花材料；矮生品种，可用于盆栽观赏。

28. 金莲花（旱金莲、旱荷、金钱莲、大红雀）　*Tropaeolum majus* L.（图3-3-28）

科属：旱金莲科，旱金莲属

识别要点：一年生肉质草本。茎叶稍带肉质，灰绿色，茎细长半蔓性或倾卧，长达1.5 m，光滑。叶互生，具有长柄，圆形或近肾形，盾状，叶被蜡质层，形似莲叶但小。花单生叶腋，花梗细长；5 枚萼片中的 1 枚，向后延伸成矩；花瓣 5 枚，具爪，有乳白、浅黄、橘红、深红、紫红及红棕等深浅不一的花色。果实淡白绿色，表面多纵行沟纹，果实成熟时分裂成 3 个小核果。花期 7 ~9 月。

类型与品种：有重瓣、无矩、具深色网纹及斑点等品种，有茎直立的矮生变种。

分布与习性：原产南美洲，我国各地广泛栽培。喜温暖、怕炎热；喜阳，耐旱，不耐水涝；半耐寒但不耐霜冻，以排水良好而肥沃的土壤为好。

繁殖与栽培：播种或扦插繁殖。冬季温暖地区全年均可播种，一般春播或秋播。扦插露地可在 4 ~6 月期间进行，条件允许可周年进行。选取嫩茎做插穗，每根插穗要有 3 ~5 个芽，去除下部叶片，仅留上部一片叶，插后遮阳，保持潮湿，半个月以后可以生根。苗高 10 cm 分株上盆，露地栽培株距 30 cm 左右，行距 120 cm，起垄或高畦栽种。从生长期到花期都要注意补肥，一般每周追肥一次。给予充足的水分，并保持较高的相对湿度。一般盆栽 2 ~3 年植株就要更新，盆栽需温室越冬，最低温度不要低于 10 ℃。

观赏特征与园林应用：金莲花花叶俱美，可以盆栽装饰阳台、窗台，或置于室内书桌、几架上观赏；露地栽培，可以布置花坛、花境或植于栅栏旁、假山石旁；也可以作地被植物或作切花。

29. 银边翠（高山积雪、象牙白） *Euphorbia marginata* Pursh.（图 3-3-29）

科属：大戟科，大戟属

识别要点：一年生草本，株高 50 ~100 cm。全株具有柔毛和白色乳液。茎直立，分枝多。叶卵形、长卵形或椭圆状披针形，无柄，全缘；顶部叶轮生或对生，下部叶互生，绿色，叶缘白色，尤其是夏季开花时，顶端叶边缘或全部小叶银白色，为主要观赏部位。花小，具白色瓣状附属物，着生于上部分枝的叶腋处。花果期 6 ~9 月。

分布与习性：原产北美洲，我国大多数省区市均有栽培。喜温暖向阳，不耐寒；对土壤要求不严，耐干旱。能自播繁衍。

繁殖与栽培：播种或扦插繁殖。春播，直根性，可直播。春、秋扦插易生根。幼苗摘心可促分枝，生长迅速，栽培容易，管理简单。

观赏特征与园林应用：植株浅绿，顶端银白色，在夏季给人凉爽之感。银白色彩可用于花坛配色，可片植。切花水养持久。

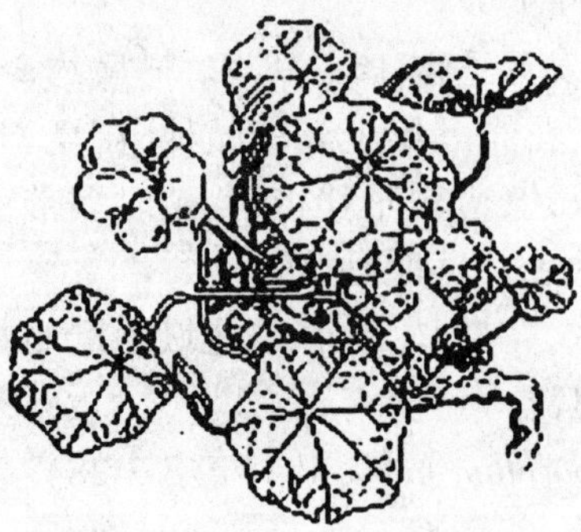

图 3-3-28 金莲花

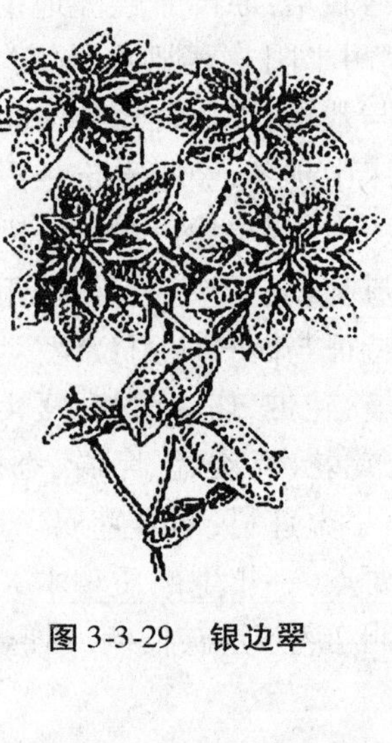

图 3-3-29 银边翠

30. 凤仙花(指甲花、小红桃、急性子、透骨草) *Impatiens balsamina* L.(图 3-3-30)

科属:凤仙花科,凤仙花属

识别要点:一年生草本,株高 20 ~ 80 cm。茎直立肉质,肥厚多汁,光滑多分枝,浅绿或酒红褐色晕,常与花色相关。叶互生,狭至阔披针形,缘具细齿,叶柄两侧具腺体。花两性,单生或数朵簇生于上部叶腋,或呈总状花序状,具短柄,两侧对称;花色有紫红、朱红、玫瑰红、雪青、黄、白及杂色,有时瓣上具条纹和斑点。萼片 3,特大 1 片膨大,中空,向后弯曲为矩。蒴果尖卵形。花期 7 ~ 10 月。

类型与品种:园艺品种极多,有爱神系列、俏佳人系列、邓波尔系列、精华系列;按株型可分为直立型、开展型、龙爪型;按花型可分为单瓣型、玫瑰型、山茶型、顶花型;按株高可分为高型、中型、矮型。常见的种类还有水金凤(*I. noli - tangere*)、窄萼凤仙花(*I. stenosepala*)、腺叶凤仙花(*I. glandulifera*)等。

分布与习性:原产于中国南部、印度和马来西亚,中国各地园林中栽培广泛。喜温暖,耐炎热,不耐寒,怕霜冻。喜阳光充足,不耐干旱。对土壤适应性强,在瘠薄土壤上亦能生长。

繁殖与栽培:播种繁殖。春播,在 23 ~ 25 ℃下,4 ~ 6 d 即可发芽。播种到开花需经 7 ~ 8 周,花期 40 ~ 50 d。3 ~ 4 月将种子播于露地或温室。苗期适温 16 ~ 21 ℃。经一次移植即可定植或上盆。可调整播种期以调节花期,但播种期晚则生长期短,花期也短。定植后应及时灌水。对易分枝而有直立生长的品种可进行摘心,以促发侧枝。该花具有自播能力。

观赏特征与园林应用:凤仙花是中国民间栽培已久的草花之一,花瓣可用来涂染指甲。花色品种极为丰富,可布置花坛、花境,也可作花丛和花群栽植,高型品种可栽在篱边庭前,矮型品种亦可盆栽。

31. 非洲凤仙(洋凤仙) *Impatiens sultanii* (*I. wallerana*) × *I. holstii*(图 3-3-31)

科属:凤仙花科,凤仙花属

识别要点:常绿多年生亚灌木花卉,多年生作一年生栽培,株高 30 ~ 60 cm。全株肉质。茎具红色条纹。叶有长柄,叶色翠绿有光泽。四季开花,花多,花色丰富。

类型与品种:园艺品种极丰富,有各种花色和不同高度,有单瓣和重瓣品种。有种子繁殖的有性系、F_1 代和扦插繁殖的营养品种。

分布与习性:世界各地多有栽培。喜温暖、湿润气候,不耐寒,不耐热。不耐旱,怕水涝。喜半阴,夏季怕直射光。

繁殖与栽培:播种、扦插繁殖。种子喜光,播种后不需覆盖,萌芽期间最好是散射光,忌直射光。发芽适温为 21 ~ 24 ℃,7 ~ 10 d 出苗,经一次移植后即可上盆。一般温室育苗,温度合适全年皆可扦插。开花期每月施稀薄肥水 2 次,注意灌水,保持土壤湿润。蒴果容易弹裂,所以当果皮发白时,用手指轻按,如能裂开即刻采下。重瓣种的种子极少,应注意及时采收。

观赏特征与园林应用:非洲凤仙植株矮小,分枝多,花团锦簇,花期持久,色彩艳丽,是优良的花坛、花带、花境花卉,也是种植钵的好材料,可以室内盆栽作吊盆、窗盒、盆花应用。

图 3-3-30　凤仙花

图 3-3-31　非洲凤仙

32. 大花三色堇(蝴蝶花、猫儿脸、鬼脸花)　*Viola* × *wittrockiana* Gams.(图 3-3-32)

科属:堇菜科,堇菜属

识别要点:多年生草本,常作一、二年生栽培。一般茎高 10 ~ 30 cm,光滑,分枝或不分枝。基生叶多,卵圆形,茎生叶长卵形,叶缘有整齐的钝锯齿。花大,顶生或腋生,挺立于叶丛之上;花瓣 5 枚,花朵外形近圆形,平展;花冠呈蝴蝶状,花单色或复色,黄、白、蓝、褐、红色都有。蒴果椭圆形,种子千粒重约为 1.40 g。花期可从早春到初秋,果期 3 ~ 7 月。

依据一些著名品种的特征可分为以下几类:

(1)单色品种类:野生种是一花有三色,现已育出单一色彩的品种,颜色有纯紫色、金黄色、蓝色、砖红色、橙色、纯白色等。花径 5 ~ 8 cm。

(2)复色品种类:几种色彩混合在一朵花上。

(3)大花品种类:这是育种最新的趋向,美国已育出花径达 10 cm 以上的品种,色彩以复色为多,如宾哥系列(Bingo)。

分布与习性:原产欧洲,现世界各地均有栽培。性喜光,喜凉爽湿润的气候,较为耐寒,不怕霜,要求土壤疏松肥沃。

繁殖与栽培:主要用种子繁殖。一般秋播,以 8 ~ 9 月播种为好,种子发芽最适宜温度为 18 ~ 24 ℃,1 ~ 2 周萌发;条件适宜可四季播种,全年开花。幼苗长出 2 ~ 3 片真叶时可移栽,长出 6 ~ 8 片真叶时,便可进行第二次移栽,定植在花坛、花境或口径 12 ~ 15 cm 的大泥盆中,每盆 3 株。在北方 4 月上中旬就可定植于露地中。三色堇喜肥沃的土壤,种植地应多施基肥,最好是氮、磷、钾全肥。

观赏特征与园林应用:大花三色堇色彩丰富,开花早,是优良的春季花坛材料,宜植于花坛、花境、花池、岩石园、野趣园或作地被,并可以盆栽,或做艺术插花的素材。

33. 月见草(夜来香、晚樱草)　*Oenothera biennis* L.(图 3-3-33)

科属:柳叶菜科,月见草属

识别要点:二年生草本,亦可作一年生栽培,株高 1 m 左右,粗根,肉质。基生叶丛生,茎生叶单叶互生,倒披针形至卵圆形。花两性,常两朵簇生叶腋。傍晚开放时黄色,散发清香;翌晨凋谢时为暗棕红色。蒴果,长形,4棱,成熟后开裂。种子褐色细小。花期6~9月,果期7~8月。

图3-3-32　大花三色堇

图3-3-33　月见草

常见栽培的同属花卉有:

(1)待霄草(*O. drummondii* Hook.):原产南美。多年生草本,全株被柔毛。单叶,互生,倒披针形至卵圆形。花两性,单生,无柄,着生于茎上部叶腋,4瓣,傍晚开放,黄色,有浓香。

(2)大花月见草(*O. grandiflora* Soland.):花大,花径7~10 cm。

(3)白花月见草(*O. tricocalyx* Nutt):原产北美。多年生草本,有直根,株高20~30 cm,叶略呈浅羽裂,长6~7 cm。花少数,着生上部叶腋,夜开,白色,稍带淡红,花径2.5~4 cm。

分布与习性:原产美洲温带,现广布欧、美、亚三洲,中国各地均有栽培。适应性强,喜光,耐瘠、抗旱、耐寒,喜排水良好而肥沃的沙质壤土。

繁殖与栽培:通常以种子繁殖。在长江下游地区,可分春播和秋播。春播在4月下旬,播于露地苗床可出苗整齐。秋播,9月下旬播于露地,约一星期出苗,11月或翌年3月移植。幼苗期进行摘心,可控制高度。幼苗经一次移植后,5月下旬可定植园地,株距25~30 cm。常规管理即可,种子具有自播能力。

观赏特征与园林应用:月见草植株高大,花香美丽,庭园中丛植或作大型花坛中心栽植,也可在大片空地上片植,用作背景。因其傍晚开放,翌晨凋萎,有芳香,可作夏秋庭园花坛布置,并适宜作夜花园游境栽植。

34. 美丽月见草(晚樱草)　*Oenothera speciosa* Nutt.(图3-3-34)

科属:柳叶菜科,月见草属

识别要点:多年生草本作二年生栽培,根圆柱状,茎直立,株高50~60 cm。幼苗期呈莲座状,基部有红色长毛。叶互生,茎下部分有柄,上部的叶无柄;长圆状或披针形,边缘有疏细锯齿,两面被白色柔毛。花单生于枝端叶腋,排成疏穗状,萼管细长。花白至粉红色,花径达8 cm以上。花期5~9月。

分布与习性：原产美洲温带，中国有引种。喜光，耐寒，耐贫瘠，忌积水。自播能力甚强。

繁殖与栽培：秋季播种或春季育苗。种子播种后，土壤要保持湿润，播种后 10 ~ 15 d 种子即可萌发。适应性强，耐酸耐旱，对土壤要求不严，一般中性、微碱或微酸性疏松的土壤上均能生长，但土壤太湿根易得病。

图 3-3-34 美丽月见草

观赏特征与园林应用：美丽月见草开花美丽，夜晚开放，香气宜人，适于点缀夜景，应用于庭园、花坛均很适宜。配合其他绿化材料，可用于庭园沿边布置或假山石隙点缀，也宜作大片地被花卉。

35. 长春花（日日草、山矾花、五瓣莲） *Catharanthus roseus*（L.）G. Don（图 3-3-35）

科属：夹竹桃科，长春花属

识别要点：多年生草本或亚灌木作一年生栽培，株高 20 ~ 60 cm。茎直立，分枝少；叶对生，叶柄短，倒卵状矩圆形，两面光滑无毛，浓绿而有光泽，主脉白色明显；花单生或数朵腋生，高脚杯状，花冠裂片 5 枚，平展，花色有玫瑰红、纯白、白色而喉部具红黄斑等品种。花期、果期几乎长达全年。

类型及品种：

（1）主要品种有：白长春花（'Albus'）花冠白色；黄长春花（'Flavus'）花冠黄色。

（2）主要类型有：高型品种，株高 50 ~ 60 cm，适于花坛和切花；矮型品种，株高 15 ~ 20 cm，全株呈球形，分枝多，花朵繁茂，适于花坛和盆花；匍匐品种，株高 15 ~ 20 cm，适于种植钵和吊盆。

分布与习性：原产于南非、非洲东部及美洲热带。同属约 6 种。喜温暖，忌干热，不耐寒。喜阳光充足，耐半阴。不择土壤，耐贫瘠、耐旱，忌水涝。

繁殖与栽培：播种或扦插繁殖。春播发芽较整齐，20 ~ 25 ℃下，10 ~ 15 d 发芽。播种后 13 ~ 15 周开花。2 ~ 3 片真叶时分栽或上小盆。生长季节也可扦插繁殖。养护管理要求不高，一般摘心 2 ~ 3 次促进分枝，使花繁叶茂。生长适温 18 ~ 20 ℃。喜薄肥，每月施肥一次，生长期适当灌水，但不能积水，雨季及时排涝。移植应带土团，宜在植株较小时进行。

观赏特征与园林应用：长春花花期较长，开花繁茂，色彩艳丽，是优良的花坛、花境花卉，盆栽多在秋冬季室内观赏用，切花水养持久，抗污染。

36. 大花牵牛（喇叭花、牵牛、朝颜花） *Pharbitis nil* Choisy（图 3-3-36）

科属：旋花科，牵牛花属

识别要点：一年生左旋性蔓性草本。叶互生，浅 3 裂，叶柄、叶片均有细毛。花梗自叶腋抽生，着花 1 ~ 3 朵；花冠漏斗形，下部呈长筒形，有白、红、紫、蓝、褐、灰色等，或带条纹。蒴果近球形，种子卵状三棱形，黑褐色或米黄色。花期 7 ~ 9 月。

类型与品种：

（1）裂叶牵牛（*P. hederacea*（L.）choisy）：蔓性草本。叶阔卵状心形，通常 3 裂，深达叶片中部。花 1 ~ 3 朵腋生，冠檐部直径在 10 cm 以上，边缘呈皱褶或波浪状，花色为堇蓝、玫瑰红或白色,有镶白边的变种,花期7~9月。

(2)圆叶牵牛(*P. purpurea*(L.)Viogt.):全株有粗毛,茎达3 m以上。多分枝。叶互生,阔心状卵形,全缘,有软毛。花序上有花1~5朵,总花梗比叶柄长;苞片2,条形;萼片5枚,卵状披针形,顶端钝尖;花冠漏斗形,花紫色、蓝色、桃红色或白色,顶端5浅裂。花期6~10月。

分布与习性:原产亚非热带,日本栽培最盛。性强健,喜气候温和、光照充足、通风适度,对土壤适应性强,较耐干旱贫瘠,不怕高温酷暑,忌水涝。

繁殖与栽培:播种繁殖,一般春播。5月上旬播种,7月下旬开花。种子发芽适宜温度为25~28 ℃,直根性宜直播或尽早移植。喜光,光照不足开花差。喜肥,生长季节每半个月左右施一次肥。栽培中及时设立支架,并根据需要合理摘心以促进分枝。

观赏特征与园林应用:大花牵牛园艺品种甚多,花色极富变化,宜作棚架、篱垣或居室窗前垂直绿化材料,也可盆栽观赏或作地被。圆叶牵牛种子入药,称"白丑"、"黑丑"。

图3-3-35　长春花

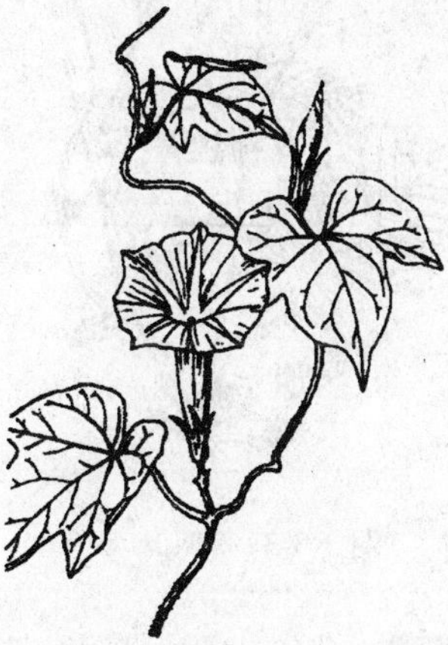

图3-3-36　大花牵牛

37. 羽叶茑萝(茑萝松、游龙草、五角星花)　*Quamoclit pennata* Bojer(图3-3-37)

科属:旋花科,番薯属

识别要点:一年生缠绕草本,茎长达4 m,光滑。单叶互生,羽状细裂,裂片整齐。花腋生,花冠高脚碟状,高出叶面,深红色,外形似五角星,筒部细长,此外还有纯白和粉花品种。花期7~10月。

类型与品种:

(1)圆叶茑萝(*Q. coccinea* Moench):一年生,蔓生茎长达3~4 m,多分枝而繁密。叶卵圆心形,全缘,有时在下部有浅裂或角裂。着花较多,花橙红或猩红色,漏斗形。

(2)槭叶茑萝(*Q. sloteri* Nieuwl.):又名掌叶茑萝,是羽叶茑萝与圆叶茑萝杂交种,生长势强。蔓长4 m。叶片掌状分裂,裂片披针形,顶端长锐尖。花漏斗状大红至深红。

(3)裂叶茑萝(*Q. lobata* House):又称鱼花茑萝,多年生作一年生栽培。叶心脏形,具三深裂,中央裂片下部狭缩。花多,二歧状密生,深红后转乳黄色。

分布与习性:原产热带美洲,现我国广泛栽培。喜阳光充足、温暖气候和疏松肥沃土壤,不耐寒,怕霜冻。

繁殖与栽培:播种繁殖。长江流域4月播种,约经1周发芽。直根性,多行直播,也可以用小盆点播。具4枚真叶后定植于露地,也可翻盆育成大苗,再定植,株距30~60 cm。栽植前应施基肥,促使其尽快抽生茎蔓,然后需设支架供其攀缘。生长期每半月施液肥一次,则叶茂花繁。蒴果成熟期不整齐,且成熟后易开裂散落种子,故应分批采收。

观赏特征与园林应用:羽叶茑萝花形奇特,花色鲜艳,小巧玲珑,其浪漫的外形及蔓性的生长特性,既可以做成红花绿叶的矮篱或小型棚架,又可以做成景观墙,也可利用支架搭成各种形状,做出各种造型。

38. 美女樱(草五色梅、美人樱)　*Verbena hybrida* Voss(图3-3-38)

科属:马鞭草科,马鞭草属

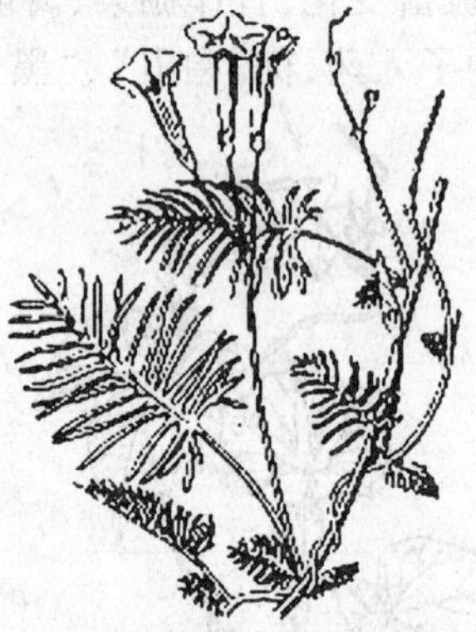

图3-3-37　羽叶茑萝

图3-3-38　美女樱

识别要点:多年生草本植物,常作一、二年生栽培。茎四棱,丛生而铺覆地面,多分枝,全株具灰色柔毛。叶对生,有短柄,长圆形或披针状三角形,具不规则的钝锯齿。花序顶生或腋生,多数小花密集排列呈伞房状,花冠筒状,花色有白、粉、红、紫、蓝等。蒴果。花期6~9月。

常见品种花色、类型:

(1)匍匐型下垂:株高20~30 cm,冠幅30 cm左右。如水晶'Quartz'适宜盆栽、地栽、垂吊;蔓雅'Elegance'能形成花色丰富的瀑布般下垂的花枝,适合窗台花槽与悬吊花篮应用。

(2)矮生直立型:株高15~20 cm。如迷神'Obsession'花开茂盛,分枝强,无蔓生枝,特别适宜盆栽、花坛使用;罗曼史'Romance'花大色艳,花期早,适宜花坛与盆栽。

(3)园林栽培的同属花卉有:

①加拿大美女樱(*V. canadensis* Britt.):多年生,高20~50 cm,茎直立多分枝。叶片卵形至卵状长圆形,常有3深裂。花粉、红、堇、紫或白色。原产美国西南部。

②细叶美女樱(*V. tenera* Spreng.):多年生草本,茎基部稍带木质化,丛生外倾匍匐,节部生根,株高20~30 cm。枝条细长,四棱,微生毛。叶二回深裂或全裂。花蓝紫色。原产巴西。

分布与习性:原产巴西、秘鲁、乌拉圭等地,世界各地均有栽培。喜温暖湿润,喜光,不耐干旱,有一定的耐寒性,在疏松肥沃、较湿润的中性土壤上生长健壮。

繁殖与栽培:播种繁殖为主,也可扦插繁殖。常以春播为主。春季播种 1～4 月进行,播后 1～2 周出苗,2 片真叶后移栽,晚霜过后定植露地。秋播需进入低温温室越冬,来年 4 月可在露地定植。播后保持土壤及空气湿度。扦插于 4～7 月进行,在 15～20 ℃条件下,2 周左右即可生根。定植株距 40 cm 左右,定植成活后可以摘心,促使发生更多的二次枝。夏季应注意浇水,以防干旱。及时中耕除草,雨季及时排涝。每半月需施薄肥 1 次,使发育良好。花后及时剪除残花,可延长花期。

观赏特征与园林应用:美女樱株丛矮密,花繁色艳,花期长,是花坛、花境、花带、花丛上好的材料,矮生品种也可盆栽观赏。

39. 一串红(爆仗红(炮仗红)、草象牙红、西洋红、墙下红)　*Salvia splendens* Ker-Gawl.(图 3-3-39)

科属:唇形科,鼠尾草属

识别要点:原为多年生亚灌木,作一年生栽培。茎直立,高 25～80 cm,光滑。叶片卵形或卵圆形,对生,有长柄,顶端渐尖,基部圆形,两面无毛。顶生总状花序,着花 2～6 朵轮生;苞片红色,早落;花萼钟形,2 唇,宿存,绯红色;花冠唇形筒状伸出萼外,下唇较短;花有鲜红、粉、红、紫、淡紫、白等色。小坚果卵形,似鼠粪。花期 7～10 月。

类型与品种:

(1)品种依高矮分为 3 组:

①矮性:高 25～30 cm。如火球'Fireball'花鲜红色,花期早;罗德士'Rode'花火红色,播后 7 周开花;卡宾枪手(Carabinere)系列,有'Carabinere Orange'花橙红色、'Carabinere Red'花火红色、'Carabinere Blue'花蓝紫色、'Carabinere White'花白色。

②中性:高 35～40 cm。如红柱'Red－Pillar'花火红色,花序形态优美,叶色浓绿;红庞贝'Red－Pomper'花红色。

③高性:高 65～75 cm。如妙火'Bonfire'花鲜红色,整齐,生长均衡;高光辉'Splendens Tall'花红色,花期晚。

(2)品种按色系分为 3 种:

①朱唇(S. *coccinea* L.):又名红花鼠尾草。多年生或作一年生栽培。高 30～60 cm,全株有毛。花冠鲜红,下唇长于上唇 2 倍,7～8 月开花。原产北美洲南部。

②一串紫(S. *horminum* L.):一年生,全株具有长软毛,株高 30～50 cm。长穗状花序,花小,紫、堇、雪青等色。有多数变种,花色美丽,原产于南欧。

③一串蓝(S. *farinacea* Benth.):多年生或作一年生栽培。花冠青蓝色,全株被柔毛,原产于北美洲南部。

分布与习性:原产南美巴西,现各地广为栽培。喜温暖、阳光充足的环境,不耐寒,耐半阴,忌霜雪和高温,怕积水和碱性土壤,以疏松、肥沃的土壤为好。

繁殖与栽培:播种、扦插繁殖。一般以播种繁殖为主,可于晚霜后播于苗床,或提早播于温室中,播种温度 20～22 ℃,经过 10～14 d 发芽。扦插繁殖在春秋两季均可进行。

(1)分苗、移植:当幼苗生长出真叶以后,进行第一次分苗,当长到 5～6 片真叶时,可以进行第二次分苗，也可以直接移栽。带土移栽，移栽地或盆栽土都要施基肥，随栽随即浇足定根水。

（2）摘心：一般在幼苗具4～5片真叶时进行第一次摘心，第二次摘心则待芽长至3～4片真叶时可把顶芽摘掉，以后随着幼苗的生长反复进行摘心，每次摘心仅在原来基础上留2～3节为宜。

（3）剪除残花：花后要及时剪除残花，减少养分的消耗，促使再度开花。

（4）水肥管理：在生长期间，应少浇水，勤中耕除草，以施磷钾肥为主，少施氮肥。

（5）花期控制：要保证一串红能在全年各大节日准时开花，除抓好以上技术管理外，还可以采用摘心、分批播种、调控温光以及化学药剂等措施调节花期。

观赏特征与园林应用：一串红花期长，花冠、花萼红色，成串状，极具观赏价值。适合布置大型花坛、花境、花带、花台。矮生品种适合盆栽，用于窗台、阳台美化和屋旁、阶前点缀。

40. 彩叶草（五色草、锦紫苏、洋紫苏）　*Coleus scutellarioides*（L.）Benth.（图3-3-40）

科属：唇形科，鞘蕊花属

图3-3-39　一串红

图3-3-40　彩叶草

识别要点：多年生常绿草本植物，多作一、二年生栽培。株高20～60 cm。全株有毛，茎为四棱，基部木质化；单叶对生，卵圆形，先端长渐尖，叶缘缺刻变化很多，叶面绿色，有淡黄、桃红、朱红、紫等色彩鲜艳的斑纹。顶生总状花序，花小，浅蓝色或浅紫色。小坚果平滑有光泽。

常见的类型与品种：

（1）大叶型，植株高大，分枝少，叶片硕大，叶面凸凹不平。

（2）小叶型，叶片小，长椭圆形，叶面光滑，叶色丰富。

（3）彩叶型，叶片小，叶色美丽，有红粉、橙红、黄绿、赭石和白底绿斑等色，有的具2～3种颜色并富于变化。

（4）皱边型，叶缘有裂而波皱，叶色也很丰富，苗期生长缓慢，特别适合盆栽。

（5）柳叶型，叶片细长似柳叶，叶缘具不规则缺刻和锯齿，叶形奇特，叶色变化较小。

（6）黄绿叶型，叶片小，黄绿色，耐日晒，植株低矮，分枝多。

另外，还有低矮型品种，其植株矮小，基部多分枝，株型紧密，叶狭长，适合作吊盆栽培。

分布与习性：原产于亚热带地区、印度尼西亚，现在世界各国广泛栽培。性喜温暖湿润的环境，耐寒力较弱，要求疏松、肥沃、排水良好的土壤。

繁殖与栽培：播种、扦插繁殖。播种可在2～3月室内盆播。发芽适温为20～25 ℃，保持基质湿润，8～10 d即可发芽。扦插一年四季均可进行，极易成活。也可结合植株摘心和修剪进行嫩枝扦插。彩叶草生长适宜温度为15～30 ℃。幼苗期应多次摘心，以促发侧枝，使株形饱满。对肥料的要求不高，生长季节每月施1～2次以氮肥为主的稀薄肥料即可。

观赏特征与园林应用：彩叶草色彩鲜艳、品种甚多、繁殖容易，为应用较广的观叶花卉，除可作小型盆栽置于茶几和窗台等处欣赏外，还可配置图案花坛、植物镶边，也可作为花篮、花束的配叶使用。

41. 五色椒（观赏辣椒、朝天椒、佛手椒、樱桃椒、珍珠椒）　*Capsicum frutescens* L. var. *cerasiforme* Bailey（图3-3-41）

科属：茄科，辣椒属

识别要点：多年生草本，常作一年生栽培。茎直立，二或三叉状分枝，黄绿色，老茎半木质化或半灌木状，多分枝，株高15～60 cm。单叶互生，卵形或卵状披针形，先端渐尖全缘，叶面光滑。花小、白色，单生于叶腋或簇生枝顶，有短梗；花萼短，结果时膨大。果实浆果，果皮肉质，有指形、圆锥形、球形、线形、羊角形、樱桃形、风铃形、蛇形、枣形、灯笼形等多种形状，有鲜红、橙、紫褐、黄红、黄、紫、黑、白、绿等多种颜色。花期7月至霜降。

类型与品种，根据果实的形状、大小、颜色，以及散生或簇生的区别，观赏辣椒常见的主要有三组：

（1）樱桃椒组（Cerasiforme Group）：果直立，圆形，径达2.5 cm。

（2）锥形椒组（Conoides Group）：果直立，圆锥形、圆柱形或椭圆形，长达5 cm。

（3）丛生椒组（Fassiculatum Group）：果直立，多数丛生枝顶。

分布与习性：原产美洲热带，现各国广为栽培。喜阳光充足和温暖湿润的环境，耐高温，喜肥，忌干旱、荫蔽、水涝，不耐寒，适宜在肥沃、疏松、排水良好的土壤中生长。

繁殖与栽培：观赏辣椒春季2～3月可在室内播种。当幼苗具有2～3片真叶时可移栽或上盆。4月下旬气候转暖之后再移到露地定植。露地栽植株距25 cm左右，施好底肥，打好底水；盆栽用土要疏松、肥沃、排水良好，盆要放置在阳光充足、通风良好的位置。生长期间要多施肥水，使植株冠径增大，结果数量增多。

观赏特征与园林应用：五色椒果实精致，颜色鲜艳而光洁，常做中小型盆栽布置阳台、窗台、庭园等处，也适用于花坛、花境的配植材料，特别适用于观光生态农业、都市农业和家庭种植。

42. 矮牵牛（碧冬茄、杂种撞羽朝颜、灵芝牡丹）　*Petunia hybrida* Vilm（图3-3-42）

科属：茄科，矮牵牛属

识别要点：一年生或多年生草本花卉，多作一年生栽培。植株高15～40 cm，多分枝，茎秆绿色。叶互生，卵形，深绿色，全缘，几无柄，嫩叶略对生。全株具腺毛，手感黏重。花单生于叶腋或顶生,花冠漏斗状,花直径 4 ~ 8 cm,有白色、红色、紫红色、蓝色和杂色,果实为蒴果,尖卵形,二瓣裂。种子细小,银灰色至黑褐色。花期 4 ~ 10 月。

图 3-3-41　五色椒

图 3-3-42　矮牵牛

类型与品种:品种按瓣型可分为单瓣、重瓣两类,按株型分有垂吊型。

(1)单瓣品种

①大花单瓣型:花径 8 ~ 13 cm,株高 25 ~ 38 cm,冠幅 25 ~ 30 cm。如大地系列(Daddy),开花早,花径 10 cm;梦幻系列(Dream),开花不断、花期一致;超级瀑布系列(Supercascade),分枝习性好,花特大,直径 10 ~ 13 cm,开花早,寿命长。

②多花单瓣型:地毯系列(Carpet),株高 25 ~ 30 cm,冠幅 25 ~ 38 cm,开花不断,株型紧凑,耐热性好;海市蜃楼系列(Mirage),株高 25 ~ 38 cm,冠幅 38 ~ 45 cm,适应性极强,分枝多,性状整齐一致。

(2)重瓣品种:

①大花重瓣型:株高 25 ~ 38 cm,冠幅 25 ~ 30 cm。如双瀑布系列(Double Cascade),株型紧凑,花特大,花瓣浓密;二重奏系列(Duet),花为鲑粉红色和白色双色花;旋转系列(Pirouette),鲜艳夺目的重瓣大花,皱褶花边,花色图案精巧别致;此外还有奏鸣曲(Sonata)、情人系列(Valentine)。

②多花重瓣型:株高 25 ~ 38 cm,冠幅 25 ~ 30 cm。如二重唱系列(Duo),花色丰富,花型整齐一致。

(3)垂吊型:如清浪系列(Easy Wave),株高 15 ~ 30 cm,冠幅 75 ~ 90 cm;潮波系列(Tidal Wave),株高 40 ~ 55 cm,冠幅 70 ~ 120 cm,为典型的"花篱型"矮牵牛,株型丰满,花量大,持续开花能力强,抗倒伏,耐葡萄孢菌病害;波浪系列(Wave),株高 10 ~ 15 cm,冠幅 90 ~ 120 cm,是当今最好最畅销的垂吊型矮牵牛品种系列。

分布与习性:原产南美洲,目前世界各地广为栽培。喜温暖,不耐寒,较耐干热;喜阳光充足,忌水涝;喜排水良好的沙质壤土。

繁殖与栽培:矮牵牛通常用播种、扦插繁殖。

(1)播种繁殖:播种时间应根据用花的时间而定。矮牵牛种子细小,发芽适温为 22 ~ 24 ℃,一般撒播。1 ~ 2 片真叶即可移植,移植时尽量避免土团松散。

(2)扦插繁殖:室内栽培全年均可进行,花后剪取顶端的嫩枝,长 10 cm,插入沙床中,保持湿润,在气温 20 ~ 25 ℃下,插后半月即可生根,30 d 可移栽上盆。

露地定植株距30～40 cm。盆栽时,宜经常保持盆土湿润,施肥不宜过量。生长发育期间15～20 d施一次腐熟的稀薄饼肥水即可。应注意适当修剪,以控制植株高度,促使多开花。

观赏特征与园林应用:矮牵牛花大色艳,花色丰富,多用于花坛、花境及镶边植物或自然式丛植,也可盆栽观赏或作切花,温室栽培可四季开花。

43. 金鱼草　*Antirrhinum majus* L.（图3-3-43）

科属:玄参科,金鱼草属

识别要点:多年生草本作二年生栽培。株高15～120 cm。叶基部对生,上部螺旋状互生,披针形至阔披针形,全缘。总状花序顶生,花冠筒状唇形,基部膨大成囊状,上唇直立,2裂,下唇3裂,开展外曲,有白、淡红、深红、肉色、深黄、浅黄、黄橙等色。花期5～7月。

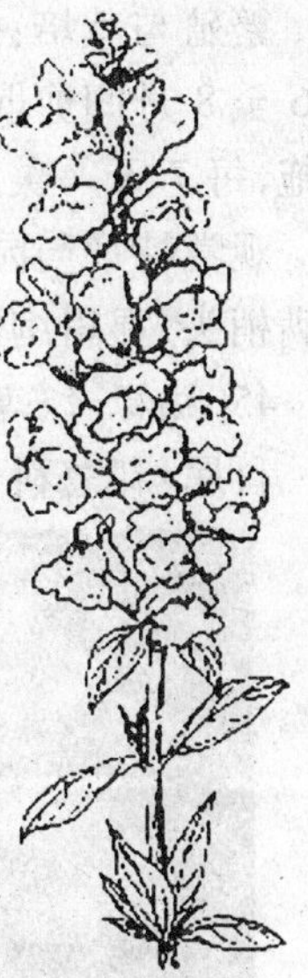

图3-3-43　金鱼草

类型与品种:有各种花色、花型和高矮不同的品种,常见栽培品种有数百种。高型(90～120 cm)品种,少分枝,多作切花;中型(45～60 cm)品种,分枝多,花色丰富,可用于园林和切花生产;矮型(15～25 cm)品种,分枝多,花小,花色丰富。半匍匐型,花型秀丽,花色丰富,用于岩石园或作地被观赏。花型有金鱼型和钟型。有花型特大的四倍体和杂种F_1代。

分布与习性:原产于地中海沿岸及北非。园艺品种很多。喜凉爽气候和阳光充足的环境,忌高温多湿,较耐寒;喜光,稍耐半阴;喜疏松肥沃、排水良好富含腐殖质的中性或稍碱性的土壤。能自播繁衍。

繁殖与栽培:播种或扦插繁殖,以播种为主。种子细小,秋播或春播于疏松沙性混合土壤中。发芽适温15～20 ℃,播后1～2周发芽。应保持基质湿润,但勿太湿。为延长花期,气候适合地区可分期播种,从春至秋不断开花。施用0.02%的赤霉素(GA_3)有促进花芽形成和开花的作用。

观赏特征与园林应用:金鱼草花色鲜艳丰富,中、高性品种是作切花的良好材料,水养时间持久,可用作花坛、花境的背景或中心布置,也可盆栽或冬季促成栽培以丰富冬季室内用花。矮性品种可成片丛植于各类花坛、花境,广泛用于岩石园,与百日草、万寿菊、矮牵牛等配置效果尤佳。特矮性品种适合在花坛、花境边缘种植。匍匐性品种适合作地被种植或盆栽陈列路边。

44. 孔雀草(小万寿菊、杨梅菊、臭菊、红黄草)　*Tagetes patula* L.（图3-3-44）

科属:菊科,万寿菊属

识别要点:一年生草本,高30～100 cm,茎直立,分枝斜开展。叶羽状分裂,裂片线状披针形,边缘有锯齿,齿的基部通常有1个腺体。头状花序单生,径3.5～4 cm,花序顶端稍增粗;总苞长椭圆形,上端具锐齿,有腺点;舌状花金黄色或橙色,带有红色斑;管状花花冠黄色,具5齿裂。瘦果线形,黑色,被短柔毛。花期7～9月。

分布与习性:原产墨西哥。现我国各地广泛栽培。喜温暖、阳光充足的环境,不耐寒,不耐酷暑,对土壤要求不严。

繁殖与栽培:播种或扦插繁殖。一年四季均可播种。冬春播种的 3 ~5 月开花。还可于 6 至 8 月间剪取长约 10 cm 的嫩枝进行扦插繁殖。定植后要及时中耕除草。前期勤施薄施,每 7 天一次。在花蕾欲放时停止施肥。

观赏特征与园林应用:花形与万寿菊相似,但朵较小而繁多。开花时,黄橙橙的花朵布满梢头,显得绚丽可爱。适宜作花坛边缘材料或花丛、花境等栽植,也可盆栽和作切花。

45. 福禄考(草夹竹桃,五色梅)　*Phlox drummondii* Hook. (图 3-3-45)

科属:花荵科,福禄考属

图 3-3-44　孔雀草

图 3-3-45　福禄考

识别要点:株高 15 ~45 cm。茎直立,多分枝,有腺毛。叶互生,基部叶对生,宽卵形、矩圆形或披针形,全缘,叶无柄。聚伞花序顶生,花冠高脚碟状,花径 2 ~2.5 cm。花期 6 ~9 月。

类型与品种:园艺类型很多,依花色分有一花一色、一花二色、一花三色;依瓣型分圆瓣种、星种、须瓣种、放射种,此外还有高型和矮型等。变种有星花福禄考(var. *stellaris*)、圆花福禄考(var. *rotundata*)。如"帕洛娜"('palona')矮生品种,株形圆整,低矮蔓生,适合盆栽或在花坛应用。变种: 圆瓣种(var. *rotundata*)花瓣裂片大而阔,外形呈圆形;星瓣种(var. *stellaris*)花瓣边缘呈三齿裂,中齿较长;须瓣种(var. *fimbriata*)花冠裂片边缘呈细齿裂;放射种(var. *radiata*)花冠裂片呈披针状长圆形,先端尖。

分布与习性:原产北美,现世界各国广为栽培。喜光,耐寒,喜温和湿润气候,怕酷暑,喜排水良好、疏松土壤,不耐干旱,忌盐碱和水涝。

繁殖与栽培:以播种繁殖为主,还可用扦插、分株繁殖。播种又以秋播为主。发芽适温为 15 ~20 ℃,约一星期出苗;苗具 3 ~4 片真叶时移植,苗高 10 cm 左右可定植,定植距离 20 ~30 cm。栽培期间,需勤中耕除草,并施 1 ~2 次肥,注意灌溉。

观赏特征与园林应用:植株矮小,花色丰富,着花密,花期长。可作花坛、花境及岩石园的植株材料,亦可作盆栽供室内装饰。植株较高的品种可作切花。

二、宿根园林植物的识别

(一)宿根园林植物及特点分析

宿根园林植物为多年生草本,指地下器官形态正常,不发生变态,地上部分在花后枯萎,以地下部着生的芽或萌蘖越冬、越夏后再度开花的观赏植物。

依其落叶性不同,宿根园林植物又有常绿和落叶之分。如常见的常绿宿根花卉有麦冬、红花酢浆草、君子兰、万年青等,常见的落叶宿根花卉有菊花、芍药、桔梗、玉簪、萱草等。落叶宿根花卉耐寒性较强,在不适应的季节里,植株地上部分枯死,而地下的芽及根系仍然存活,待春天温度回升后,又能重新萌芽生长。

宿根园林植物种类繁多,一般寿命较长,生长健壮,适应性强,病虫害较少,栽培养护比较简单,一次种植可以连续多次开花,成本低而环境效益大,是花境造景中的主体材料,也可作花坛材料或盆栽用于室内装饰。

(二)常见宿根园林植物的识别

1. 菊花　*Dendranthema morifolium* (Ramat.) Tzvel. (图 3-3-46)

图 3-3-46　菊花

科属:菊科,菊属

识别要点:多年生草本,株高 30 ~ 150 cm,茎直立多分枝,小枝绿色或带灰褐色,被灰色柔毛。单叶互生,卵形至披针形,长 5 ~ 15 cm,羽状浅裂或半裂,边缘有缺刻状锯齿,有短柄,叶表有腺毛。头状花序,单生或多个聚生于茎顶,直径 2 ~ 30 cm,边缘为舌状花,中心为筒状花。花型、花色极为丰富。花期 10 ~ 12 月。

分布与习性:原产中国,现世界各国广泛栽培。为短日照植物,适应性强,喜阳光充足,喜凉爽,较耐寒,耐旱,忌积涝,喜土层深厚、富含腐殖质、疏松肥沃、排水良好的壤土。

繁殖与栽培:以扦插为主,也可用播种、嫁接、分株方法繁殖。扦插多在每年的 3 ~ 6 月。只有在培育新品种时才进行种子繁殖。

观赏特征与园林应用:菊花是传统名花,栽培历史悠久,是高洁品性的象征,花色繁多,花序大小形状多变。菊花为世界四大切花之一,可片植成专属园,也可做地被植物或盆栽观赏。

2. 金鸡菊(小波斯菊、金钱菊、孔雀菊)　*Coreopsis basalis* L. (图 3-3-47)

科属:菊科,金鸡菊属

识别要点:宿根草本,株高 30 ~ 90 cm,全株疏生长毛。单叶对生,长圆匙形或披针形全缘,3 ~ 5 浅裂。头状花序单生或聚成疏圆锥花序,花径 6 ~ 7 cm,具长梗,花金黄色。

同属花卉:

(1)大花金鸡菊(*C. grandiflora*):全株稍被毛,有分枝,基生叶披针形,全缘,上部叶 3 ~ 5深裂。头状花序 4 ~ 6 cm,内外列总苞近等长。舌状花 8 枚,黄色长,端 3 裂,管状花黄色。

(2)大金鸡菊(*C. lanceolata*):无毛或疏生长毛,叶多簇生基部或少数对生,茎上叶很少。头状花径 5 ~ 6 cm,外列总苞常较内列短,舌状花 8 枚黄色,端 2 ~ 3 裂。管状花黄色。

(3)轮叶金鸡菊(*C. overticillata*):无毛,少分枝,叶轮生,无柄,掌状 3 深裂,各裂片又细裂。管状花黄色至黄绿色。

分布与习性:原产美国南部。喜光,也耐半阴,耐寒,耐旱,适应性强,对土壤要求不严,对二氧化硫有较强的抗性。

繁殖与栽培:播种或分株繁殖,也可扦插。播种繁殖一般在 8 月进行,也可春季 4 月底露地直播，7～8 月开花，花陆续开到 10 月中旬。欲使金鸡菊开花多，可花后摘去残花，7～8 月追一次肥，国庆节可花繁叶茂。

观赏特征与园林应用：金鸡菊枝叶密集，春夏之间，花大色艳，常开不绝，是极好的疏林地被，观花也可观叶。常用作花境及屋顶绿化中作覆盖材料。能自行繁衍，是极好的疏林地被。

3. 金光菊 *Rudbeckia laciniata* Linn.（图 3-3-48）

科属：菊科，金光菊属

图 3-3-47 金鸡菊

图 3-3-48 金光菊

识别要点：茎直立，上部有分枝。叶互生，下部叶具叶柄，不分裂或羽状 5～7 深裂；中部叶 3～5 深裂，上部叶不分裂，卵形，顶端尖，全缘或有少数粗齿。头状花序顶生，外围舌状花瓣 6～10 枚，金黄色，舌片倒披针形，管状花呈黄绿或黑紫色。全株被粗糙硬毛，顶端有冠毛。花期 7～10 月。

分布与习性：原产于北美，在我国北方园林栽培较多。喜通风良好、阳光充足的环境。适应性强，耐寒又耐旱。对土壤要求不严，忌水湿。

繁殖与栽培：播种、扦插或分株繁殖。春秋均可播种。生长期要适当节制浇水，抑制高生长，以免倒伏，同时追施 1～2 次液肥。花谢后要及时剪去残花。

观赏特征与园林应用：金光菊株型较大，盛花期花朵繁多，且开花观赏期长、落叶期短。适合公园、庭园等场所布置，亦可布置花坛、花境材料，作切花，此外也可布置草坪边缘成自然式栽植。

4. 常夏石竹（羽裂石竹、地被石竹） *Dianthus plumarius* Linn.（图 3-3-49）

科属：石竹科，石竹属。

识别要点：多年生草本，株高 20～35 cm，直立或茎蔓状簇生，有节，多分枝，越年成木质状，光滑而被白粉。单叶对生，条形或线状披针形。花萼筒圆形，花单朵或数朵簇生于茎顶，成聚伞花序；花径 2～3 cm，花色有紫、粉红、白色，具芳香。花期 5～10 月。

分布与习性：原产于欧洲西伯利亚及奥地利。我国北方各城市均有栽培。耐寒，耐干旱，不耐酷暑，喜阳光充足、高燥、通风及凉爽湿润的气候环境，耐半阴，忌湿涝，喜肥沃疏松、排水良好、富含石灰质的壤土。

繁殖与栽培：播种、扦插、分株繁殖。播种可于春天或秋天播于露地，发芽适温为 15～20 ℃。分株繁殖多在 4 月进行。扦插法可于春秋插于沙床中。植株长到 5 cm 左右打顶，促其分枝。花败后及时修剪。

观赏特征与园林应用：常夏石竹常绿，株型低矮，茎秆似竹，叶丛清脆，花期长，色若彩霞，带有清雅的微香。常用作花坛、花境、花台、景观地被，可成片丛植；还可盆栽于家中。

5. 芍药　*Paeonia lactiflora* Pall.（图 3-3-50）

科属：芍药科，芍药属。

图 3-3-49　常夏石竹

图 3-3-50　芍药

识别要点：多年生草本，根肉质，粗壮，纺锤形或长柱形。茎簇生，高 60 ~ 80 cm，初生茎叶褐红色。二回三出复叶，小叶通常三深裂。花单生，具长梗，着生于茎顶或近顶端叶腋处；花单瓣或重瓣，原种花外轮萼片 5 片，绿色；花瓣 5 ~ 10 片，花色有白、黄、粉红、紫红等。蓇葖果 2 ~ 8 枚离生。花期 5 ~ 6 月。

分布与习性：原产我国北部、日本和西伯利亚地区。喜阳光充足，忌夏季酷热，耐寒，适应性强；好肥，忌积水，要求土层深厚，湿润而排水良好的壤土。

繁殖与栽培：分株、播种、扦插、压条等方法繁殖，以分株为主。栽种时穴底施以腐熟的粪干或饼肥，注意根系舒展，深度适宜；覆土时适当压实。

观赏特征与园林应用：芍药为我国传统名花，有“花相”之称。花大艳丽，品种丰富，在园林中常成片种植，观赏效果胜于牡丹。可作花境、花带、专属园栽植；或单株或二、三株栽植以欣赏其特殊品型花色；还可作切花，或插瓶，或作花篮。

6. 蒲公英　*Taraxacum mongolicum* Hand. - Mazz.（图 3-3-51）

科属：菊科，蒲公英属

识别要点：多年生草本，高 10 ~ 25 cm，含白色乳汁。根深长。叶根生，排成莲座状，狭倒披针形，大头羽裂，裂片三角形，全缘或有数齿。头状花序顶生，总苞片草质，绿色，部分淡红色或紫红色，先端有或无小角，有白色蛛丝状毛。舌状花鲜黄色，先端平截，5 齿裂，两性。瘦果倒披针形，顶生白色冠毛。花期早春及晚秋。

图 3-3-51　蒲公英

分布与习性：原产于亚洲。广泛生于路旁、田野、山坡。喜光，喜肥，稍耐阴，耐旱，耐寒，适应性强，对土壤及环境气候要求不严。

繁殖与栽培：播种、分株繁殖。种子没有休眠期，所以从初春到盛夏都可进行播种，播时要求土壤湿润。蒲公英极易栽培。

观赏特征与园林应用：蒲公英花色金黄艳丽，花期长，成花多，种子熟时也颇为美丽。片植时有田野气息，也可作花境、花带栽植。

7. 紫花地丁　*Viola philippica* Cav.（图 3-3-52）

科属：堇菜科，堇菜属

识别要点：多年生草本，高 7～14 cm，无地上茎，地下茎很短，主根较粗。叶基生，莲座状，狭披针形或卵状披针形，边缘具圆齿，叶柄具狭翅。花中等大，紫堇色或淡紫色；花瓣 5，倒卵形或长圆状倒卵形；距细管状，长 4～8 mm，末端圆。花期 4～5 月。

分布与习性：产中国东北、华东至西北等地，生于田埂、路旁和圃地中。喜温暖或凉爽气候。忌涝，宜选择排水良好的沙质壤土、黏壤土栽培。

繁殖与栽培：分株栽植、播种、自然繁殖均可。用种子繁殖可直播，冬前或早春播种，条播或撒播，播后覆一层薄细土。生长期无需特殊管理。生长旺季时，每隔 7～10 d 追施一次有机肥。生长期间注意拔除杂草，一般不施追肥，雨季注意排水。

观赏特征与园林应用：紫花地丁花小而繁茂，生于早春，紫色娇小可爱，是极好的地被植物，也可栽于庭园，装饰花境或镶嵌草坪。

8. 鸢尾（紫蝴蝶、乌鸢、扁竹花）　*Iris tectorum* Maxim.（图 3-3-53）

科属：鸢尾科，鸢尾属

图 3-3-52　紫花地丁

图 3-3-53　鸢尾

识别要点：多年生宿根性直立草本，高 30～50 cm。根状茎匍匐多节粗而节间短，浅黄色。叶为剑尖状剑形，基部重叠或抱成二列，长 30～50 cm，宽 3～4 cm，革质、淡绿色。花梗从叶丛中抽出，单一或二分枝；花蝶形，花冠蓝紫色或紫白色，外三枚较大，圆形下垂，内三枚较小，倒圆形，拱形直立。蒴果长椭圆形。花期 4～6 月，果期 6～8 月。

分布与习性：原产于中国中部、中南部及日本，耐寒性较强，要求适宜湿度，排水良好，略带碱性富含腐殖质的黏性土壤，喜阳光充足，耐半阴环境。

繁殖与栽培：分株、播种、扦插均可。宜栽种于阳光充足、土壤肥沃的黏土。分株在春季花后或秋季均可进行，一般种植 2～4 年后分栽 1 次。分割根茎时，每块应具 2～3 个不定芽。种子成熟后应立即播种，实生苗需 2～3 年才能开花。栽植距离 45～60 cm，栽植深度以 7 ~ 8 cm 为宜。亦可以进行促成栽培。

观赏特征与园林应用：鸢尾叶片碧绿青葱，花色花姿多变，花型大而奇，宛若翩翩起舞的彩蝶，是优美的盆花、切花、花坛、花境用花，可作地被植物，也可作专类园栽植。

9. 射干　*Belamcanda chinensis*（L.）Redouté（图 3-3-54）

科属：鸢尾科，射干属

识别要点：多年生草本，株高 50 ~ 100 cm。叶剑形，绿色，扁平，扇状互生，被白粉。总状花序顶生，花黄色偏红，花径 3 ~ 5 cm，花被 6，2 轮，内轮 3 片较小，花被片椭圆形。蒴果椭圆形，具 3 棱，成熟时 3 瓣裂。种子黑色，近球形。花期 7 ~ 9 月，果期 9 ~ 10 月。

分布与习性：原产中国、朝鲜及日本，现全国各省区均有栽培。喜阳光和温暖环境，耐干旱、耐寒冷，适应性强，对土壤要求不严，忌积涝和盐碱土。

繁殖与栽培：分株、播种、扦插均可。种子繁殖采用直播和育苗移栽均可，播种时期因栽培方式（露地和地膜覆盖）而有所不同；当苗高 6 cm 时移栽到大田。根茎繁殖在 1 月下旬进行，挖出作种用的射干，按每 2 ~ 3 个芽和部分须根切成 4 cm 长的根段处理后栽植。经常保持土壤湿润，第二年春天追肥。

观赏特征与园林应用：射干株型高大，花型飘逸，适用于花境布置。

10. 萱草（黄花菜、金针菜、忘忧草）　*Hemerocallis fulva*（L.）L.（图 3-3-55）

科属：萱草科，萱草属

图 3-3-54　射干

图 3-3-55　萱草

识别要点：多年生宿根草本，具短根状茎和粗壮肉质根。叶基生，宽线形，对排成两列，宽 2 ~ 3 cm，背面成"V"形突起，嫩绿色。花葶细长而坚挺，高出叶丛，着花 6 ~ 10 朵，花大漏斗形，下部合成花被筒，上部开展而反卷，边缘波状，橘红色。花期 6 ~ 7 月，每花仅开一天。

分布与习性：原产中国，现在栽培多为杂交种，世界各地广泛栽培。性强健，喜阳光又耐半阴，喜湿润也耐旱，耐寒，适应性强，对土壤选择性不强。

繁殖与栽培：分株、扦插、播种繁殖均可。宜种在富含腐殖质、排水良好的湿润土壤。分株繁殖时，每丛带 2 ~ 3 个芽，施以腐熟的堆肥。若春季分株，夏季就可开花，通常 5 ~ 8 年分株一次。播种繁殖春秋均可。早春萌发前穴栽，先施基肥，上盖薄土，再将根栽入，株行距 30 ~ 40 cm，栽后浇透水一次，生长期中每 2 ~ 3 周施追肥一次，喷施新高脂膜保肥保墒。入冬前施一次腐熟有机肥。

观赏特征与园林应用：萱草品种繁多。春天萌芽，叶丛美丽，花茎高于叶丛，花色艳丽。园林中多丛植，既可布置花境、路旁栽植，又可作疏林地被植物。

11. 桔梗（铃铛花、僧帽花）　*Platycodon grandiflorus*（Jacq.）A. DC.（图 3-3-56）

科属：桔梗科，桔梗属

识别要点：多年生草本，株高 30～100 cm。根肥大而多肉。枝铺散状，有乳汁。叶多为互生，缘有齿。顶生总状花序，花冠钟形，蓝紫色或蓝白色，裂片 5，花径可达 6 cm 以上，含苞未绽开前花瓣密合六角状。蒴果卵形，熟时顶端开裂。花期长，自然花期 6～8 月。

分布与习性：原产中国、朝鲜、日本，现我国各地均有栽培。喜凉爽，也耐微阴，喜湿润，耐寒，要求富含腐殖质、排水良好的沙质壤土。

繁殖与栽培：以播种繁殖为主，也可用扦插或分株繁殖。生产中一般采用直播，冬播或春播。

观赏特征与园林应用：桔梗花大、花期长，很有田园气息。可布置花境，亦可盆栽。

12. 宿根福禄考（天蓝绣球、锥花福禄考）　*Phlox paniculata*（图 3-3-57）

科属：花荵科，福禄考属

识别要点：多年生宿根草本，株高 15～20 cm，被短柔毛。叶互生，长椭圆形，全缘，上部叶抱茎。聚伞花序顶生，花冠浅 5 裂，基部紧收成细管。花色有白、黄、粉、红紫、斑纹及复色，多以粉色及粉红色为常见。蒴果椭圆形或近圆形，棕色。花期 6～9 月。

分布与习性：主要产于北美洲，现各地广泛栽培。性强健，耐寒，喜阳光充足，忌炎热多雨，喜石灰质壤土。

繁殖与栽培：分株、扦插、播种繁殖。露地栽培应选背风向阳而又排水良好的土地，结合整地施入厩肥或堆肥作基肥。盆栽应在每年春季新芽萌发后换一次盆。栽培时要长期保持土壤湿润，夏季不可积水且花后要适当修剪。

观赏特征与园林用途：宿根福禄考开花紧密、花色艳丽，观赏期长，是优良的夏季花卉。宿根类用于花境，可大面积丛植，作地被或作切花栽培。

图 3-3-56　桔梗

图 3-3-57　宿根福禄考

13. 蜀葵　*Althaea rosea*（L.）Cavan.（图 3-3-58）

科属：锦葵科，蜀葵属

识别要点：多年生草本，株高 2～3 m，茎直立而高，全株被柔毛。单叶互生，近圆形，叶面粗糙具3～7 浅裂。花单生叶腋或簇生成总状花序，花大，花径 6～12 cm，苞片 6～9

枚,花萼5裂,花瓣5枚,呈紫、红、白等色。果实为蒴果,扁圆形。种子肾形。花期5~9月。

分布与习性:原产于我国,分布于华北、华南、中原等地。喜阳光充足,耐半阴,耐寒,忌涝,耐盐碱,适应性强,在疏松肥沃、排水良好、富含有机质的沙质土壤中生长良好。能自播繁衍。

繁殖与栽培:以播种繁殖为主,也可分株、扦插繁殖。播种繁殖时宜早不宜晚,以增强抗寒力。可粗放管理。

观赏特征与园林应用:蜀葵株形大,花大艳丽,花色丰富,花期长,是优良的花境材料,或种植在建筑物旁、假山旁或点缀花坛、草坪,成列或成丛种植;也可作切花、绿篱、花墙。矮生品种可作盆栽。

14. 松果菊(紫锥花、紫锥菊、紫松果菊)　*Echinacea purpurea* Moench.(图3-3-59)

科属:菊科,松果菊属

识别要点:多年生草本植物,株高60~150 cm,全株具粗毛,茎直立。基生叶卵形或三角形,茎生叶卵状披针形,叶柄基部稍抱茎。头状花序单生于枝顶,或数朵聚生;花径达10 cm,舌状花一轮,紫红色;管状花橙黄色。瘦果,具四棱。花果期6~7月。

分布与习性:原产北美,世界各地多有栽培。稍耐寒,喜生于温暖向阳处,喜肥沃、深厚、富含有机质的土壤。

繁殖与栽培:播种、分株和扦插繁殖均可,以播种繁殖为主。其生长健壮,管理简便。

观赏特征与园林应用:松果菊花朵较大,色彩艳丽,外形美观,观赏价值高。可作花境、背景栽植及坡地材料,亦可作切花。

图3-3-58　蜀葵

图3-3-59　松果菊

15. 假龙头(随意草、芝麻花)　*Physostegia virginiana*(图3-3-60)

科属:唇形科,假龙头花属

识别要点:多年生宿根草本,株高60~120 cm,茎四方形。叶对生,披针形,有细锯齿。穗状花序顶生,唇形花冠,花序自下端往上逐渐绽开。花色有淡红、紫红或斑叶变种。花期7~10月。

分布与习性:分布于北美洲。性喜向阳、湿润环境,耐寒,喜疏松、肥沃、排水良好的沙质壤土,夏季忌干旱。

繁殖与栽培：播种、分株或扦插繁殖。其生性强健，地下匍匐茎易生幼苗，栽培 1 株后，常自行繁殖无数幼株。春、秋季为分株适期，亦可在秋季剪取健壮新芽，扦插于排水良好的沙床。定植密度为 25 cm × 25 cm，春至夏季为盛育期，栽培地宜保持足够的湿度。老株冬或早春整枝 1 次，3 年生以上宜再更新栽培。

观赏特征与园林应用：假龙头叶秀花艳，成株丛生状，盛开的花穗迎风摇曳，婀娜多姿。适合布置花境、花坛背景或在野趣园中丛植；也可作大型盆栽，或作切花。

16. 非洲菊（扶郎花、太阳花） *Gerbera jamesonii* Bolus（图 3-3-61）

科属：菊科，大丁草属

图 3-3-60　假龙头

图 3-3-61　非洲菊

识别要点：多年生草本，株高 30 ~ 45 cm，叶基生，叶片长圆状匙形，羽状浅裂或深裂。头状花序单生，高出叶面，总苞盘状，钟形，舌状花瓣 1 ~ 2 或多轮呈重瓣状，花色有大红、橙红、淡红、黄色等。通常四季有花，以春秋两季最盛。

分布与习性：原产南非，现在我国华南、华东、华中等地区皆有栽培。喜冬暖夏凉、空气流通、阳光充足的环境，不耐寒，忌炎热；喜肥沃疏松、富含腐殖质的沙质壤土。

繁殖与栽培：多采用组织培养快繁，也可采用分株、播种繁殖。分株繁殖，每个母株可分 5 ~ 6 个小株；播种繁殖用于矮生盆栽型品种或育种；也可用单芽或发生于颈基部的短侧芽分切扦插。

观赏特征与园林应用：非洲菊花朵硕大，花枝挺拔，花色艳丽，水插保持时间长，为世界著名切花之一。它与月季、唐菖蒲、香石竹列为世界最畅销的"四大切花"。可布置花坛、花境，或温室盆栽作为厅堂、会场等装饰摆放。

17. 香石竹（康乃馨、麝香石竹） *Dianthus caryophyllus* L.（图 3-3-62）

科属：石竹科，石竹属

识别要点：常绿多年生宿根草本。高度约 50 cm，茎丛生，质坚硬，灰绿色，节膨大。叶对生，厚线形。花大，具芳香，单生、2 ~ 3 朵簇生或成聚伞花序；萼下有菱状卵形小苞片 4 枚；萼筒绿色，5 裂；花瓣不规则，边缘有齿，单瓣或重瓣，有红色、粉色、黄色、白色等。花期 4 ~ 9 月，保护地栽培四季开花。

品种极多，一般分为花坛康乃馨与花店康乃馨两类。

分布与习性：原产地中海地区，分布于欧洲温带以及我国福建、湖北等地。喜凉爽和阳光充足环境，不耐炎热、干燥和低温；适宜在富含腐殖质、排水良好的石灰质土壤中生长。

繁殖与栽培：播种、压条和扦插繁殖均可，以扦插法为主，除炎夏外，其他时间都可进行。采插穗时要用“掰芽法”。平时可少浇水，以维持土壤湿润为宜。在栽植前施以足量的烘肥及骨粉，生长期内还要不断追施液肥。反复摘心能使株形优美，花繁色艳。

观赏特征与园林应用：香石竹通常开重瓣花，花色多样且鲜艳，气味芳香，是最受欢迎的切花之一，可作插花、胸花等。

18. 花烛（红掌、安祖花、火鹤花）　*Anthurium andraeanum* Lindl.（图 3-3-63）

科属：天南星科，花烛属

识别要点：常绿多年生宿根草本，株高一般为 50～80 cm。具肉质根，无茎，叶从根茎抽出，具长柄，单生、心形，鲜绿色，叶脉凹陷。肉穗花序腋生，圆柱状，直立；佛焰苞蜡质，正圆形至卵圆形，鲜红色、橙红肉色、白色。四季开花。

分布与习性：原产于南美洲，现在欧洲、亚洲、非洲广泛栽培。喜暖畏寒，喜湿怕旱，喜阴忌晒。

繁殖与栽培：采用分株、扦插、播种和组织培养等方法繁殖。分株繁殖结合春季换盆，将有气生根的侧枝切下种植，形成单株。扦插繁殖是将老枝条剪下，去叶片，每 1～2 节为一插条，插于 25～35 ℃的插床中，几周可即可萌芽生根。人工授粉的种子成熟后，立即播种，温度 25～30 ℃，两周后发芽。为大量发展花烛，现采用组织培养进行繁育。花烛及其同属的花卉是国内外新兴的切花和盆花，每朵花的花期可达 1 个月，全年均可开花。

观赏特征与园林应用：花烛植株美观，花苞艳丽，是热带观花类的代表，又是相当珍贵的观叶植物，是世界名贵花卉。切花水养时间长，切叶可作插花的配叶；也可作盆栽在室内装饰。花烛的花有轻微的毒性。

图 3-3-62　香石竹

图 3-3-63　花烛

19. 荷包牡丹（荷包花、铃儿草）　*Dicentra spectabilis*（L.）Lem.（图 3-3-64）

科属：荷包牡丹科，荷包牡丹属。

识别要点：多年生宿根草本。株高 30～60 cm，具肉质根状茎。2 回 3 出复叶对生，状似牡丹叶，具白粉，有长柄，顶端 3 裂，裂片倒卵状。总状花序顶生呈拱状，花下垂向一边，鲜桃红色；花瓣 4 片，外面 2 枚基部囊状，内部 2 枚近白色，形似荷包。蒴果细而长。花期

4～5月。

分布与习性：原产中国、西伯利亚及日本。喜光，耐半阴；耐寒，不耐高温；喜湿润，不耐干旱，喜富含腐殖质的沙质壤土。

繁殖与栽培：分株、扦插、嫁接、播种繁殖均可，常用分株或将根茎截段繁殖。秋季将地下部分挖出，将根茎按自然段顺势分开，分别栽植。另可将根茎截成段，每段带有芽眼，插于沙中，待生根后栽植盆内。播种繁殖，实生苗需培育3年才能开花。

观赏特征与园林应用：荷包牡丹叶丛美丽，花朵玲珑，形似荷包，色彩绚丽，适合盆栽和作切花；也可布置花境或在树丛、草地边缘湿润处丛植。

20. 天竺葵　*Pelargonium hortorum* Bailey（图3-3-65）

科属：牻牛儿苗科，天竺葵属

图3-3-64　荷包牡丹

图3-3-65　天竺葵

识别要点：多年生直立草本，高30～60 cm，全株被细毛和腺毛，有浓裂鱼腥味。茎肉质，多分枝。单叶对生，圆肾形，通常叶缘内有马蹄纹。伞形花序顶生，总梗长，花冠通常5瓣，群花密集如球，花色有红色、桃红色、橙红色、玫瑰色、白色或混合色，有单瓣、重瓣之分。花期5～6月。

分布与习性：原产南非，我国各地均有栽培。喜温暖、湿润和阳光充足环境；耐寒性差，怕水湿和高温；不择土壤，但以富含腐殖质的沙壤土上生长最良。

繁殖与栽培：常用播种和扦插繁殖，也可用组织培养法繁殖。春季栽植，南方地栽，北方宜盆栽室内越冬。一般采用盆栽，盆栽选用腐叶土、园土和沙混合的培养土。

观赏特征与园林应用：天竺葵花色鲜艳，花期长，适用于室内摆放，花坛布置等。

21. 紫鸭跖草（紫竹梅、紫叶草）　*Setcreasea purpurea* B. K. Boom（图3-3-66）

科属：鸭跖草科，鸭跖草属

识别要点：多年生草本，高20～30 cm。茎多分枝，紫红色，半蔓性，匍匐地面生长。叶披针形，互生，全缘，基部抱茎而成鞘，叶面暗绿色，边缘绿紫色，背面紫红色。花密生在二叉状的花序柄上，下具线状披针形苞片，桃红色。花期春夏季。

分布与习性：原产墨西哥等地，现世界各地广为栽培。喜光，也耐阴；喜湿润，也较耐旱，不耐寒，对土壤要求不严。

繁殖与栽培：分株、扦插繁殖。4月出圃后，置于阳光充足、通风良好之处。生长期保证水肥供应，可每隔10 d左右浇一次腐熟有机液肥。盛夏时节，应移至半阴处。10月移入室内阳光充足之处，保持盆土湿润，温度不低于10 ℃即可。

观赏特征与园林应用：紫鸭跖草整个植株全年呈紫红色，花叶俱美，为优良地被植物，也可盆栽作室内观叶植物。

22. 虎尾兰（虎皮兰、锦兰）　*Sansevieria trifasciata* Prain（图3-3-67）

科属：百合科，虎尾兰属

图3-3-66　紫鸭跖草

图3-3-67　虎尾兰

识别要点：多年生常绿草本。地下茎无枝。叶簇生，下部筒形，中上部扁平，尖叶挺直，厚革质，全缘，表面乳白、淡黄、深绿相间，呈横带斑纹。花从根茎单生抽出，总状花序，花淡白、浅绿色，3～5朵着生在花序轴上，花香较浓郁。浆果。花期春夏季。

变种有金边虎尾兰、银脉虎尾兰。金边虎尾兰叶缘金黄色，银脉虎尾兰表面具纵向银白色条纹。

分布与习性：原产非洲热带和印度，同属约有60余种。喜温暖湿润、阳光充足、通风良好环境，也耐阴，耐干旱，不耐寒，忌水涝；要求排水良好的沙质壤土。

繁殖与栽培：扦插、分株繁殖。扦插时选取健壮而充实的叶片，剪成5～6 cm长，插于沙土或蛭石中，一个月左右可生根。金黄色镶边或银脉的品种，不适宜扦插。分株繁殖一般结合春季换盆进行，方法是将生长过密的叶丛切割成若干丛，每丛带叶片、一段根状茎和吸芽，分别上盆栽种即可。

观赏特征及园林应用：虎尾兰叶片丛生，斑纹美丽，四季青翠，是优良的盆栽观叶花卉。

23. 万年青（冬不凋、铁扁担）　*Rohdea japonica*（Thunb.）Roth（图3-3-68）

科属：百合科，万年青属

识别要点：多年生常绿草本，无地上茎。根状茎粗短，黄白色，有节，节上生多数细长须根。叶基生，质厚，披针形或带形，边缘略向内褶，基部渐窄呈叶柄状，表面深绿色，背面淡绿色。春夏季从叶丛中抽生花葶，花多数，丛生于顶端成短穗状花序；花被6片，淡绿色。浆果球形，橘红色；内含种子一粒。

常见变种有金边万年青（var. *marginata*）和银边万年青（var. *variegata*）。

分布与习性：原产于我国与日本，我国分布广，华东、华中及西南均有。喜半阴、温暖湿润、通风良好的环境，不耐旱，稍耐寒；忌阳光直射、忌积水；喜富含腐殖质的微酸性沙壤土。

繁殖与栽培：常用分株和播种繁殖。分株法是于春、秋将根茎处新萌芽连带部分侧根切下，伤口涂以草木灰，栽入盆中，略浇水，放置荫处，1 ~ 2 d 后浇透水即可；播种一般在 3 ~4 月进行，浆果成熟后即可随采随播。

观赏特征与园林应用：万年青叶丛四季青翠，红果经冬不落，是优良的室内观叶、观果植物，在南方是良好的林下、路边地被植物。

24. 广东万年青（亮丝草）　*Aglaonema modestum* Schott ex Engl.（图 3-3-69）

科属：天南星科，广东万年青属

图 3-3-68　万年青

图 3-3-69　广东万年青

识别要点：多年生常绿草本，株高 60 ~ 70 cm，茎直立不分枝，节间明显。叶互生，绿色，长披针形或卵圆披针形，叶柄长，基部扩大成鞘状。秋季开花，花序腋生，短于叶柄。

分布与习性：原产亚洲热带、亚热带，我国广东、广西、云南和菲律宾等都有分布。性喜温暖湿润的半阴环境，畏烈日直射；以疏松肥沃、排水良好的微酸性土壤为宜。

繁殖与栽培：扦插或分株繁殖。

观赏特征与园林应用：广东万年青叶色秀美，主要供祝贺造景及公共空间布置用。

25. 花叶万年青（黛粉叶）　*Dieffenbachia picta*（Lodd.）Schott.（图 3-3-70）

科属：天南星科，花叶万年青属

识别要点：多年生常绿草本。茎粗壮，多肉质，株高可达 1 m。叶大而光亮，着生于茎干上部，椭圆状卵圆形或宽披针形，先端渐尖，全缘，深绿色，其上镶嵌密集、不规则的白、乳白、淡黄等色斑点、斑纹、斑块。园艺品种常见有大王黛粉叶、白玉黛粉叶、暑白黛粉叶等。

分布与习性：原产美洲。喜高温高湿、半阴或蔽荫环境；不耐寒，忌强光直射；要求疏松、肥沃、排水良好的沙质壤土。

繁殖与栽培：以扦插为主。以 7 ~ 8 月高温扦插最好。但其汁液有毒，应加以注意。盆栽用 2 份腐叶土、1 份园土、1 份河沙加少量腐熟基肥作培养土。生长季节保持盆土湿润；生长期施肥一般每月 1 次，防阳光直射，予以遮阴。每年春季换盆 1 次。越冬温度不能低于 10 ℃。

观赏特征与园林应用：花叶万年青一般盆栽观赏，适宜点缀客厅、书房。

26. 一叶兰(独蒜兰、蜘蛛抱蛋)　*Aspidistra elatior* Bl.（图 3-3-71）

科属:百合科,蜘蛛抱蛋属

图 3-3-70　花叶万年青

图 3-3-71　一叶兰

识别要点:多年生常绿草本。根状茎粗壮匍匐。叶基生,质硬,基部狭窄成沟状,具长叶柄,长达 70 cm。花钟状单生,梗短,紧贴地面,褐紫色。果球形。花期 4 ~5 月。

分布与习性:原产我国南方,现各地均有栽培。性喜温暖、湿润、半阴环境,耐贫瘠,稍耐寒,极耐阴,喜疏松、肥沃、排水良好的沙质壤土。

繁殖与栽培:主要采用分株法繁殖。盆栽可用腐叶土、泥炭土和园土等量混合作为培养土。在生长季节每 10 ~15 d 追施 1 次液肥,平时盆土要保持湿润。在北方,春、夏季应蔽荫养护,并经常向叶面喷水增湿,秋末后适当减少浇水量。在叶片没有挤满全盆前不需翻盆。全年均应在有遮阴的条件下培植。

观赏特征与园林应用 :终年常绿,叶形优美,生长健壮,是理想的室内绿化植物。此外,它还是现代插花极佳的配叶材料。

27. 海芋(广东狼毒、观音莲、滴水观音)　*Alosia macrorrhizos* (Linn.)Schott（图 3-3-72）

科属:天南星科,海芋属

识别要点:多年生常绿草本,地上茎高达 2 ~3 m,直立。叶多数,螺旋状排列;叶柄粗大,下部具鞘;叶片革质,表面稍光亮,箭状卵形,边缘浅波状。花序柄 2 ~3 丛生,圆柱形,各被苞叶(鳞叶),后者披针形,绿色;佛焰苞管部席卷成长圆状卵形或卵形,白绿色;肉穗花序芳香。浆果亮红色。花期 4 ~7 月。茎和叶内的汁液有毒。

图 3-3-72　海芋

分布与习性:原产我国热带地区以及印度和东南亚,现各地温室均有栽培。喜高温、潮湿,耐阴,不宜强风吹、强光照。

繁殖与栽培:繁殖可用分株、扦插、播种、球根法和组织培养法。我国南方较适宜种此植物。入冬后,搬入室内向阳或半阴处,室温保持 5 ℃以上就能安全越冬。春后移出室外,进行日常养护管理。夏、秋为生长期,室内要放在通风处,在室外则需要遮阴,每月施入一次以氮为主的肥料。

观赏特征与园林应用：海芋叶大翠绿，为大型观叶植物，适合大盆栽培，用于居室及厅堂装饰。

三、球根园林植物的识别

（一）球根园林植物及特点分析

球根园林植物是植株地下部分变态膨大成球状物或块状物，能贮藏大量养分的多年生草本花卉。球根园林植物种类很多，大多属于单子叶植物，广泛分布于世界各地。

按照地下茎或根部的形态，球根园林植物可以分为五大类，即鳞茎类、球茎类、块茎类、根茎类、块根类。鳞茎类又可以分为有皮鳞茎和无皮鳞茎两类，有皮鳞茎类如水仙花、郁金香、朱顶红、风信子、文殊兰等，无皮鳞茎类如百合等；球茎类如唐菖蒲、小苍兰等；块茎类如花叶芋、马蹄莲、仙客来、大岩桐、球根海棠等；根茎类如美人蕉、荷花、睡莲、玉簪等；块根类如大丽花、芍药等。根据其习性特点又可分为春植球根和秋植球根。春植球根类有唐菖蒲、大丽花、大花美人蕉、石蒜等；秋植球根类有百合、水仙、风信子、球根鸢尾、郁金香、葡萄风信子、铃兰等。仙客来、马蹄莲、朱顶红、小苍兰等则属于温室球根类园林植物。

球根园林植物从播种到开花，常需数年，待球根达到一定大小时，开始分化花芽、开花结实。部分球根花卉，播种后当年或次年即可开花，如大丽花、美人蕉、仙客来等。不能产生种子的球根花卉，用分球法繁殖。球根园林植物一般叶片稀少，根系多为肉质，对土壤要求较严格，栽培应用中要求细致管理。

（二）常见球根园林植物的识别

1. 大花美人蕉（美人蕉） *Canna generalis* Bailey（图 3-3-73）

科属：美人蕉科，美人蕉属

识别要点：多年生直立草本，高 1 ~ 2 m。茎、叶和花序均被白粉，具块状的地下茎。叶大型，互生，呈长椭圆形，叶柄鞘状。顶生总状花序，常数朵簇生在一起；萼片 3 枚，绿色，较小；花被 3 片，柔软，先端向外翻；花色有乳白、黄、红、红紫等多种，并有复色斑纹；4 枚雄蕊多瓣化。花、果期 7 ~ 10 月。

分布与习性：原产美洲热带，由原种美人蕉杂交改良而来。喜高温炎热、阳光充足，怕强风，不耐寒，以肥沃壤土最适宜。

繁殖与栽培：常用分根繁殖。早春萌芽前挖起根茎，分割成片段，各带芽眼 2 ~ 3 个，开穴直接栽植露地。大花美人蕉适应性强，不择土壤，但要施足基肥，开花前施 1 ~ 2 次追肥，花后及时将花茎剪去。地上部枯萎后，剪去茎叶，盖于植株上方，以备安全越冬。翌春萌芽前清除覆盖材料，以利新芽出土。

观赏特征与园林应用：大花美人蕉叶片翠绿，花朵艳丽，花色丰富，应用广泛，宜作花境背景或在花坛中心栽植，也可成丛或成带状种植在林缘、草地边缘。矮生品种可盆栽或作阳面斜坡地被植物。

2. 大丽花（地瓜花、天竺牡丹、东洋菊） *Dahlia pinnata* Cav.（图 3-3-74）

科属：菊科，大丽花属

图 3-3-73　美人蕉

图 3-3-74　大丽花

识别要点：多年生草本，有巨大棒状块根。茎直立，多分枝，株高 1.5 ~ 2 m。叶 1 ~ 3 回羽状全裂，裂片卵形。头状花序大，常下垂；舌状花 1 层，白色、红色或紫色，常卵形，顶端有不明显的 3 齿，或全缘；管状花黄色，有时全部为舌状花。花期 6 ~ 12 月。

分布与习性：原产墨西哥，各地栽培最为广泛。不耐霜冻，性喜温暖湿润气候、充足阳光和疏松肥沃、排水良好的土壤。

繁殖与栽培：以分根和扦插繁殖为主，育种时用种子繁殖。地栽时要选择地势高燥、排水良好、阳光充足而又背风的地方，并作成高畦。株行距一般品种 1 m 左右，矮生品种 40 ~ 50 cm。大丽花茎高，要设立支柱，以防风折。浇水掌握干透再浇的原则。盆栽大丽花以采用多次换盆为好。

观赏特征与园林应用：大丽花花期长，花型、花色极多，花型有菊形、莲形、芍药形、蟹爪形等，花瓣有重瓣和单瓣，花色丰富、艳丽，有红、黄、橙、紫、淡红和白色等单色，还有多种复色。可大片群植于园林绿地，或布置花坛、花境，还可作切花；矮生品种可作盆栽。

3. 石蒜（龙爪花、蟑螂花）　*Lycoris radiata* （L'Hér.） Herb. （图 3-3-75）

科属：石蒜科，石蒜属

识别要点：多年生草本，鳞茎近球形，径 1 ~ 3 cm。秋季出叶，叶狭带状，深绿色，中间有粉绿色带。花茎高约 30 cm；总苞片 2 枚，披针形；伞形花序有花 4 ~ 7 朵；花鲜红色；花被裂片狭倒披针形，强度皱缩和反卷，花被筒绿色；雄蕊显著伸出于花被外。花期 8 ~ 9 月，果期 10 月。

分布与习性：原产中国及日本，广泛分布于东亚各地。喜温和、湿润、半阴环境，耐强光，较耐寒，耐旱，以排水良好、肥沃沙壤土为宜。

繁殖与栽培：分球、播种、鳞块基底切割和组织培养繁殖，以分球法为主。一般春季种植，可以露地栽培、温室盆栽、框式栽培或水培。

观赏特征与园林应用：石蒜可作林下地被花卉，花境丛植或山石间自然式栽植。因其开花时光叶，所以应与其他较耐阴的草本植物搭配为好。除此也可供盆栽、水养、切花等用。鳞茎有毒。

4. 唐菖蒲（十样锦、剑兰、菖兰）　*Gladiolus gandavensis* Van Houtte （图 3-3-76）

科属：鸢尾科，唐菖蒲属

图 3-3-75　石蒜

图 3-3-76　唐菖蒲

识别要点：多年生草本，球茎扁球形，株高 60 ~ 150 cm。叶基生或在花茎基部互生，剑形，嵌迭状排成 2 列。花茎直立、不分枝，高出叶上，蝎尾状聚伞花序顶生，着花 12 ~ 24 朵排成二列，侧向一边；花大形，左右对称；花冠筒呈膨大的漏斗形，稍向上弯；花色有红、黄、白、紫、蓝等单色或具复色、斑点、条纹，或呈波状、褶皱状。花期 7 ~ 9 月。

分布与习性：原产南非，现广布世界各地。唐菖蒲为喜光性长日照植物，喜夏季凉爽气候；畏酷暑和严寒，忌旱，忌涝，喜肥沃深厚、排水良好的沙质土壤。

繁殖与栽培：以分球繁殖为主，新球第二年开花；亦可将球茎分切，每块须具芽及发根部位，切口涂以草木灰，略干燥后栽种。培育新品种时多用播种繁殖，秋季采下种子即播，发芽率高；冬季实生苗转入温室培养，次春分栽于露地，加强管理，秋季可有部分苗开花。

观赏特征与园林应用：唐菖蒲叶绿修长，花大秀美，花色十分丰富又极富变化，分十个色系：白色系、粉色系、黄色系、橙色系、红色系、浅紫色系、蓝色系、紫色系、烟色系及复色系。主作鲜切花，是世界四大切花之一，也可布置花境及专类花园。

5. 小苍兰（香雪兰、小菖兰、洋晚香玉）　*Freesia refracta* Klatt（图 3-3-77）

科属：鸢尾科，香雪兰属

识别要点：多年生球根花卉，球茎长卵形，茎柔弱，有分枝。茎生叶二列状，带状披针形，全缘。穗状花序顶生，花序轴斜生，稍有扭曲，花漏斗状，偏生一侧，花色有淡黄、紫红、粉红、雪青、白等，具有浓郁的芳香。花期 3 ~ 5 月。

分布与习性：原产南非好望角，现各地均有栽培。喜凉爽湿润和阳光充足环境，不耐寒，宜生长于肥沃疏松、排水良好的沙壤土中。

繁殖与栽培：播种或分植球茎繁殖。播种，9 月秋播，实生苗 4 ~ 5 年开花。分株，待茎叶枯萎后，挖起小球茎，分级贮藏，9 月分栽。生长期要求肥水充足，每两周施用一次有机液肥，亦可适量施用复合化肥。盆土要求“见干见湿”。

观赏特征与园林应用：小苍兰株态清秀，花色丰富浓艳，芳香馥郁，花期较长，适于盆栽或作切花，温暖地区可花坛栽植或自然片植。

6. 水仙（凌波仙子、金盏银台、玉玲珑）　*Narcissus tazetta* var. *chinensis* Roem.（图 3-3-78）

科属：石蒜科，水仙属

图 3-3-77　小苍兰

图 3-3-78　水仙

识别要点：多年生草本，鳞茎卵球形，外被棕褐色皮膜。叶狭长带状，全缘。花葶自叶丛中抽出，高于叶面；通常每球抽花葶数支，多者可达 10 余支，每葶着花数朵，组成伞房花序；花白色，花被裂片 6，芳香；副冠浅杯状，黄色。花期 1 ~ 3 月。

分布与习性：原产中国，以福建漳州、上海崇明岛所产最为有名。喜光，喜温暖湿润，在疏松肥沃、土层深厚、排水良好的冲积沙壤土上生长良好。

繁殖与栽培：分球繁殖为主，亦可播种繁殖。有水培法和土培法两种方法。

观赏特征与园林应用：水仙是中国十大传统名花之一，其花叶秀美，香气浓郁，可水养作为冬季室内陈设花卉，温暖地区可作春季花坛种植。另外，鳞茎多液汁，有毒。

7. 郁金香（洋荷花、草麝香）　*Tulipa gesneriana* L.（图 3-3-79）

科属：百合科，郁金香属

识别要点：多年生草本，鳞茎扁圆锥形或扁卵圆形，具棕褐色纸质皮膜。茎叶光滑具白粉。叶 3 ~ 5 枚，条状披针形至卵状披针形。花茎高 6 ~ 10 cm，花单生茎顶，大形直立，杯状，基部常黑紫色；花瓣 6 片，倒卵形，鲜黄色或紫红色，具黄色条纹和斑点；花色丰富。花期一般为 3 ~ 5 月。

分布与习性：原产欧洲，品种很多，现各地广泛栽培，以荷兰最为盛行。长日照花卉，喜向阳、避风，冬季温暖湿润、夏季凉爽干燥或半阴环境，要求腐殖质丰富、疏松肥沃、排水良好的微酸性沙质壤土；忌碱土和连作。

繁殖与栽培：常用分球繁殖，以分离小鳞茎法为主。地栽要求深耕整地，以腐熟牛粪及腐叶土等作基肥，并施少量磷、钾肥，作畦栽植。一般于出苗后、花蕾形成期及开花后进行追肥。冬季鳞茎生根、春季开花前追肥 2 次。生长期一般不必浇水，保持土壤湿润即可。

观赏特征与园林应用：郁金香是重要的春季球根花卉，花朵似荷花，花型丰富，花色繁多。花型有杯形、碗形、卵形、球形、钟形、漏斗形、百合花形等，有单瓣也有重瓣。宜作切花或布置花坛、花境，也可丛植于草坪、树林、水边上、落叶树树荫下，形成整体色块景观。中、矮性品种可盆栽。荷兰的国花。

8. 风信子（洋水仙、西洋水仙、五色水仙）　*Hyacinthus orientalis* L.（图 3-3-80）

科属：风信子科，风信子属

图 3-3-79　郁金香

图 3-3-80　风信子

识别要点：多年生草本，鳞茎卵形，有膜质外皮，直径约 7 cm。叶 4 ~ 8 枚，狭披针形，肉质，有凹沟。总状花序顶生；小花漏斗形，10 ~ 20 朵密生花茎上部，花被筒长，基部膨大；裂片长圆形，向外反卷；花色有紫、玫瑰红、粉红、黄、白、蓝等，芳香。蒴果。自然花期 3 ~ 4 月。

分布与习性：原产地中海沿岸及小亚细亚一带。夏季休眠，秋冬生根，早春萌芽，3 月开花。喜冬季温暖湿润、夏季凉爽稍干燥、阳光充足或半阴的环境，较耐寒；宜肥沃、排水良好的沙壤土，忌过湿或黏重的土壤。

繁殖与栽培：分球繁殖，亦可播种繁殖。栽培方法有露地栽培、盆栽、促成栽培和水养。

观赏特征与园林应用：风信子植株低矮整齐，花色丰富、绚丽，是早春开花的著名球根花卉。适宜布置花坛、花境和花钵，也可作切花、盆花、水养。

9. 百合　*Lilium brownii* var. *viridulum* Baker（图 3-3-81）

科属：百合科，百合属

识别要点：多年生草本，鳞茎球形，鳞片披针形，肉质，白色或淡黄色。单叶，互生，狭线形，无叶柄，直接包生于茎秆上。花着生于茎秆顶端，呈总状花序，簇生或单生；花冠较大，花筒较长，呈漏斗形喇叭状，6 裂无萼片，因茎秆纤细，开放时常下垂或平伸；花色多样，因品种而不同。花期 5 ~ 6 月。

分布与习性：主要分布于北温带地区。喜凉爽潮湿、日光充足、略荫蔽环境，要求肥沃富含腐殖质、土层深厚、排水性极为良好的微酸性沙质土壤，最忌硬黏土；忌干旱，忌酷暑，耐寒性稍差。

繁殖与栽培：播种、分小鳞茎、鳞片扦插和分株芽等方法繁殖。栽种用百合鳞根稍干后春天播种；盆栽宜在 9 ~ 10 月进行；切花种植时间主要依切花上市时间及百合品种的生育期而定，在昆明周年可种植。

观赏特征与园林应用：百合鳞茎由鳞片抱合而成，有“百年好合”、“百事合意”之意；花大而秀美，姿态雅致，有浓香；叶片青翠娟秀，茎干亭亭玉立，是名贵的切花。可布置花坛、花境，或植于林缘、岩石园。

10. 大岩桐　*Sinningia speciosa* Benth. et Hook.（图 3-3-82）

科属：苦苣苔科，大岩桐属

图 3-3-81　百合

图 3-3-82　大岩桐

识别要点：多年生草本，块茎扁球形，地上茎极短，株高 15 ~ 25 cm，全株密被白色绒毛。叶对生，肥厚而大，卵圆形或长椭圆形，有锯齿；叶脉间隆起，自叶间长出花梗。花顶生或腋生，花大，花冠钟状，先端浑圆，5 ~ 6 浅裂；色彩丰富，有粉红、红、紫蓝、白、复色等色。蒴果；种子褐色。花期 4 ~ 11 月。

分布与习性：原产巴西，现各地广泛栽培。喜温暖、潮湿、半阴环境，忌阳光直射，有一定的抗炎热能力，夏季宜保持凉爽，喜肥沃疏松的微酸性土壤。

繁殖与栽培：播种、叶插、枝插和分球茎等方法繁殖。一般作温室培养，生长适温一般 1 ~ 10 月为 18 ~ 22 ℃，10 月至翌年 1 月为 10 ~ 12 ℃。生长期要求空气湿度大，不喜大水；冬季休眠期则需保持干燥，如湿度过大或温度过低，块茎易腐烂。

观赏特征与园林应用：大岩桐花大色艳、花期长，着花多，可盆栽，亦可作南方疏林地被。

11. 朱顶红（孤挺花、华胄兰）　*Hippeastrum rutilum*（Ker – Gawl.）Herb.（图 3-3-83）

科属：石蒜科，朱顶红属

识别要点：多年生草本，鳞茎肥大，近球形，直径 5 ~ 10 cm，外皮淡绿色或黄褐色。叶片两侧对生，带状，先端渐尖，2 ~ 8 枚，叶片多于花后生出，长 15 ~ 60 cm。总花梗中空，被有白粉，顶端着花 2 ~ 6 朵，花大，喇叭形，有红、白、蓝紫、绿等色；有重瓣品种。花期夏季。

常见同属原生品种有：美丽孤挺花（*H. aulicum*），花深红或橙色。短筒孤挺花（*H. reginae*），花红色或白色。网纹孤挺花（*H. reticulatum*），花粉红或鲜红色。

分布与习性：原产秘鲁和巴西，现各国广泛栽培。喜温暖湿润，忌酷热，不耐强光，怕水涝。半耐寒，越冬温度不可低于 5 ℃。喜富含腐殖质、排水良好的沙壤土。

繁殖与栽培：主要用播种和分离小鳞茎法繁殖，还可采用鳞片扦插、刻伤法、组织培养法繁殖。可盆栽，或庭园地栽。鳞茎栽植时，顶部要稍露出土面。生长和开花期间，宜追施 2 ~ 3 次肥水。花谢后，及时剪掉花梗。

观赏特征与园林应用：朱顶红品种繁多，花叶双艺，叶厚有光泽，花葶直立；花大艳丽，花型奇特，花色齐全，可盆栽，亦可配置花境、花丛或做切花等。

12. 文殊兰　*Crinum asiaticum* L. var. *sinicum* (Roxb. ex Herb.) Baker (图 3-3-84)

科属:石蒜科,文殊兰属

图 3-3-83　朱顶红

图 3-3-84　文殊兰

识别要点:多年生球根草本,鳞茎球形。叶 20 ~ 30 片,多列,带状,长达 1 m,顶端渐尖,边缘波状,暗绿色。花茎直立,几与叶等长,伞形花序着花 10 ~ 24 朵;花高脚碟状,芳香;花被管纤细,伸直,绿白色,花被裂片线形,向顶端渐狭,白色。花期夏季。

分布与习性:产于华南地区。常生于海滨地区或河旁沙地,现栽培供观赏。性喜温暖、湿润,忌烈日暴晒,略耐阴;耐盐碱;不耐寒,冬季温度不能低于 5 ℃。

繁殖与栽培:常采用分株和播种繁殖。分株可在春、秋季进行,春季可结合换盆时进行。将母株从盆内倒出,将其周围的鳞茎剥下,分别栽种即可。

观赏特征与园林应用:文殊兰花叶俱美,具有较高的观赏价值,既可作园林景区、校园、机关、住宅小区绿地草坪的点缀品,又可作庭园装饰花卉,还可盆栽或作房舍周边的绿篱。

13. 马蹄莲　*Zantedeschia aethiopica* (L.) Spreng. (图 3-3-85)

科属:天南星科,马蹄莲属

识别要点:多年生粗壮草本,具肥大肉质块茎。叶基生,具长柄,上部具棱,下部呈鞘状折叠抱茎;叶卵状箭形,全缘,鲜绿色。花梗着生叶旁,高出叶丛,肉穗花序包藏于佛焰苞内,佛焰苞形大、开张呈马蹄形;肉穗花序圆柱形,鲜黄色。自然花期 3 ~ 8 月。

分布与习性:原产非洲南部,常生于河流旁或沼泽地中。喜温暖湿润,不耐寒,不耐高温,不耐旱,稍耐阴;冬季需要充足的日照,夏季需适当遮阴;喜疏松肥沃、腐殖质丰富的黏壤土。

繁殖与栽培:以分球繁殖为主,也可播种繁殖。植株进入休眠期后,剥下块茎四周的小球,另行栽植。播种繁殖可在种子成熟后即行盆播,发芽适温 20 ℃左右。栽培马蹄莲通常在秋后植球。

观赏特征与园林应用:马蹄莲花朵美丽,春秋两季开花,单花期长,是重要的切花品种之一,也是良好的盆栽花卉;在热带、亚热带地区是布置花坛的好材料。

14. 仙客来(萝卜海棠、兔耳花)　*Cyclamen persicum* Mill. (图 3-3-86)

科属:报春花科,仙客来属

图 3-3-85　马蹄莲

图 3-3-86　仙客来

识别要点：多年生草本，块茎扁圆球形或球形、肉质。叶片由块茎顶部生出，心形、卵形或肾形，叶缘有细锯齿，叶面绿色，具有白色或灰色晕斑，叶背绿色或暗红色；叶柄较长，红褐色，肉质。花单生于花茎顶部，下垂，花瓣向上反卷，犹如兔耳；花色有白、粉、玫红、大红、紫红、雪青等，基部常具深红色斑；花瓣通常 5 瓣，边缘多样，有全缘、缺刻、皱褶和波浪等形。花期 10 月至翌年 4 月。

分布与习性：原产地中海一带，现世界各地广为栽培。园艺品种多，我国各地多栽培于温室中。喜凉爽、湿润及阳光充足环境，冬季花期温度不低于 10 ℃；要求疏松肥沃、排水良好、富含腐殖质的微酸性沙壤土。

繁殖与栽培：播种、分株繁殖。种子播种一般在秋天。种子浸泡之后，常温下放两天再种入疏松肥沃的沙土里，注意保湿保温。分株一般选在仙客来开花以后。先小心取出仙客来的球状根茎，按照芽眼的分布进行切割，保证每个分株都有一个芽眼，然后将切割处抹一些草木灰再移栽到其他盆土中压实，浇足水，最后放阴凉处即可。

观赏特征与园林应用：仙客来株型美观、别致，花盛色艳，是冬春季节名贵盆花，也是世界花卉市场上最重要的盆栽花卉之一。常用于布置室内，并适宜作切花，水养保持持久。

15. 花叶芋　*Caladium bicolor*(Ait.) Vent. (图 3-3-87)

科属：天南星科，花叶芋属

识别要点：多年生草本，具块茎，扁球形，有膜质鳞叶。叶基生，卵状心形或三角卵形，先端急尖或短渐尖，基部箭形、心形或近戟形，叶面暗绿色，有红、白或黄等色彩斑。佛焰状花序基出，佛焰苞下部管状，肉穗花序稍短于佛焰苞，具短柄；花单性，无花被。花期 4 ~5 月。

分布与习性：原产南美热带地区。喜高温、多湿和半阴环境，不耐寒；土壤要求肥沃、疏松和排水良好的腐叶土或泥炭土。

繁殖与栽培：分球、分株、播种和组培法繁殖。盆栽栽培时将块茎埋于沙床催根，待长根后再上盆定植。水培即营养液栽培，是一种新技术可使叶片鲜艳，分为球茎水培和叶柄水插两种方法。球茎水培是在 5 月温度稳定在 22 ℃以上时进行栽培。球茎可以直接上盆水栽，也可以先沙培，待长出新根新芽后，再改为水培。

观赏特征与园林应用：花叶芋叶片硕大，叶色鲜亮，观赏价值高，为新近流行的室内观叶植物。在温暖地区也可室外栽培观赏,冬季寒冷地区只能在夏季应用。

16. 铃兰(君影草、风铃草) *Convallaria majalis* L. (图 3-3-88)

科属:百合科,铃兰属

图 3-3-87 花叶芋

图 3-3-88 铃兰

识别要点:多年生草本,高约 20 cm。有多分枝匍匐于地的根状茎。叶 2 ~ 3 枚,基生,卵圆形或广披针形,具光泽,弧状脉,基部有数枚鞘状膜质鳞片叶互抱。花钟状,小型,下垂,生于花茎顶端,呈总状花序偏向一侧。花朵乳白色,悬垂若铃串,一茎着花 6 ~ 10 朵。红色浆果,有毒,内有种子 4 ~ 6 粒。花期 5 ~ 6 月,果期 7 ~ 8 月。

分布与习性:原种分布亚洲、欧洲及北美,我国分布于东北、华北、西北及湘、浙等地。喜半阴、湿润、凉爽环境,极耐寒,忌炎热;喜富含腐殖质、湿润而排水良好的沙质微酸性壤土,忌干旱;夏季休眠。

繁殖与栽培:以分割根状茎及根茎末端的小鳞茎繁殖,即分株繁殖。种植地以深耕肥沃为好,3 ~ 4 年后要换地栽植,或与其他花卉轮作。栽植株行距 25 ~ 30 cm,每丛 2 ~ 3 个芽,覆土深 5 ~ 6 cm。生长期保持土壤疏松湿润,早春和秋末各施一次充分发酵的肥料。

观赏特征与园林应用:铃兰植株矮小,幽雅清丽,芳香宜人,是一种优良的地被和盆栽植物,或与其他花卉配植于花坛和花境,也可用于切花。

四、水生园林植物的识别

(一)水生园林植物及特点分析

水生园林植物是指生长在水中或沼泽地的具有观赏价值的植物,如荷花、睡莲等。这类植物对水分的要求和依赖程度很大。

水生园林植物种类繁多,根据其生活方式与形态的不同,可分为:挺水型植物、浮水型植物、漂浮型植物和沉水型植物 4 类:挺水型植物如荷花、千屈菜等,浮水型植物如睡莲、王莲等,漂浮型植物如凤眼莲等,沉水型植物如金鱼藻、眼子菜等。

绝大多数水生园林植物喜欢光照充足、通风良好的环境,但也有耐半阴的,如菖蒲、石菖蒲等。对水温和气温的要求因原产地不同而异。一般采用播种法和分株法繁殖。水生园林植物是布置水景园的重要材料,但数量不宜过多,勿使植物全部覆盖水面。

(二)园林中常见水生园林植物的识别

1. 荷花(莲花、芙蓉)　*Nelumbo nucifera* Gaertn.(图3-3-89)

科属:睡莲科,莲属

识别要点:多年生水生草本,无明显主根,地下茎膨大为多节的根状茎,横生于泥土中,称藕,藕的断面有许多孔道。叶盾状圆形,有15~21条辐射状叶脉,全缘;叶面深绿色,被蜡质白粉,粗壮叶柄侧生有短刺。花单生、两性,单朵花期3~5 d,花后膨大的花托称"莲蓬"。花期6~9月,果熟期9~10月。

品种分类:根据栽培目的不同可分为子莲品种群、藕莲品种群和花莲品种群;根据花型可分为单瓣类、半重瓣类和重瓣类。

分布与习性:原产亚热带及大洋洲,现我国绝大多数地区均有栽培。喜光,极不耐阴;喜温暖,生长适宜温度为22~30 ℃;对土壤要求不严,喜湿怕干,缺水不能生存,喜相对水位变化不大的平静浅水。

繁殖与栽培:以分株繁殖为主,为培育新品种也可进行播种繁殖。分株繁殖在清明节前后,选生长健壮的根茎作为种藕。栽后稍加镇压,以防灌水浮起。灌水深度应按不同生育时期逐渐加深,初栽水深10~20 cm,夏季高温时期加深至60~80 cm,冬季冰冻前放水深度在1 m以上。荷花栽植前应施足底肥,一般不追肥。池栽荷花,通常每隔2~3年翻种一次,不需年年翻。

观赏特征与园林应用:荷花为我国十大传统名花之一,花叶清秀,花香四溢,因其"应骄阳而不惧,出污泥而不染"的气质,深受文人墨客及大众的青睐。常用来装点水面景观,同时也是重要的鲜切花材料。

2. 睡莲(子午莲、小莲花)　*Nymphaea tetragona* Georgi(图3-3-90)

科属:睡莲科,睡莲属

图3-3-89　荷花

图3-3-90　睡莲

识别要点:多年生水生草本,地下具块状根茎生于泥中。叶丛生并浮于水面,近圆形或卵形,边呈波状,叶面浓绿,背面红紫色,叶柄细长。花较大,单生于细长花梗顶端。聚合球果,内含黑色小坚果。花期6~9月,果期7~10月。

品种分类:根据耐寒性可分为两大类。一类是不耐寒性睡莲,原产于热带,属于常绿草本植物,在我国除华南地区外需在温室栽培,目前栽培和应用均较少,如红花睡莲(*N.*

rubra)、蓝睡莲(*N. caerulea*)、墨西哥黄睡莲(*N. mexicana*)等。另一类是耐寒性睡莲,多原产温带和寒带,为宿根草本植物,我国华北地区露地栽培的睡莲多属此类,如白睡莲(*N. alba*)、香睡莲(*N. odorata*)等。

分布与习性:原产北非和东南亚热带地区,在我国分布广泛。喜强光、通风良好、水质清洁的良好环境;对土质要求不严,但喜富含有机质的壤土。

繁殖与栽培:以分株繁殖为主,也可播种。春季天气转暖后分株繁殖,将根茎挖出,用刀切分为若干块另行栽植;播种繁殖于 3 ~ 4 月进行。睡莲栽培管理应注意保持阳光充足,通风良好,施足底肥。

观赏特征与园林应用:睡莲花期长,叶形美观,是重要的水面绿化材料,常用来点缀平面的水池、湖面或盆栽观赏,也可作切花。

3. 王莲(亚马孙王莲)　*Victoria amazonica* (Poepp.) J. C. Sowerby(图 3-3-91)

科属:睡莲科,王莲属

识别要点:多年生大型浮水植物,地下具短而直立的根状茎,侧根发达。叶基生,硕大,幼叶卷曲呈锥状,逐渐伸展变成圆形,叶径达 1 ~ 1.5 m,叶缘直立高 8 cm 左右;表面绿色无刺,叶背面紫红色,有凸起的具刺网状叶脉;叶柄粗有刺。花单生于叶腋处,花较大,花径 25 ~ 35 cm;花瓣多数,狭长,纯白色,夜开昼合,芳香。果实球形,具多数玉米状种子。花期夏秋季。

分布与习性:原产南美洲,现世界各地均有引种栽培,在中国多作一年生栽培。王莲喜高温高湿、光照充足和水体清洁的环境,喜肥沃、富含有机质的栽培基质。

繁殖与栽培:一般采用播种繁殖。种子采收后需在清水中贮藏。一般栽植一株王莲,需水池面积 30 ~ 40 m^2,深 80 ~ 100 cm。栽培时应注意充足的光照和保持较高的温度,栽培基质中应施入充足的有机肥。

观赏特征与园林应用:王莲叶形硕大奇特,其花娇容三变,且具芳香,有极高的观赏价值。可用于创造典型热带景观,美化水体。

4. 香蒲(东方香蒲)　*Typha orientalis* C. Presl (图 3-3-92)

科 属:香蒲科,香蒲属

图 3-3-91　王莲

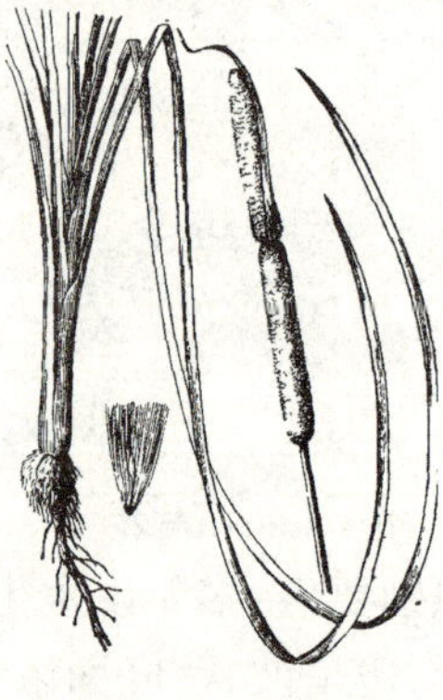

图 3-3-92　香蒲

识别要点:多年生水生或沼生草本,根状茎乳白色,地上茎粗壮,不分枝。叶直立,长线形,常基出。花单性,穗状花序呈蜡烛状,淡褐色,雄花序位于花轴上部,雌花在下部,花被成刚毛。小坚果椭圆形至长椭圆形;果皮具长形褐色斑点。花果期5~8月。

分布与习性:广布于我国东北、西北和华北地区。喜阳光,喜温暖湿润及潮湿环境;喜深厚肥沃的泥土,最适宜生长在浅水湖塘或池沼内。

繁殖与栽培:以分株繁殖为主。3~4月,挖起发新芽的根茎,分成单株,每株带有一段根茎或须根,选浅水处栽种,株行距50 cm × 50 cm,每穴栽2株。

观赏特征与园林应用:香蒲叶绿穗奇,雌雄花序同花轴,整齐圆滑形似蜡烛,别具一格,是水边丛植或片植的好材料,花序经干制后为良好的切花材料。

5. 菖蒲(水菖蒲、泥菖蒲)　*Acorus calamus* L.(图3-3-93)

科属:天南星科,菖蒲属

识别要点:多年生挺水植物。根茎稍扁肥,横卧泥中,有芳香。叶二列状着生,剑状线形,端尖,基部鞘状,对折抱茎,中肋明显并两面隆起,边缘稍波状。花茎似叶稍细,叶状佛焰苞长达30~40 cm,内具圆柱状锥形肉穗花序;花小型,黄绿色。浆果长圆形,红色。花期6~9月。

分布与习性:原产中国及日本,广泛分布于世界温带和亚热带地区,现我国南北各地均有分布。喜生于沼泽、溪边或浅水中;耐寒性不甚强,在华北地区呈宿根状态,每年地上部分枯死,以根茎潜入泥中越冬。

繁殖与栽培:用分株繁殖。菖蒲自身繁衍速度很快。南方多于秋季分割根蘖苗栽植,北方多在早春分株栽植。栽植深度为主芽接近泥面,同时灌水1~3 cm。栽植后保持湿润或盆面有一定水位即可,不需要特殊的养护管理。每年结合分株翻盆换土1次,不必追肥。

观赏特性与园林应用:菖蒲叶丛挺立秀美,具有香蒲气,适宜作岸边或水面绿化材料,也可盆栽观赏。全株有毒,根茎毒性较大。

6. 千屈菜(水枝柳、对叶莲)　*Lythrum salicaria* L.(图3-3-94)

科属:千屈菜科,千屈菜属

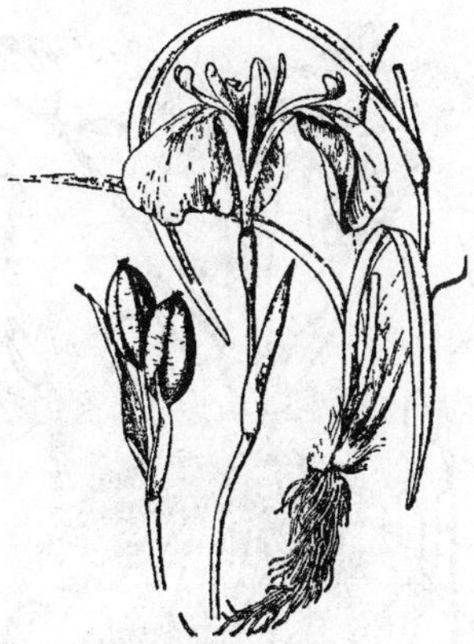

图3-3-93　菖蒲

图3-3-94　千屈菜

识别要点:多年生挺水植物。根茎横卧于地下,粗硬,木质化,地上茎直立,四棱形,多分枝,全株青绿色,略被粗毛或密被绒毛。叶对生或三叶轮生,披针形,全缘,无柄。长穗状花序顶生,小花多而密集,紫红色。花期7~9月。

分布与习性：原产于欧亚两洲的温带，广布全球，我国南北各地均有野生分布并栽培。喜强光、潮湿及通风良好的环境；在浅水中生长最好，耐寒性极强，在我国南北各地均可露地越冬；对土壤要求不严，但以表土深厚、含大量腐殖质的土壤为好。

繁殖与栽培：播种、扦插、分株繁殖均可，以分株繁殖为主，早春或秋季均可分栽。播种繁殖宜春季盆播或地床播，千屈菜栽培管理简单，露地栽培或水池、水边栽植，仅需冬天剪除枯枝，任其自然过冬。

观赏特征与园林用途：千屈菜株丛整齐清秀，花色鲜艳醒目，花期长，最适宜于水边浅处成片栽植，不仅可以衬托睡莲、荷花等艳美，同时也可遮挡单调的驳岸，对水面和岸上的景观起到很好的协调作用。

7. 慈姑　*Sagittaria sagittifolia* L.（图 3-3-95）

科属：泽泻科，慈姑属

识别要点：多年生挺水植物。地下具根茎，其先端形成球茎即慈姑。叶基生，出水叶片戟形，大小及宽窄变化大，顶端裂片三角状披针形，基部具二长裂片。圆锥花序，花白色。花期 7 ~ 9 月。

分布与习性：原产我国，现南北各地均有栽培。对土壤和气候适应性强，池塘、湖泊的浅水处、水田中或水沟渠中均能生长良好，喜温暖、阳光充足的环境，土壤以富含腐殖质而土层不太深厚的黏质壤土为宜。

繁殖与栽培：分株繁殖为主，亦可播种繁殖。分球时，种球最好在翌春栽植前挖出，适宜栽植的时间为晚霜过后；整地施肥后，灌以浅水，耙平，将种球插入泥中，使其顶芽向上隐埋泥中。播种繁殖于 3 月底至 4 月初进行。慈姑作为园林栽培时，管理简单粗放。

观赏特征与园林应用：慈姑叶形奇特，株形美丽，以观叶为主，宜作水面、岸边绿化材料，亦可盆栽观赏。

8. 凤眼莲（水浮莲，水葫芦）　*Eichhornia crassipes*（Mart.）Solms（图 3-3-96）

科属：雨久花科，凤眼莲属

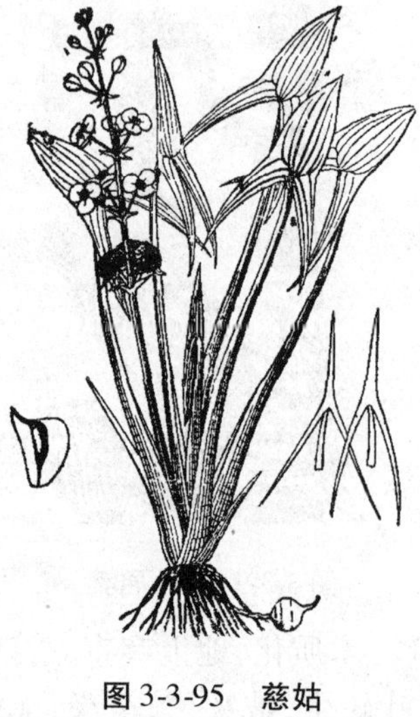

图 3-3-95　慈姑

图 3-3-96　凤眼莲

识别要点：多年生浮水草本。须根发达，悬垂在水中，茎极短缩。叶在基部丛生，莲座状排列，叶片倒卵状圆形或卵圆形，全缘，鲜绿色而有光泽，质厚；叶柄长，叶柄中下部膨胀呈葫芦状海绵质气囊。花茎单生，端部着生短穗状花序，小花堇紫色。花期7～9月。

分布与习性：原产南美洲，引入我国后广为栽培。对环境适应性很强，在池塘、水沟和低洼的渍水田中均可生长，但最喜水温为18～23 ℃，具有一定的耐寒性。喜生于浅水，在流速不大的水体中也能生长，随水漂流。繁殖迅速，一年中，一单株可繁殖布满几十平方米的水面。

繁殖与栽培：以分株繁殖为主，春天将母株丛分离或切离母株腋生小芽，放入水中即可生根，极易成活。亦可播种繁殖但不多用。栽培管理简单，生长期间酌施肥料，可促使花繁叶茂。由于其分蘖迅速，随水漂移，可适当打捞。

观赏特征与园林用途：凤眼莲叶色光亮、花色美丽，叶柄奇特，是重要的水生花卉。园林中可片植或丛植于水面，或盆栽观赏。因其有很强的净化污水能力，可以清除废水中的汞、铁、锌、铜等金属和许多有机污染物质，故是美化环境、净化水源的良好材料。

五、兰花类园林植物的识别

（一）兰花及其特点分析

广义上兰花是兰科所有植物的总称。兰科是单子叶植物中最大的科，广布全球，主要分布于热带、亚热带。我国有166属、1 019种，南北均产。

兰科植物分布广泛，因而适应性很强，生活习性不同，形态上也有所差别。根据产地和生态习性不同，常分为中国兰和热带兰两大类；兰科植物均属于多年生草本，从植物形态上可分为地生兰、附生兰和腐生兰三类；按分枝方式分为单轴型、合轴型、横轴型。

与常见高等植物一样，兰科植物均有根、茎、叶、花、果实等器官。肉质根粗壮肥大，大多呈灰白色。茎形态变化较大，常分为直立茎、根状茎、假鳞茎3类。叶片形状因花而异，有的是细长线形，如春兰；有的肥厚革质，如卡特兰。花结构很简单，包括萼片3枚、花瓣3枚及蕊柱1枚，中间花瓣特化为唇瓣，其形态类型极为丰富。兰花的果实为蒴果。

兰花性喜温暖，忌闷热与湿冷；对光照要求严格；喜湿不耐涝；喜通风好的环境。兰花具有优美的叶片和芳香、艳丽的花朵，自古以来就深受人们的喜爱，是我国十大传统名花之一。

（二）中国兰的识别

中国兰又称国兰、地生兰，属兰科兰属（*Cymbidium*）。具有花姿端正挺秀、花色淡雅、花香清远四溢等特点，古往今来备受人们喜爱。

识别要点：多年生常绿草本，须根系粗壮肉质，地下具膨大多节的假鳞茎，有共生菌根。茎短，常膨为假鳞茎，叶和花都着生在假鳞茎上。叶片在假鳞茎上只抽生一次，常簇生成束，每束有3～7片不等；着生在花茎上的变态叶称“苞叶”，常退化为膜质的鳞片状。花单生或由多数长短略等花柄的花着生在花梗上。花萼3枚，中间1枚俗称“主瓣”，两侧各有1枚俗称“副瓣”，以绿色无杂色为贵。花瓣3枚，中间的1枚，特化成唇瓣俗称“舌”，两侧的花瓣俗称为“捧心”，花色不带红色的称之“素心”，带红色的称之为“彩心”，以“素心”为贵。雌雄蕊合生成蕊柱，俗称“鼻”，是蕴藏香气的部分。果实为开裂的蒴果。

分布与习性：以我国为中心分布。性喜温暖、湿润气候，冬季适温为3～7 ℃，夏季适温25～28 ℃,其中以春兰和蕙兰的耐寒力较强。要求空气湿度大,但土壤水分不能过多。喜阴,要求日照时间短。喜土层深厚,腐殖质丰富,疏松肥沃,透水,保水性能良好的微酸性土壤。

繁殖与栽培:分株、播种、扦插或组织培养繁殖均可,以分株繁殖为主。分株繁殖适用于合轴分枝的种类。冬春季节开花的分株应在秋末进行分株,而夏秋季节开花的多在春季新芽未抽出前分株。一般3～4年进行分株一次,分株前,要求使盆土稍为干燥,根系变软,分株时不易伤根。可以地栽和盆栽。地栽应选择疏林下栽植,要求土壤肥沃、疏松、通气、排水良好,土壤呈微酸性,并靠近池塘和小溪,空气湿润、无煤烟污染的场地。盆栽兰花冬季在室内培养,春末到秋末在荫棚下栽植。冬季室内的温度应依种类的不同进行区别对待,多数可在低温温室培养,建兰和墨兰等最好在中温温室内培养。

观赏特征与园林应用:兰花是我国的传统名花,是著名的珍贵盆花,其叶四季常青,姿态优美,刚柔相济;花端正挺秀,色彩淡雅,幽香四溢,是点缀室内的花卉佳品,可用作露地配置和切花;还常作专类园圃进行栽培。

常见种类如下。

1. 春兰(草兰、山兰、朵朵香) *Cymbidium goeringii* (Rchb. f.) Rchb. f. (图3-3-97)

科属:兰科,兰属

识别要点:地生植物;根肉质白色,假鳞茎较小,卵球形,包藏于叶基之内。叶4～6枚集生,狭带形,边缘有锯齿,叶脉明显。花单生,少数两朵;花茎直立,有鞘4～5片。花浅黄绿色,亦有近白色或紫色的品种,有香气。花期2～3月。

品种类型:名贵品种很多,根据花瓣的形状分为五个类型,梅花瓣型,如宋梅、万字等品种;水仙瓣型,如龙字、翠一品等品种;荷花瓣型,如绿云、郑同荷等品种;蝴蝶瓣型,如迎春蝶、冠蝶等品种;素心瓣型,如文团素、玉梅素等品种。

分布与习性:中国特产,原产我国长江流域和西南各省,分布于浙江、安徽、河南、甘肃和四川、云南等地山野中。性喜凉爽、湿润和通风透风,忌酷热、干燥和阳光直晒;喜排水良好、富含腐殖质、呈微酸性土壤。北方冬季应在温室栽培,最低温度不低于5 ℃。

繁殖与栽培:可采用分株、播种、组织培养等方法繁殖。栽培适合在秋末进行。盆的大小以根能在盆内舒展为宜。培养土可用兰花泥,或用腐叶土(或腐殖土)和沙壤土各半混匀使用。上盆后浇透水放荫蔽处。早春与冬季放室内,其余时间放在荫棚下养护。夏天白天注意遮光。浇水以经常保持兰土"七分干、三分湿"为好。忌施浓肥。花后可将花朵连同花葶一起剪去,以减少养分消耗。

观赏特征与园林应用:春兰叶态优美,花香为诸兰之冠,为客厅、书房的珍贵盆花。

2. 蕙兰(九子兰、九节兰、夏兰) *Cymbidium faberi* Rolfe (图3-3-98)

科属:兰科,兰属

识别要点:地生草本;根肉质,淡黄色,假鳞茎不明显。叶5～7枚,线形,叶缘粗糙,基部常对褶。花茎直立,总状花序,着花5～13枚,花淡黄绿色,香气较春兰淡。花期4～5月。

品种类型:有梅花瓣型、水仙瓣型、荷花瓣型、蝴蝶瓣型、素心瓣型之分。

图3-3-97　春兰

图3-3-98　蕙兰

分布与习性:原产我国中部和南部,分布较广,秦岭以北也有分布。喜光照畏阴暗,喜通风畏闭塞,喜疏松畏板结,喜丛生畏分单,喜薄肥畏浓热。比较耐寒、耐高温、耐干旱,喜冬季温暖和夏季凉爽,生长适温为10~25 ℃,夜间温度以10 ℃左右为宜。

繁殖与栽培:常用分株法繁殖。分株多于植株开花后、新芽尚未长大前进行。分栽后放半阴处,待新芽基部长出新根后才可浇水。浇水应在中午进行,浇水次数视苗大小和天气状况随时调整。栽培需用深大的盆,要3苗以上连体栽培,3苗以下不易成活。夏季阳光最强烈时需遮阴60%左右,其他季节可不遮阴。生长期湿度应保持在70%~80%。

观赏特征与园林应用:蕙兰植株飒爽挺秀,兰叶刚柔兼备,姿态亭亭玉立,有清芳幽远、沁人肺腑的幽香,因而吸引着千千万万的兰花爱好者,也是盆栽点缀室内的佳品。

3.建兰(四季兰、雄兰、秋兰、秋惠)　*Cymbidium ensifolium* (L.) Sw.(图3-3-99)

科属:兰科,兰属

识别要点:地生植物;假鳞茎椭圆形,较小。叶2~6枚丛生,阔线形,叶缘光滑。花茎直立,总状花序,着花5~12枚,花黄绿色,有香气。花期7~10月。

品种类型:常见的品种有大青、凤尾素、十三学士等。

分布与习性:原产福建、广东、四川、云南等省,南方栽培普遍。喜温暖湿润和半阴,怕强光直射;耐寒性差,越冬温度不低于3 ℃,不耐水涝和干旱,宜疏松肥沃、排水良好的腐叶土。

繁殖与栽培:常采用分株繁殖,春、秋季均可进行。将密集的假鳞茎丛株切开分栽,一般2~3年分株1次。栽培管理简单。盆栽建兰,土壤需保持湿润,但不能多浇水,切不可根部积水。夏季要向叶片多喷水。生长期每半月施肥1次。

观赏特征及园林应用:建兰品种繁多,植株雄健,花繁叶茂,花开盛夏,花多葶长,香浓。适宜盆栽置于林间、庭园或厅堂,也是阳台、客厅、花架和小庭园台阶陈设佳品。

4.墨兰(报岁兰、拜岁兰)　*Cymbidium sinense* (Jackson ex Andr.) Willd.(图3-3-100)

科属:兰科,兰属

图 3-3-99　建兰

图 3-3-100　墨兰

识别要点：地生植物；假鳞茎椭圆形，根粗壮且长。叶 4～5 枚丛生，剑形。花茎直立，高出叶面，着花 5～15 枚，花瓣多具紫褐色条纹，香味淡。花期 11～翌年 1 月。

品种类型：常见的品种有秋香、小墨、香红等。

分布与习性：原产我国广东、福建、台湾等省，栽培广泛。属半阴性植物，喜阴忌强光；喜温暖忌严寒，喜湿忌燥，喜肥忌浊。

繁殖与栽培：可用分株、组织培养法繁殖。分株最好在休眠期进行，即新芽未出土，新根未生长之前，或花后的休眠期。

观赏特征与园林应用：墨兰花香色美，叶形独特，又是多种珍贵的观赏兰花的培育母本，因此一直深为人们所喜爱，并广为种植。墨兰现已成为中国较为热门的国兰之一，花枝可用于插花观赏。

5. 寒兰　*Cymbidium kanran* Makino（图 3-3-101）

科属：兰科，兰属

识别要点：地生植物；假鳞茎狭卵球形，包藏于叶基之内。叶 3～7 枚丛生，直立性强，狭线形。花茎直立，与叶面等高或高出叶面，花疏生，着花 5～7 枚。花期 9～12 月。

品种类型：常见品种有红寒兰、灿月、白妙等。

分布与习性：原产我国浙江、福建、江西、湖南和广东等省，日本亦有分布。忌热，又怕冷，南方栽培须置阴凉环境中管理。

繁殖与栽培：分株繁殖。栽种时选择高脚紫砂盆，种植要求疏松、透气、利水、保温性能强。光照强的高温季节，更要注意遮阴保湿。

图 3-3-101　寒兰

观赏特征与园林应用：寒兰株型修长健美，叶姿优雅，花香馥郁，花色艳丽，花期特长，集诸种兰花之美于一身，聚万物之灵气于一体，深受人们喜爱。

(三)热带兰的识别

热带兰是指生长在热带或亚热带的附生兰和少数地生兰。具有种类多、花大色艳、观赏价值高的特点,但一般种类均无香气。

分布与习性:热带兰花大多附生在森林的树干上或崖壁阴湿之处,对水分、光照和温度的要求因种类不同而异,但一般要求温暖、湿润及半阴的环境和腐殖质生长基质。

繁殖与栽培:播种和分株均可繁殖,以分株为主;大批量繁殖多采用组织培养的方法进行。分株时每个分割部位应有 4 个以上的假鳞茎。栽培基质要求疏松、多孔透气,排水和保水性能良好。热带兰花的栽培,特别是附生兰的栽培,在生长期间必须给予充分湿润和荫蔽的环境。一般兰室要求空气湿度达 85% 以上,对光照的要求因兰花的种类及季节不同而异。

观赏特征与园林应用:热带兰四季常青,姿态优美,花端正挺秀,色彩淡雅,是点缀室内的花卉佳品,可用作露地配置和切花;还常作专类园圃进行栽培。

常见栽培种类如下。

1. 卡特兰　*Cattleya labiata* Lindl.(图 3-3-102)

科属:兰科,卡特兰属

识别要点:附生兰,多年生常绿草本。茎细长,假鳞茎,呈纺锤形;叶厚而硬,对生于茎顶,淡绿色。花茎短,生于茎顶,花大小因种而变化,多在 5 ~ 20 cm;唇瓣大,其侧裂片包围蕊柱,蕊柱长而粗,先端宽;花色艳丽,从纯白至深紫红色、朱红色,也有绿色、黄色以及各种过渡色和复色。单叶类冬春开花,双叶类夏末至初秋开花。

图 3-3-102　卡特兰

分布与习性:原产热带美洲,常附生于林中树上或林下岩石上。要求半阴环境,喜温暖湿润环境,越冬温度夜间 15 ℃左右,白天 20 ~ 25 ℃。

繁殖与栽培:多用分株、组织培养或无菌播种法繁殖。分株法结合换盆,一般于 3 月进行。盆栽常用泥灰、蕨根、树皮块或碎砖为基质,在春秋季要多喷水以保持较高空气湿度,冬季花芽发育期需高温多湿,注意通风和遮阴,生长期每旬施肥 1 次。

观赏特征与园林应用:卡特兰花大、雍容华丽,花色娇艳多变,花朵芳香馥郁,在国际上有"洋兰之王"、"兰之王后"的美称。常出现在喜庆、宴会上,用于插花观赏。卡特兰与石斛、蝴蝶兰、万带兰并列为观赏价值最高的四大观赏兰类。

2. 兜兰(拖鞋兰)　*Paphiopedilum purpuratum*(Lindl.)Pfitz.(图 3-3-103)

科属:兰科,兜兰属

识别要点:地生兰,多年生常绿草本。根茎稍匍匐性;叶茎生,革质,带形。花葶自叶间抽出,常有1 ~ 2朵花,花被片的背部 1 片直立,唇瓣呈囊状,蕊柱短。花期 6 ~ 9 月。

分布与习性:原产印度、马来西亚、中国等地,现我国西南、华南等地有栽培。喜温暖、湿润和半阴,怕强光暴晒。

繁殖与栽培:常用播种和分株法繁殖。兜兰属阴性植物,栽培时需有配套的遮阴设施。管理上比较复杂。早春以半阴最好,盛夏早晚见光,中午前后遮阴,冬季须充足阳光,而雨雪天还需增加人工光照。总之,切忌强光直射。

观赏特征与园林应用:其株形娟秀,花期长,花形奇特,花色丰富,花大色艳,是极好的高档室内盆栽观花植物,是世界上栽培最早和最普及的洋兰之一。

3. 石斛兰(石斛、石兰、吊兰花) *Dendrobium nobile* Lindl.(图 3-3-104)

科属:兰科,石斛兰属

识别要点:附生兰,有些香味。茎丛生,直立,节部膨大。叶近革质,矩圆形,顶端 2 圆裂。总状花序 1 ~4 朵花,生于上部节处或枝顶;花大,白色,先端带淡紫色,外花被片和内花被片形状相似,内侧的花被片与蕊柱合生形成短囊或长距,唇瓣形状富于变化,基部有鸡冠状突起。花期 3 ~6 月。

图 3-3-103　兜兰

图 3-3-104　石斛兰

石斛兰分为两种:

(1)春石斛:即 Nobile 系列。春季开花,花梗在两侧茎节抽出。

(2)秋石斛:秋季开花,花梗由茎顶抽出,着花达一二十朵,花形有大花蝴蝶兰型(Phalaenopsis 系列)和小花卷瓣型。

分布与习性:原产于亚洲热带和新西兰及我国的云南、台湾等省。喜温暖、潮湿和半阴;用疏松、透气的基质,如蕨根、苔藓或树皮块盆栽。越冬温度 10 ℃以上。

繁殖与栽培:用分株、茎段扦插或无菌播种法繁殖。生长季节保持潮湿和半阴,适当施肥;冬季保持适当干燥和较强的阳光。

观赏特征与园林应用:石斛兰种类繁多,形态各异,色彩丰富,花朵美丽,花期长,是高档盆花。春石斛多作为盆栽观赏,秋石斛主要用于切花观赏。

4. 蝴蝶兰(蝶兰、台湾蝴蝶兰) *Phalaenopsis aphrodite* Rchb. f.(图 3-3-105)

科属:兰科,蝴蝶兰属

识别要点:单茎性附生兰,多年生常绿草本,株高 50 ~80 cm。具肉质根和气生根,无假鳞茎。茎短,长 2 ~4 cm。叶基生,肥厚多肉,带状,革质,长 10 ~25 cm。总状花序,花

图 3-3-105　蝴蝶兰

茎从叶丛中抽出，稍弯曲而分枝；花茎上着花10～15朵，花朵呈蝴蝶状，单花可开1个月，花色有白、黄、红，也有在白或黄色花瓣上夹有红和褐色斑点。蒴果。花期为2～4月，有时7～8月也可开第二次花。

分布与习性：主产于亚洲亚热带和热带及我国的台湾、云南、海南等地。喜高温、高湿、通风透气的环境，忌烈日直射，耐半阴；忌积水，不耐涝；畏寒冷，生长适温为22～28 ℃，越冬温度不低于15 ℃。

繁殖与栽培：主要有播种、花梗催芽、断心催芽、切茎和组织培养法五种繁殖方法。栽培时盆栽基质必须疏松透气、排水良好，常用苔藓、蕨根、椰壳、树皮块或蛭石等作基质。生长期每旬施肥1次，花芽形成至开花期多施磷钾肥。注意经常在地面、叶面喷水，提高空气湿度。

观赏特征与园林应用：蝴蝶兰花姿优美，花色艳丽，形如彩蝶飞舞，是热带兰中的珍品，有“兰中皇后”的美誉，可盆栽装饰室内，也可作切花。

5. 大花蕙兰（喜姆比兰、蝉兰、虎头兰）　*Cymbidium hybrida.*（图 3-3-106）

图 3-3-106　大花蕙兰

科属：兰科，兰属

识别要点：多年生常绿附生草本。根肉质，淡黄色；假鳞茎粗壮，椭圆形。叶线形，直立，革质，长50～80 cm，宽2～4 cm，浅绿至深绿。花序较长，花葶40～150 cm，每支花6～20朵；花被片6，外轮3枚为萼片，花瓣状；内轮为花瓣，下方的花瓣特化为唇瓣。花大色艳，有红、黄、绿、白及复色等，花期长达50 d以上。株型丰满，叶色翠绿，花型优美，是高档的冬春季节用花。

分布与习性：此兰属人工杂交种，主要生产地是日本、韩国、中国、澳大利亚及美国等。

繁殖与栽培：常用分株、播种和组织培养法繁殖。栽植时，注意假球茎必须全部露出培养土的表面。栽植后放于半阴半阳处，1周内忌浇水，只在叶面喷水雾，1周后逐渐转入正常养护。

观赏特征与园林应用：大花蕙兰植株挺拔，叶长碧绿，花大色艳，花姿粗犷，是世界著名的“兰花新星”。具有国兰的幽香典雅，又有洋兰的丰富多彩，在国际花卉市场上十分畅销。主要用作盆栽观赏，摆放于室内花架、阳台、窗台等处。

六、草坪、地被类园林植物的识别

（一）草坪及常见草坪植物的识别

草坪是用一些多年生矮小草本植株密植，并经修剪、养护管理，形成的致密似毯的植物群体。草坪是当今城市绿化的重要组成部分，是评价一个城市绿地率、绿化覆盖率、人均公共绿地面积一项不可缺少的重要指标。

草坪植物主要是一些适应性较强的矮性禾本科或莎草科多年生草本植物，也包括其他科的矮性草类。一般特征为植株低矮，丛生型或匍匐型；叶片细小，密生，多数；地上部植株生长点低；单位面积内枝条数量多，形成密实的草层。

1. 草坪的分类

草坪按照其适应环境条件的不同分为冷季型草坪草和暖季型草坪草两类。冷季型草坪草最适生长温度为16～24 ℃，常见栽培种有早熟禾属、剪股颖属、羊茅属、黑麦草属等。暖季型草坪草最适生长温度为26～32 ℃，常见栽培种有狗牙根属、结缕草属、地毯草属、假俭草属、雀稗属等。

园林应用中，常依据草坪的用途及特性等进行分类。依用途分为观赏草坪、游憩草坪、运动场草坪、飞机场草坪、防护性草坪、疏林草坪等；依品种的组合分为单纯草坪、混合草坪、缀花草坪；根据植株高低分为矮草坪（株高一般在20 cm以下）类、高型草坪（株高通常在30～100 cm）类。

2. 草坪的建植

（1）土壤准备：注意清除土壤中杂物及垃圾，要施入一定数量的基肥；翻耕土壤深度在25～30 cm为宜。

（2）建植方法：

①播种法。主要用于结籽量大且容易采集种子的草种。一般春播或秋播。播种量视种子种类、质量和场地情况而定。播种最好选择无风时进行，也可混入细土撒播，播后覆盖细土或用耙子搂，最后镇压，以促使种子迅速发芽。

②播茎法。凡匍匐茎发生较强的草种，如狗牙根、细叶结缕草等可采用此法。将草坪掘起，抖落根部附土，或用水将土冲去，将根株撕开，或剪成5～10 cm长的小段，每段至少有一节，均匀播下，并覆细土1 cm，最后镇压，浇水。

③分栽法。将草坪掘出后，撕开植株的匍匐茎或根状茎，按照一定的距离穴栽或条栽。1 m^2 的种草可迅速扩大至30～50 m^2，1年后可覆盖地面。

④铺设法。将一个地方的草坪切割成长宽为20～30 cm，厚4～5 cm的方块，按一定的行距铺设。根据栽植密度，主要有密铺法、间铺法、条铺法和点铺法等。

3. 草坪的养护与管理

（1）浇水。草坪的浇水时间和次数，一般根据气候特点、草种、草坪生长状况来确定。

（2）施肥。一般春秋各一次，早春3～4月施肥一次，秋季9～10月施肥一次。化学肥料为主，以氮肥为好。追肥宜在阴天，在雨前或浇水时进行。

（3）修剪（又称刈割）。春夏季节草坪生长快，每15 d修剪一次，在盛夏旺盛生长季节，每隔10 d修剪一次，晚秋前停止修剪，以便草坪进入休眠期，形成良好的覆盖层，利于安全越冬。在允许的修剪高度范围内，应尽量低剪，观赏性草坪一般保持在4～6 cm，普通草坪不超过8 cm。

（4）镇压。铺植草坪时需镇压；每年春季解冻后到发芽前也需镇压。

（5）除草。有人工除草和化学除草两种方法。后者应注意除草剂的使用浓度、使用方法。

(6)病虫害防治。常见的病害有锈病、叶斑病、褐斑病、白粉病等,虫害有小地老虎、蝼蛄、蛴螬、蚜虫等,要注意选择相应种类的农药进行以化学防治为主的综合防治。

4. 常用草坪种类的识别

(1)常见冷地型草坪草的识别:冷地型草坪草主要分布在寒温带、温带及暖温带地区。其耐寒冷,喜湿润冷凉气候,抗热性差;春秋雨季生长旺盛,夏季生长缓慢,成半休眠状态。这类草种茎叶幼嫩时抗热、抗寒能力均比较强。因此,通过修剪、浇水,可提高其适应环境的能力。常见种类如下。

①匍匐剪股颖(四季青、本特草)　*Agrostis stolonifera* L.(图 3-3-107)

科属:禾本科,剪股颖属

识别要点:多年生草本,秆基部偃卧地面,具有长达 8 cm 的匍匐枝,有 3~6 节,节上生根,秆高达 30~45 cm。叶片扁平,线形,先端渐尖,两面都具有小刺毛且粗糙。圆锥花序卵状长圆形,绿紫色,老后呈紫铜色。花期夏秋两季。

分布与习性:匍匐剪股颖广布于欧亚大陆及北美温带区。性喜冷凉气候,喜潮湿,不耐炎热,耐寒性强,抗旱能力差。匍匐枝发达,蔓延能力强,耐频繁低剪,在华北地区全年绿色期为 250~260 d。

观赏特征与园林应用:匍匐剪股颖株丛低矮,叶色嫩绿,在园林中可以作观赏草坪,也可以用作运动场草坪。

②草地早熟禾(六月禾)　*Poa pratensis* L.(图 3-3-108)

科属:禾本科,早熟禾属

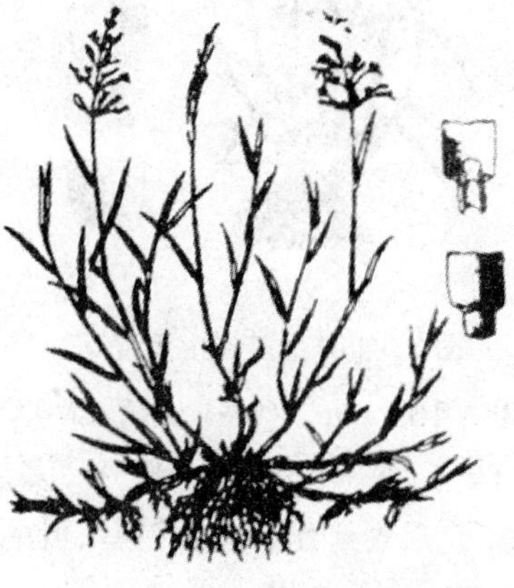

图 3-3-107　匍匐剪股颖

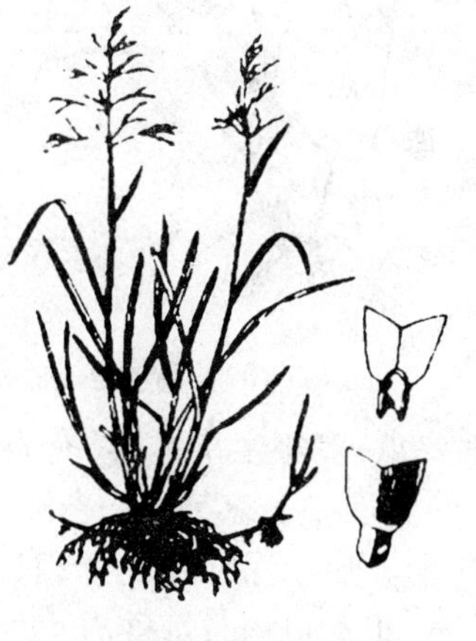

图 3-3-108　草地早熟禾

识别要点:多年生草本,须根系,具细根状茎。秆直立,光滑,呈圆筒状,高 50~80 cm。叶片条形,柔软、细长,密生基部。圆锥花序开展。花期 5~6 月。

分布与习性:原产于欧洲、亚洲北部及非洲北部,我国河北、山东、江西、内蒙古等地以及北半球的温带地区都有分布。适宜在气候冷凉、湿度较大的地区生长,抗寒能力极强;耐旱性和耐热性较差。要求排水良好、质地疏松、有机质丰富的土壤。根状茎繁殖迅速,再生能力强,耐践踏,全年绿色期 270 d 左右。

观赏特征与园林应用：草地早熟禾叶色鲜绿，叶面平滑，质地柔软有光泽，基部叶片稠密，耐践踏，草坪均匀、整齐、柔软，为重要的草坪植物，可用于运动场草坪，也可作为优良的牧草植物。

③高羊茅（苇状羊茅） *Festuca elata* Keng et E. Alexeeu（图 3-3-109）

科属：禾本科，羊茅属

识别要点：多年生丛生型禾草，秆成疏丛，直立，粗糙。幼叶折叠；叶舌呈膜状，平截形；叶耳短而钝，有短柔毛；茎基部宽，分裂的边缘有茸毛；叶片条形，扁平，挺直，近轴面有背且光滑。圆锥花序，直立或下垂。

分布与习性：原产于北温带及我国西北、西南地区。适应性强，生活力、生长势、抗践踏能力亦强。喜光，也耐半阴；抗寒，也较抗热，冬季在 -15 ℃低温下可安全越冬，夏季可忍耐 38 ℃高温。耐干旱，也耐潮湿。在富含腐殖质的疏松土壤上生长良好，具有吸收深土层水分的能力；耐修剪，但不耐低剪。

观赏特征与园林应用：高羊茅叶形美丽，多用于观赏草坪和保土固坡草坪，还是优良的牧草植物。

④多年生黑麦草 *Lolium perenne* L.（图 3-3-110）

科属：禾本科，黑麦草属

图 3-3-109 **高羊茅**

图 3-3-110 **多年生黑麦草**

识别要点：多年生草本，具有直立根状茎，株高 80～100 cm。须根发达，主要分布于 15 cm 深的土层中。茎直立，光滑中空，色浅绿。单株分蘖一般 60～100 个，多者可达 250～300 个。叶片深绿有光泽，长 15～30 cm；叶鞘长于或等于节间，紧包茎；叶舌膜质。穗状花序长 20～30 cm，每穗有小穗 15～25 个，小穗无柄，紧密互生于穗轴两侧。

分布与习性：原产南欧、北非和亚洲西南部，目前世界各地均有栽培；我国近年开始引进，华北以南冬季基本上不枯。喜温暖湿润气候，不耐高温，较耐低温；喜肥，适宜在肥沃、湿润、排水良好的壤土或黏土上种植，亦可在微酸性土壤上生长。

观赏特征与园林应用：多年生黑麦草叶片深绿有光泽，生长迅速，成坪速度快，常作为庭园和风景区绿化的先锋草种，还是优良的牧草植物。

（2）暖地型草坪：主要分布于亚热带、热带，生长最适温度为 26～32 ℃。其主要特征是早春开始返青复苏，入夏后生长旺盛，进入晚秋，一经霜打茎叶枯萎退绿，性喜温暖、空气湿润的气候，耐寒能力差。

①结缕草　*Zoysia japonica* Steud.（图3-3-111）

科属：禾本科，结缕草属

识别要点：多年生草本，根系分布较深，具坚韧的地下根状茎。茎直立，高12～15 cm，叶片革质，长3 cm，扁平。总状花序，花果穗呈绿色。花期5～6月。

分布与习性：原产亚洲东南部，主要分布在中国、朝鲜、日本等温暖地带。适应性强，喜阳光，耐干旱、耐高温、耐贫瘠，不耐阴，耐磨、耐踏，并具有一定的韧度和弹性；适宜于深厚、肥沃、排水良好的沙质土壤上生长，在微碱性土壤中亦能生长良好。

观赏特征与园林应用：结缕草株形低矮，有弹性，耐践踏，可用于公园、庭园、街头绿地等处铺设游憩草坪，也可铺设运动草坪。

②狗牙根（爬根草）　*Cynodon dactylon*（L.）Pers.（图3-3-112）

科属：禾本科，狗牙根属

图3-3-111　结缕草

图3-3-112　狗牙根

识别要点：多年生草本，植株低矮，具根状茎或细长匍匐枝，长达50 cm以上，直立部分秆高10～30 cm。叶扁平线条形，先端渐尖，边缘有细齿，叶色浓绿。穗状花序3～6个，呈指状排列于茎顶，绿色，有时略带紫色。花期5～8月。种子成熟后易脱落。

分布与习性：广泛分布于南、北温带地区，我国华北以南均有分布。喜光，稍耐阴，耐践踏，耐旱，不耐寒，对土壤要求不严，喜排水良好的肥沃土壤。

观赏特征与园林应用：狗牙根叶色浓绿，适宜公园、庭园、专用绿地等作游憩草坪大面积栽培，亦可铺设运动场草坪，或作护堤、护岸的优良草种。

③细叶结缕草（天鹅绒草）　*Zoysia tenuifolia* Willd. ex Trin（图3-3-113）

科属：禾本科，结缕草属

识别要点：多年生草本，匍匐茎发达。秆直立，高5～10 cm。叶线形，内卷，长2～6 cm。总状花序顶生，短于叶。花期6～7月。种子稀少，成熟后宜脱落。

分布与习性：原产我国南部。喜光，不耐阴，不耐寒，耐践踏性不如结缕草，但比结缕草致密、美观。

观赏特征与园林应用：细叶结缕草色泽嫩绿，草丛密集，外观似天鹅绒地毯，平整美观，是公园、庭园绿化、居住区等优良的草坪草种。

④假俭草(蜈蚣草)　*Eremochloa ophiuroides*(Munro)Hack.（图 3-3-114）

科属:禾本科,蜈蚣草属

图 3-3-113　细叶结缕草

图 3-3-114　假俭草

识别要点:多年生草本,具强壮的匍匐茎。秆斜生,高约 20 cm。叶片扁平、线形,顶端钝,有光泽,秋季叶子变红。总状花序单生秆顶,花序的小穗呈覆瓦状排列于穗轴一侧。花期 7 ~ 8 月。

分布与习性:原产我国,分布于长江流域以南各省区。耐热,耐旱,耐践踏,耐水湿,抗寒,较耐阴,耐重修剪,适应酸性土壤。

观赏特征与园林应用:假俭草茎叶平铺地面,形成的草坪密集,平整美观,厚实柔软而富有弹性,是华东、华南诸省较理想的观光草坪植物,被广泛用于园林绿地,或与其他草坪植物混合铺设运动草坪,也可用于护岸固堤。

⑤马尼拉结缕草(沟叶结缕草、半细叶结缕草)　*Zoysia matrella*（Linn.）Merr.（图 3-3-115）

科属:禾本科,结缕草属

识别要点:多年生草本,低矮。地下茎姜黄色,节间下聚生较多须根,根细长而弯曲。叶片宽 2 mm 左右,革质,叶鞘常宿存于基部。总状花序,短小。花期 3 月中下旬,种子成熟后易脱落。

分布与习性:广泛分布于澳洲、亚洲的亚热带、热带地区,中国广东、广西、福建等地有野生。喜光也耐阴,喜温暖、湿润,比细叶结缕草略耐寒,病虫害少,略耐践踏。抗干旱、耐瘠薄,适宜深厚肥沃、排水良好的土壤。生长势与扩展性强,分蘖力强,覆盖度大。

观赏特征与园林应用:马尼拉结缕草草色翠绿,草层茂密,生长缓慢,病虫害少,观赏价值高。常用于运动场草坪,可以用来建设足球场、高尔夫球场、网球场等;也可用于庭园、公共绿地等处铺建草坪。

⑥野牛草(水牛草)　*Buchloe dactyloides*（Nutt.）Engelm.（图 3-3-116）

科属:禾本科,野牛草属

识别要点:多年生低矮草本植物。株纤细,高 5 ~ 25 cm。具匍匐茎。叶片线形,粗糙,长 10 ~ 20 mm,宽 1 ~ 2 mm,叶灰绿色,卷曲。两面疏生白柔毛。雄花序穗状花序,2 ~ 3 枚总状排列,草黄色;雌花序常呈头状。种子成熟后常脱落。

分布与习性：原产北美西部，我国北方广泛种植。喜光，不耐阴，耐寒，耐热，耐旱，也耐水淹，耐土壤瘠薄，耐碱性强，适宜的土壤范围较广，但最适宜细壤。

图 3-3-115　马尼拉结缕草

图 3-3-116　野牛草

繁殖与栽培：播种、分株或用匍匐茎埋压法繁殖，以春秋季繁殖栽培较好。栽后立即浇水，保证土壤湿度，但浇水不宜过多。全年可修剪 3～5 次，每次留茬高度 2～5 cm。如果土壤瘠薄应适当追肥。

观赏特性与园林应用：野牛草可栽植于湖边、池旁、堤岸上作为地被，还广泛用于冶金、化工等污染较重的工矿企业绿地中。

（二）地被园林植物及其常见栽培种类的识别

地被园林植物一般指密集覆盖地面的低矮的植物群体，包括草本和木本地被植物，草本地被植物又包括草坪和一般草地。地被植物是提高城市绿化覆盖率的重要组成部分，应用极为广泛，不仅用于小面积绿化，也可以用于较大面积的地面绿化。

地被植物繁殖栽培容易，养护管理粗放，适应能力较强，植物体的枝叶层紧密地与地面相接，像被子一样覆盖在地表面，对地面起着良好的保护和装饰作用。

常见地被植物如下。

1. 白车轴草（白三叶草）　*Trifolium repens* L.（图 3-3-117）

科属：豆科，三叶草属

识别要点：多年生草本。匍匐茎，节部易生长不定根，分枝无毛，长达 60 cm。三出复叶互生，小叶倒心形至倒卵形，深绿色，先端钝或凹，边缘具细锯齿，叶面中心有个三角形的白晕。头状花序球形，总花梗长，花冠白色，偶有浅红色。荚果倒卵状椭圆形，种子细小，黄褐色。花期 5 月。

分布与习性：原产欧洲，我国华北、东北、华东、西南等地有栽培。喜湿润，较耐阴；耐干旱，耐瘠薄，适应性强，生长快。对土壤要求不严，只要排水良好，各种土壤均能生长。茎易倒，但不易折断。

繁殖与栽培：播种、分根繁殖。采种后可立即播种，播种后，5～7 d 可出土。在生长季节可分根繁殖,以 7 月分根为好。分根后要及时踏实,浇透水。白车轴草具根瘤菌,有固氮作用,不需施肥,管理粗放。

观赏特征与园林应用:白车轴草花叶均具观赏价值,绿色期长,管理粗放,园林中适于作林缘、坡地和封闭的观赏地被植物,也可作斜坡水土保持植物。

2. 红花酢浆草　*Oxalis corymbosa* DC. (图 3-3-118)

科属:酢浆草科,酢浆草属

图 3-3-117　白车轴草

图 3-3-118　红花酢浆草

识别要点:常绿或半绿多年生草本。植株低矮,20 ~ 30 cm。叶丛生状,有长柄,三小复叶,小叶倒心脏形,叶面有时有近似叶形的白晕。花瓣 5 枚,玫瑰红色、浅紫红色或粉红色,花数朵成伞房花序。花期 4 ~ 7 月和 9 ~ 10 月。

分布与习性:原产巴西,现我国华东地区等地均有引种栽培。喜温暖湿润、光照充足的环境,盛夏高温季节生长缓慢并进入休眠期,忌阳光直射,宜在富含腐殖质、排水良好的沙质壤土中生长。

繁殖与栽培:酢浆草地下茎蔓延迅速,分株繁殖最为容易,分栽时间宜在春季。也可播种繁殖,种子细小,且果实成熟后自动开裂,应及时采收,一般在晚冬或早春播种。红花酢浆草喜肥,生长期间可追施 2 ~ 3 次腐熟的稀薄肥水,夏季适当遮阴,同时注意防治红蜘蛛的危害。

观赏特征与园林应用:红花酢浆草株形低矮整齐,叶色青绿,花色艳丽,是优良的观花地被植物,适于作花坛、林下地被植物,也可用来布置花境和岩石园。

3. 马蹄金(小金钱草、荷包草)　*Dichondra repens* Forst. (图 3-3-119)

科属:旋花科,马蹄金属

识别要点:多年生匍匐小草本,茎细长,节上生根。叶对生,肾形至圆形,顶端宽圆形或微缺,基部阔心形,全缘;具长的叶柄。花单生叶腋,花冠钟状,黄色,深 5 裂,裂片长圆状、披针形。蒴果近球形。

分布与习性:我国长江以南各省及台湾省均有分布。耐阴、耐湿、稍耐旱,只耐轻微的践踏。温度降至 -6 ~ -7 ℃时会遭冻伤。适应性强。

繁殖与栽培:可播种和分株繁殖,以分株繁殖为主。分栽时用手把草皮撕成 5 cm × 5 cm的小块,贴在地面上,稍覆土压实,随即进行浇水。平时结合下雨和浇水适量追施氮肥。栽培 2 ~ 3 年后,可依情况进行刺孔,同时增加肥水供应,使草坪恢复活力。

观赏特征与园林应用：马蹄金植株低矮，四季常青，抗性强，覆盖率高，粗放管理，可作观赏草坪种植，又可用于布置小面积花坛、花境，也可用于堤坡、路边等固土。

4. 紫花苜蓿（紫苜蓿、苜蓿花）　*Medicago sativa* L.（图 3-3-120）

科属：蝶形花科，苜蓿属

图 3-3-119　马蹄金

图 3-3-120　紫花苜蓿

识别要点：多年生草本，根系发达，根颈密生许多茎芽，显露于地面或埋入表土中。茎秆斜上或直立，光滑，略呈方形，高 100 ~ 150 cm，分枝很多。羽状三出复叶，小叶长圆形或卵圆形，先端有锯齿，中叶略大。总状花序簇生，每簇有小花 20 ~ 30 朵，蝶形花有短柄。荚果螺旋形，2 ~ 4 回，成熟后呈黑褐色，不开裂。种子黄褐色肾形。花期 5 ~ 7 月。

分布与习性：原产于伊朗，我国主要分布于西北、华北。抗逆性强，适应范围广，性喜干燥、温暖、多晴天、少雨天的气候和高燥、疏松、排水良好且富含钙质的土壤。

繁殖与栽培：播种繁殖。播种方法有条播、撒播和穴播 3 种，播种方式有单播、混播和保护播种（覆盖播种）3 种，可据据具体情况选用。播前要求精细整地，并保持土壤墒情。苗期生长缓慢，注意应及时清除杂草。生长期要求排水良好。肥料以磷、钾肥为主。

观赏特征与园林应用：紫花苜蓿具有良好的适应性和覆盖度，返青早，修剪后再生株叶大、色绿、低矮，可作为观赏草坪，常作盐碱地地被植物。

5. 吉祥草（松寿兰、小叶万年青、观音草）　*Reineckia carnea*（Andr.）Kunth（图 3-3-121）

科属：百合科，吉祥草属

识别要点：多年生常绿草本。地下具根茎，地上有匍匐茎，株高 20 ~ 30 cm。叶丛生于基部，狭线形至披针形。花葶高 15 cm，常低于叶丛，稍弯垂；顶生疏松穗状花序，小花无柄，紫红色，芳香。浆果球形，经久不落。花果期 7 ~ 11 月。

分布与习性：原产我国长江流域以南各省及西南地区，日本也有分布。喜温暖、湿润、半阴的环境；较耐寒，对土壤要求不严格，以排水良好的肥沃沙质壤土为宜。

繁殖与栽培：分株或播种繁殖均可，以分株繁殖为主，时间在春季进行。长江流域可露地越冬，生长期需保持土壤湿润并遮阴，管理简单。

观赏特征与园林应用：吉祥草根系发达，覆盖地面迅速，是优良的耐阴地被植物，适宜在林下作地被栽植。

6. 麦冬(沿阶草、书带草、麦门冬)　*Ophitopogon japonicum* (L. f) Ker. - Gawl. (图 3-3-122)

科属: 百合科,沿阶草属

图 3-3-121　吉祥草

图 3-3-122　麦冬

识别要点: 多年生常绿草本植物。根较粗壮,根的顶端或中部常膨大成纺锤状肉质小块根。叶丛生于基部,狭线形,叶缘粗糙,长 10 ~ 30 cm。总状花序,顶生,花茎比叶稍短或近等长,花白色或淡紫色。浆果黑色。花期 5 ~ 8 月,果期 8 ~ 9 月。

分布与习性:原产我国,朝鲜、日本也有分布。喜温暖,有一定耐寒力,抗热性强,能忍受 35 ℃以上的高温。适应性强,对土壤的要求不高,但在富含腐殖质的沙质壤土中生长良好,抗盐碱性差。

繁殖与栽培:分株或播种繁殖,以分株繁殖为主。将种植多年的植株挖起,从根部切开,分成适宜的大小,由于分株时有些根系受到损伤,分株后应将叶片剪去 1/2 左右,栽植后要浇透水。

观赏特征与园林应用:麦冬根系发达,四季常绿,喜疏阴环境,在有遮阴的地方生长茂盛,适宜在乔、灌、花、草多层配置的下层栽植,营造自然生态植物群落。

7. 铺地柏(矮桧、偃柏、地柏)　*Sabina procumbens*(Endl.)Iwata et Kusaka (图 3-3-123)

科属: 柏科,圆柏属

识别要点:常绿针叶匍匐状矮生灌木,高达 70 cm,冠幅达 2 m,贴近地面伏生。叶全为刺叶,3 叶交叉轮生,叶上面有 2 条白色气孔线,下面基部有 2 白色斑点,叶基下延生长;球果球形,内含种子 2 ~ 3 粒。

分布与习性:原产日本。我国黄河流域至长江流域广泛栽培。喜光,稍耐阴,适生于滨海湿润气候,对土质要求不严,耐寒力、萌生力均较强。阳性树,能在干燥的沙地上生长良好,喜石灰质的肥沃土壤,忌低湿地。

繁殖与栽培:播种、扦插、嫁接、压条繁殖均可,其中以扦插和嫁接繁殖为主。硬枝扦插在 3 月进行,嫩枝扦插在 7 月进行。插后踏实,充分浇水,搭棚遮阴,保持空气湿润。嫁接繁殖,一般于 2 月下旬至 3 月下旬腹接,以侧柏作砧木,接后埋土至接穗顶部,成活后先剪去砧木上部枝叶,第二年齐接口截去。

观赏特征与园林应用:铺地柏枝叶翠绿,蜿蜒匍匐,极为美观。在园林中可配植于岩石园、草坪角隅，点缀假山和遮掩石缝，为缓土坡的良好地被植物，同时又是盆景、桩景的优良植物。

8. 八角金盘（八手） *Fatsia japonica* (Thunb.) Decne. et Planch.（图 3-3-124）

科属：五加科，八角金盘属

图 3-3-123 铺地柏

图 3-3-124 八角金盘

识别要点：常绿灌木。茎光滑无刺。叶柄长 10 ~ 30 cm；叶片大，革质，近圆形，直径 12 ~ 30 cm，掌状 7 ~ 9 深裂，裂片长椭圆状卵形，先端短渐尖，基部心形，边缘有疏离粗锯齿。圆锥花序顶生，花序轴被褐色绒毛；花萼近全缘；花瓣 5，卵状三角形，黄白色。果实近球形，熟时黑色。花期 10 ~ 11 月，果熟期翌年 4 月。

分布与习性：原产于日本，现广泛栽培于长江以南地区。喜阴湿、温暖的气候，不耐干旱，不耐严寒，以排水良好而肥沃的微酸性土壤为宜。

繁殖及栽培：播种、扦插或分株繁殖。八角金盘果实成熟后，立即采收，经处理后取出纯净的种子准备播种；可条播或撒播。扦插育苗应在早春或秋季进行，选用 1 ~ 3 年生苗干做插穗，插穗长 20 cm 左右，不带叶片。

观赏特征及园林应用：八角金盘四季常青，叶片硕大，叶形优美，浓绿光亮，是优良的室内观叶植物；或作室内花坛的衬底。叶片可作插花的配材。长江流域以南可露地应用，宜植于庭园、角隅和建筑物的背阴处，也可点缀于溪旁、池畔或群植林下、草地边。

9. 葱兰（葱莲、玉帘） *Zephyranthes candida* (Lindl.) Herb.（图 3-3-125）

科属：石蒜科，葱兰属

识别要点：多年生常绿草本。有皮鳞茎卵形，直径较小，具有明显的颈部。叶基生，肉质线形，暗绿色。花葶较短，中空；花单生，花被 6 片，白色，长椭圆形至披针形；花冠直径 4 ~ 5 cm。花期 7 ~ 9 月。

分布与习性：原产南美，我国各地皆有分布。喜温暖、湿润和充足阳光，亦耐半阴和潮湿，耐寒性稍差，宜排水良好、富含腐殖质的沙壤土。

繁殖与栽培：播种、分株繁殖。在园林中地栽，选择向阳、温暖、避风场所，生长开花期施 3 ~ 4 次追肥，就能叶茂花盛。

观赏特征与园林应用：葱兰植株低矮整齐，花朵繁多，花期长，多用于地被植物，或用于花坛、花边、林下，也有作盆栽栽培。

10. 玉簪（玉春棒、白鹤花） *Hosta plantaginea*（Lam.）Asch.（图 3-3-126）

科属：百合科，玉簪属

图 3-3-125 葱兰

图 3-3-126 玉簪

识别要点：多年生宿根草本，株高 30～50 cm，叶基生成丛，卵形至心状卵形，基部心形，叶脉成弧状。总状花序顶生，高于叶丛，花为白色，管状漏斗形，浓香。花期 6～9 月。

常见同属品种：

（1）狭叶玉簪（*H. lancifolia* Engler）：别名日本紫萼、水紫萼、狭叶紫萼。叶披针形，花淡紫色。

（2）紫萼（*H. ventricosa* Stearn）：别名紫玉簪。叶丛生，卵圆形。花较小，紫色。花期 7～9 月。

（3）白萼（*H. undulata* Bailey）：别名波叶玉簪、紫叶玉簪、间道玉簪。叶片上常有乳黄色或白色纵斑纹，叶边缘呈波曲状。花较小，淡紫色。

分布与习性：原产中国及日本。性强健，耐严寒，耐旱，耐阴，不耐强光照射，要求土层深厚、肥沃、排水良好的沙质壤土。

繁殖与栽培：播种、分株均可，一般采用分株繁殖，春季秋季均可。玉簪容易栽培，无需特殊管理，注意遮阴和保持土壤湿润即可。

观赏特征与园林应用：玉簪叶大翠绿，花色洁白，香气浓郁，且喜阴，宜成片种植于林下，或植于岩石园及建筑物背面；是良好的观花观叶地被植物，还可以盆栽布置室内或作切花。

11. 薄荷（鱼香草） *Mentha haplocalyx* Briq.（图 3-3-127）

科属：唇形科，薄荷属

识别要点：多年生草本。高 30～60 cm，茎直立，有四棱，多分枝。叶对生，长圆状披针形，长 3～5 cm，先端锐尖，有香气。轮伞花序腋生，轮廓球形，花小淡紫色。花期 6～9 月，果期 10 月。

分布与习性：产于我国南北各地，多生于水旁潮湿地。适应性强，喜阳光充足、温和湿润环境，对土壤要求不严。

图 3-3-127 薄荷

繁殖与栽培:根茎、分株繁殖,种芽不足时可用扦插繁殖和种子繁殖。可3～4月间挖取粗壮、白色的根状茎,剪成长8 cm左右的根段,埋入盆土中经20 d左右就能长出新株。

观赏特征与园林应用:香草植物,叶色浓绿繁茂,花小密集,带有清凉香气。常栽植于水体边,也可片植。

【巩固训练】

实训三 本地区常见草本园林植物的调查识别

一、实训目的

正确识别本地常见草本园林植物,进一步了解其习性,掌握其主要识别要点、观赏特征及园林应用形式;同时培养学生的团队协作、独立分析问题、解决问题及创新的能力。

二、实训材料

校园、当地公园、花卉市场、植物园中的常见草本园林植物。

三、实训内容

实地指认观察常见草本园林植物,如一串红、鸡冠花、菊花、芍药、鸢尾、荷花、春兰、玉簪类等,可以与园林树木结合进行本地园林植物的识别综合实训。

四、实训步骤

(1)教师下达任务,并简单介绍调查的方法与要求;
(2)学生分组调查花卉市场、植物园及当地园林绿地中草本园林植物的种类及类型;
(3)记录草本园林植物的形态习性及园林应用形式等内容;
(4)教师归纳总结,选取典型植物种类,对学生进行技能考核测试。

五、实训作业

将所调查的草本园林植物种类,列表整理出来,并注明它们各属于哪一科,识别要点、习性、主要观赏特征及园林用途。

六、实训考核

实训考核方式采用实操考评、素质考评、小组互评与自评等相结合。实训成绩包括:实操成绩占60%,素质考评成绩占20%,小组互评或自评成绩占20%。实操成绩由授课教师根据学生的技能测试成绩、实训报告的规范性、实习内容记录的准确性及全面性、任务完成情况等综合评定,素质考评由授课教师根据学生的表现、团队合作、观察是否认真等情况进行打分。

【思考与练习】

(1)举出当地常见的一、二年生花卉10种,简述其识别要点、观赏特征及园林用途。

(2)举出当地春、夏、秋季节开花的宿根花卉各5种,简述其识别要点、观赏特征及园林用途。

(3)举出当地常见的球根花卉5种,简述其识别要点、观赏特征及园林用途。

(4)举出当地常见的水生园林植物5种,简述其识别要点、观赏特征及园林用途。

(5)举出当地常见的兰科园林植物5种,简述其识别要点、观赏特征及园林用途。

(6)举出当地常见的草坪、地被植物各5种,简述其识别要点、观赏特征及园林用途。

任务四　常见观赏蕨类及多肉植物的识别

学习目标

能力目标:能够认识园林中常见的观赏蕨类及多肉植物。

知识目标:掌握常见的观赏蕨类及多肉植物的识别要点,观赏特性及园林用途;了解其分布与习性、繁殖与栽培要点等。

【任务提出】 许多蕨类植物形姿优美,具有很高的观赏价值;多肉植物种类繁多,形态奇特,花色艳丽,很适合盆栽及室内观赏。本任务是到花卉市场、植物园等地认识常见的观赏蕨类及多肉植物种类。

【任务分析】 蕨类植物多为多年生草本,属于观叶植物类,不开花。多肉植物是呈现肥厚而多浆的变态状植物,通常包括仙人掌科、景天科等植物。识别时,先明确其分类地位,再掌握其识别要点,了解其分布与习性、繁殖与栽培、观赏特征与园林应用等。

【任务实施】 准备常见观赏蕨类和多肉植物图片及新鲜植物材料,教师首先引导学生认真观察分析,简要总结观赏蕨类及多肉植物的特点,接着到实际绿地中结合具体的植物介绍观察的方法、步骤及内容,最后让学生分组到当地花卉市场或植物园等实地中调查、识别。

一、常见观赏蕨类园林植物的识别

(一)观赏蕨类园林植物及特点分析

蕨类植物也称羊齿植物,是介于苔藓植物和种子植物之间的一大类群,是最早的陆生植物。现存蕨类植物有12 000种,广布世界各地;我国有2 600种,主要分布在华南及西南,仅云南省就有1 000多种,有“蕨类王国”之称。

蕨类植物多为多年生草本;单叶或复叶,具各种分裂;具独立生活的配子体(原叶体)和孢子体,孢子体有根、茎、叶之分;陆生、石生或附生,少水生或沼生。

蕨类植物大多喜阴，生长在湿润阴暗的丛林里；喜温暖，大多喜较高的空气湿度，喜有良好的团粒结构、疏松肥沃、保水排水良好且富含腐殖质和适宜酸碱度的土壤。许多蕨类植物形姿优美，是著名的观叶植物，如鹿角蕨属、铁线蕨属等。

(二)常见观赏蕨类园林植物的识别

1. 肾蕨（蜈蚣草、圆羊齿、篦子草）　*Nephrolepis cordifolia*（L.）Pr.（图 3-4-1）

科属：骨碎补科，肾蕨属

识别要点：中型土生或附生蕨，株高 30～60 cm。根状茎直立。没有真正的根系，只有从主轴和根状茎上长出的不定根。叶簇生，一回羽状复叶，羽片 10～80 对，披针形。初生的小复叶呈抱拳状，具银白色的茸毛，展开后茸毛消失，成熟的叶片光滑。主脉明显而居中，侧脉对称地伸向两侧。孢子囊群生于小叶片各级侧脉的上侧小脉顶端，囊群肾形。

分布与习性：原产于热带、亚热带地区，我国主要集中分布于西南和华南。喜温暖湿润，不耐强光；适宜温室栽培，要求疏松肥沃、有机质含量高的培养土。

繁殖与栽培：常用分株、孢子和组培繁殖。分株繁殖全年均可进行，以 5～6 月为好。栽后放半阴处，并浇水保持潮湿。孢子繁殖选择腐叶土或泥炭土加砖屑为播种基质，装入播种容器，将收集的肾蕨成熟孢子，均匀撒入播种盆内。也常用顶生匍匐茎、根状茎尖、气生根和孢子等作外植体进行组培繁殖。

观赏特征与园林应用：肾蕨叶翠碧光润，四季常青，经久不凋，用于室内美化布置，尤其用作吊盆栽别有情趣；园林中可作阴性地被植物或布置在墙角、假山和水池边；其叶片可作切叶。

2. 鸟巢蕨（巢蕨、山苏花）　*Neottopteris nidud*（Linn.）J. Sm.（图 3-4-2）

科属：铁角蕨科，巢蕨属

图 3-4-1　肾蕨

图 3-4-2　鸟巢蕨

识别要点：中型附生蕨，株形呈漏斗状或鸟巢状，株高 60～120 cm。根状茎短而直立，粗壮而密生大团海绵状须根。叶簇生，辐射状排列于根状茎顶部；革质叶阔披针形，光滑，叶脉两面稍隆起。孢子囊群长条形，生于叶背侧脉上侧达叶片的 1/2。

分布与习性：原产热带、亚热带，我国广东、广西、海南、云南等地均有分布。喜高温湿润，不耐强光，不耐寒，生长适温为 20～22 ℃，冬季温度不低于 5 ℃；常附生于山谷林下岩石上或树干上。

繁殖与栽培：播种孢子和分株繁殖。在商品化批量生产中广泛应用孢子繁殖。一般的可用分株繁殖。可在春末夏初新芽生出前用刀将生长健壮的植株从基部分切成 2 ~ 4 块,并将叶片剪短,使每块带有部分叶片和根茎,然后单独盆栽成为新的植株。土壤以泥炭土或腐叶土最好。

观赏特征与园林应用:株型丰满,叶色葱绿光亮,潇洒大方,野味浓郁,可盆栽观叶;或制作吊盆、吊篮,做空间绿化装饰;在热带园林中附生在树干或岩石上;叶片可做插花用材。

3. 铁线蕨(铁丝草、少女的发丝)　*Adiantum capillus - veneris* L.(图 3-4-3)

科属:铁线蕨科,铁线蕨属

识别要点:多年生常绿草本。株高 15 ~ 40 cm。根状茎横生,密生棕色鳞毛。叶疏生;薄革质,卵状三角形,2 ~ 4 回羽状复叶,细裂,叶脉扇状分叉,深绿色。叶柄细长而坚硬,似铁线。孢子囊群生于羽片的顶端。

分布与习性:分布于热带、亚热带,我国长江以南各地以及陕西、甘肃、河南、河北等也有分布。喜温暖湿润和半阴环境,忌阳光直射;越冬温度不低于 15 ℃,喜疏松、肥沃和含石灰质的沙质壤土。

繁殖与栽培:常用分株或孢子繁殖。大多采用盆栽方式种植,盆土选用腐殖土或腐叶土加入一定量的河沙。5 月中旬待风季过后移至荫棚内养护,并注意空气湿度。生长期内要充分浇水保持土壤湿度。对长势较差的植株,一般 15 ~ 20 d 施用 1 次稀浓度的液体肥料。在北方地区,10 月上旬应将它移入中温温室。

观赏特征与园林应用:铁线蕨茎叶秀丽多姿,形态优美,株型小巧,适合小盆栽植和点缀山石盆景,还是良好的切叶及干花材料。

4. 鹿角蕨(蝙蝠蕨、麋角蕨)　*Platycerium wallichii* Hook.(图 3-4-4)

科属:鹿角蕨科,鹿角蕨属

图 3-4-3　铁线蕨

图 3-4-4　鹿角蕨

识别要点:多年生附生常绿草本,株高约 40 cm。根状茎肉质,短而横卧,有淡棕色鳞片。叶 2 列,二型:基生腐殖叶,不育性,纸质圆形呈盾状,边缘波状,绿白色,无柄;生育叶常成对生长,三角形,先端有分叉,形似鹿角,灰绿色。孢子囊散生于可孕叶主裂片的第一次分叉的凹缺处以下,不到基部,密被灰白色星状毛,成熟孢子绿色。

分布与习性:原产澳大利亚,我国各地温室常见栽培。国家二级保护植物。喜温暖、湿润、半阴环境,怕强光直射;不耐寒,生长适温 18 ~ 22 ℃;生长期要求较高的空气湿度。

繁殖与栽培:分株和孢子繁殖。在特制的盆钵内栽时,先用新鲜棕榈皮将盆壁及盆底的孔口空隙填好,再放入腐叶土、褐泥炭土及稍湿锯木屑,然后将植株栽入盆内浇透水,放阴凉处。要尽量避免用手触摸鹿角蕨。生长旺季多浇水并经常喷水,每月施1~2次稀薄饼肥水或氮钾混合化肥。冬季要控制浇水量。

观赏特征与园林应用:其株型奇异,孢子叶别致,形似鹿角,观赏期长,是室内立体绿化的良好材料,也可用于吊盆或篮架装饰观赏。

5. 凤尾蕨(井栏草、小叶凤尾草)　*Pteris nervosa* Thunb.(图3-4-5)

科属:凤尾蕨科,凤尾蕨属

识别要点:陆生矮小多年生蕨类植物,株高60~70 cm。根状茎短而直立,有黑褐色条状披针形鳞片。叶二型,簇生,纸质,无毛;叶柄禾秆色,光滑;能育叶卵圆形,一回羽状。不育叶一回羽状,羽片条形,全缘,顶端的羽片最长,下部羽片常有二至三叉,羽状分裂者具小羽片数枚,长线形,小羽片在叶轴上亦下延成翅;叶脉明显,细脉由中脉羽状分出,单一或二叉分枝,直达边缘,形似凤尾,故而得名。孢子囊群沿羽叶顶部以下的叶缘连续分布,孢子是褐色的,囊群盖狭条形,膜质。

分布与习性:原产欧洲、南非、亚洲等。中国主要分布在长江流域及以南地区。日本、朝鲜也有分布。喜阳光充足和稍潮湿环境,也耐半阴;有一定的耐寒性,生长适温15~22 ℃,越冬温度不低于5 ℃,耐旱,怕积水;适应性强,喜肥沃、排水良好的钙质土壤。

繁殖与栽培:孢子繁殖和分株繁殖。孢子繁殖应在孢子成熟后,收集好均匀撒播在腐叶土上,放阴湿处,发芽较快。分株繁殖多结合春季换盆进行。栽培时基质用排水、通气、肥沃的土壤,可用泥炭、园土、沙子各1份配制。生长期要保持盆土湿润,及时追肥,薄肥勤施,并经常进行散光照射。要及时注意介壳虫、蚜虫、锈病防治。

观赏特征与园林应用:凤尾蕨全丛颜色嫩绿,叶片披拂,极有风姿。园林中常作盆栽,也可作悬挂式或镶挂式布置。露地栽培中多用作阴性地被植物或种植于墙角、假山和水池边。叶可配插花。

6. 翠云草(龙须、蓝草、蓝地柏、绿绒草)　*Selaginella uncinata* (Desv.) Spring (图3-4-6)

科属:卷柏科,卷柏属

图3-4-5　凤尾蕨

图3-4-6　翠云草

识别要点:多年生中型伏地蔓生蕨。主茎伏地蔓生,极细软,分枝处常生不定根。叶卵形,二列疏生,多回分叉,小叶卵形,孢子叶卵状三角形,叶色呈蓝绿色。孢子囊穗四棱形,孢子囊卵形。

分布与习性:原产中国中部、西南和南部各省。喜温暖湿润和半阴环境,冬季温度不能低于 5 ℃。要求疏松肥沃、排水良好的土壤,用腐叶泥为佳。

繁殖与栽培:常用分株繁殖,也可扦插和孢子繁殖。分株在春季结合换盆进行,找出带不定根的茎段分栽于新盆中,放在阴湿环境下即可。生长期要常浇水和喷水,盛夏时注意遮阴,每隔半月施肥 1 次。冬季需入室越冬。

观赏特征与园林应用:翠云草株态奇特,羽叶似云纹,四季翠绿,并有蓝绿色荧光,清雅秀丽,属小型观叶植物,适合盆栽陈设于案头、窗台等处。

7. 桫椤(桫椤树、树蕨、蛇木)　*Alsophila spinulosa*(wall. ex Hook.) R. M. Tryon(图 3-4-7)

科属:桫椤科,桫椤属

识别要点:树形蕨类植物,高 1 ~ 6 m。茎直立,上部有残存的叶柄,向下密被交织的不定根。叶螺旋状排列于茎顶端,叶片大,长矩圆形,纸质,三回羽状深裂;叶柄长 30 ~ 50 cm,通常棕色或上面较淡,轴上具刺状突起;小羽片 18 ~ 20 对,基部小羽片稍缩短,中部羽片披针形,先端渐尖而具长尾,基部宽楔形,无柄或具短柄,羽状深裂。孢子囊群着生侧脉分叉处,靠近中脉。

分布与习性:主要生长在热带和亚热带,东南亚和日本也有分布。中国分布于西南和华南地区。喜温暖潮湿和半阴气候,喜在山沟的潮湿坡地和溪边阳光充足的地方生长。

繁殖与栽培:采用孢子和分株法繁殖。海拔在 100 ~ 2 500 m,气温在 5 ~ 35 ℃的山区、坝区和庭园均可栽培。可地栽,也可盆栽或桶栽。桫椤喜酸性土壤,宜生长在透气疏松的酸性腐叶土上,需经常向树盘和树茎喷水保湿。冬季应防霜冻。温室栽培需四季遮阴。

观赏特征与园林应用:桫椤是现存唯一的木本蕨类植物,中国一级保护植物。其株形美观别致,树冠犹如巨伞,高大挺拔,是著名的大型阴生观叶植物。常植于庭园阴湿处或荫棚下,也可盆栽欣赏。其茎干称蛇木,可用于栽种气生兰等。

图 3-4-7　桫椤

二、常见多肉植物的识别

(一)多肉植物及其特点分析

多肉植物又叫多浆植物,常指一些具有粗大肥厚的茎、叶、根,含水量高,且在干旱环境下可长期生存的植物。多数原产于热带、亚热带干旱地区或森林中,包括仙人掌科、番杏科、景天科、大戟科、萝藦科、菊科、百合科、凤梨科、龙舌兰科、马齿苋科、葡萄科、鸭跖草科、酢浆草科、葫芦科、牻牛儿苗科等植物,总数超过 1 万种,仅仙人掌科就有 140 余属,2 000 种以上。

多肉植物多为常绿多年生,一部分为夏绿草本。形态极为丰富,主要表现为器官肥大形成发达的储水组织,叶片退化为针状,畸形,拟态,如番杏科的生石花等呈现出与沙石同样的形态和色泽。依据形态特点可分为 4 类:肉质叶型,如芦荟、十二卷等;肉质茎型,如仙人掌科的球型、扁型、柱型茎等;肉质茎叶型,如燕子掌、仙人笔等;肉质茎基型,又称壶状或尾状植物,如酒瓶兰等。

多肉植物种类繁多,形态奇特,花色艳丽,在园林上可作篱垣,设置专类花园,作地被和布置花坛。多数不耐低温,适合盆栽及室内观赏。

(二)常见多肉园林植物的识别

1. 仙人掌(仙巴掌、霸王树)　*Opuntia stricta* (Haw.) Haw. var. *dillenii* (Ker Gawl.) L. D. Benson(图 3-4-8)

科属:仙人掌科,仙人掌属

识别要点:多年生常绿肉质植物。丛生成大灌木状,茎下部木质,茎节扁平,椭圆形、肥厚而绿色,刺窝处生 1 ~ 21 条刺。叶小呈针状。花着生在茎尖的上部。萼片多数向内呈花瓣状,黄色、红色。果熟为红色,椭圆形。花期 4 ~ 6 月。

分布与习性:原产于美洲,尤以墨西哥分布的种类最多,素有"仙人掌王国"之称;中国、澳大利亚、印度也有分布。喜强光,耐炎热、干旱、瘠薄,怕积水,冬季要求冷凉干燥,越冬温度在 5 ℃以上。对土壤要求不严,喜沙质土。

繁殖与栽培:扦插或嫁接繁殖,也可播种。扦插时插条选用发育充实、生长健壮的茎节,切后在阴凉处晾 2 ~ 3 d,待切口干燥后再插于沙床中,插后保持沙土湿润即可。大量繁殖时用播种繁殖,播种期 4 ~ 6 月。嫁接仙人掌,一般以抗旱性强、易亲和的三棱箭做砧木,在 25 ~ 30 ℃的温度下,于 5 ~ 6 月或 9 月嫁接为好。种植时最适生长温度为 25 ~ 35 ℃。最好施用腐熟的有机肥。

观赏特征与园林应用:仙人掌姿态独特,花色鲜艳,多做盆栽观赏。在南方,可作专类观赏。多刺的种类常用于樊篱。

2. 仙人球(草球、长盛球)　*Echinopsis tubiflora* Zucc. (图 3-4-9)

科属:仙人掌科,仙人球属

识别要点:多年生肉质多浆草本。茎呈球形或椭圆形,高达 75 cm,球体茎常侧生出许多小球,暗绿色,有纵棱,呈辐射状排列。刺毛长短、疏密不一,刺锥状,黑色。花着生于纵棱刺丛中,银白色或粉红色,长喇叭形,傍晚开放,凌晨凋谢,稍有芳香。果肉质,种子细小。盛花期夏季。

分布与习性:原产阿根廷及巴西,主要分布于湿热地区。喜光,不耐寒,冬季要求 10 ℃以上,较耐旱,不耐湿,喜排水良好富含石灰质的沙质土壤。

繁殖与栽培:以扦插繁殖为主,也可播种、嫁接和分球繁殖。扦插以 4 ~ 5 月最宜,取

图 3-4-8　仙人掌

图 3-4-9　仙人球

茎节 1 ~ 4 节或具分枝的大枝扦插均可。扦插时伤口不沾水，在日光不直射处晾两三天，使伤口愈合，不易腐烂。插后生根前置阴凉处，少浇水，约 20 d 即生根。常嫁接在其他根系强壮的仙人掌类植物上，可加快生长。常用砧木有仙人掌、叶仙人掌、量天尺等。仙人球栽种不宜太深，以球体根颈处与土面持平为宜。新栽植的仙人球不要浇水，只须每天喷雾 2 ~ 3 次，半月后可少量浇水，一个月后新根长出才能逐渐增加浇水。生长期每 2 ~ 3 个星期施用一次稀薄有机液肥。花蕾形成后，盆土不能过干、过湿，以免花蕾脱落。

观赏特征与园林应用：仙人球植株奇特，花形优美，一年四季均可开花，多用于盆栽，也可用于专类园栽培观赏。

3. 金琥（象牙球、黄刺金琥）　*Echinocactus grusonii* Hildm.（图 3-4-10）

科属：仙人掌科，金琥属

识别要点：茎圆球形，单生或成丛，高 1.3 m，直径约 80 cm，深绿色。球顶密被金黄色绵毛。有棱 21 ~ 37，显著。刺座很大，密生硬刺，刺金黄色，后变褐。花生于球顶部绵毛丛中，钟形，黄色，花筒被尖鳞片。花期 6 ~ 10 月。

分布与习性：原产墨西哥的沙漠及半沙漠地带，现在大部分地区均有栽培。喜光照充足、干燥、温暖，畏寒、忌湿，喜石灰质土壤。生长适温 20 ~ 25 ℃，冬季保持 10 ℃以上。

繁殖与栽培：播种、嫁接、扦插繁殖。5 ~ 9 月播种，30 ~ 40 d 幼苗球体，可进行移栽或嫁接在砧木上催长。也可在早春采取切顶的办法，促其孳生仔球，仔球长到 0.8 ~ 1 cm 时即可切下嫁接，砧木用量天尺一年生茎段较为适宜。生长期，宜适当追施饼肥、鸡粪、骨粉或鸽粪等肥料，宁淡勿浓。其生长较快，每年需翻盆一次。

观赏特征与园林应用：成年大金琥花繁球壮，金碧辉煌，观赏价值很高，是家庭绿化十分理想的一种观赏植物。

4. 量天尺（霸王鞭、七星剑花、三棱柱）　*Hylocereus undatus* Br. et R.（图 3-4-11）

科属：仙人掌科，量天尺属

识别要点：附生性攀缘状多浆肉质植物，株高 3 ~ 6 m。茎三棱柱形，多分枝，边缘具波浪状，具小凹陷，长 1 ~ 3 枚不明显的小刺，具气生根。花大型，萼片基部连合成长管状，花外围黄绿色，内有白色，具香味。浆果长圆形，红色，即火龙果。花期夏季，晚间开放，时间极短。

分布与习性：原产美洲，其他热带和亚热带地区多有栽培。我国两广、福建、海南等地有天然分布。喜温暖湿润、半阴，耐干旱，生长适温 25 ~ 35 ℃，冬季越冬温度不得低于 7 ℃，以富含腐殖质的沙质壤土为好。

繁殖与栽培：扦插繁殖。生长季节剪取生长充实或较老的茎节，阴晾 2 ~ 3 d 后，插于沙床或土中，1 个月左右即可生根。春季浇水不宜过多，夏季应每天浇水 1 次，宜在早晨或傍晚浇水。冬季盆土应保持适度干燥，越冬栽培环境既要保持较高的温度，又要保持较高的空气湿度。

图 3-4-10　金琥

图 3-4-11　量天尺

观赏特征及园林应用：量天尺株型婆娑奇特，花朵硕大，且具芳香，红果奇特。可地栽于展览温室的墙角、边地，也可庭植、盆栽，或作为篱垣植物。还多作为嫁接其他仙人掌科植物的砧木。

5. 山影拳（山影、仙人山）　*Cereus peruvianus* var. *monstrous* DC.（图 3-4-12）

科属：仙人掌科，天轮柱属

识别要点：多年生常绿草本，主茎暗绿色，肥厚而粗壮，分枝呈拳头状。刺座上无长毛，刺较长。茎多分枝，生长发育不规则，棱数不定。花大型喇叭状或漏斗形，白或粉红色，夜开昼合，夏秋开放。果大，红色或黄色，可食。

分布与习性：原产南美，现其他各地广泛栽培。生性健壮，生长迅速。喜光照，稍耐半阴，怕低温，冬季越冬需 5 ℃以上。较耐旱，喜欢排水良好的沙质土。

繁殖与栽培：常用扦插繁殖，也可嫁接繁殖。扦插繁殖全年都可进行，以在 4 ~ 5 月为好。嫁接选用 2 ~ 3 年生的仙人球作砧木，平接。山影拳浇水宜少不宜多，保持土壤稍干燥。一般不需要施肥。

观赏特征与园林应用：山影拳外形奇特，像一座座郁郁葱葱起伏层叠的山峦，宜盆栽，也可用于专类园观赏。

6. 昙花（琼花、月下美人）　*Epiphyllum oxypetalum*（DC.）Haw.（图 3-4-13）

科属：仙人掌科，昙花属

识别要点：附生型灌木状肉质植物。主茎稍木质，圆柱形，多不则分枝，分枝呈叶状扁平，边缘波状或缺凹，无刺。花生于叶状枝的边缘，花萼筒状，红色，花重瓣，白色，开放时有芳香,夏秋晚间开放,3~6 h后凋谢,故有“昙花一现”之说。果红色,种子黑色。

分布与习性:原产墨西哥至巴西的热带森林中,现各地均有栽培。喜温暖湿润和多雾及半阴的环境,不宜暴晒,不耐寒。要求富含腐殖质、排水良好的沙质土壤。生长适温13~20 ℃,冬季越冬温度不低于10 ℃。

图3-4-12 山影拳

图3-4-13 昙花

繁殖与栽培:扦插、播种繁殖。扦插时插条选择生长健壮,充实的变态茎,剪成10~15 cm的小段,放通风处晾1~2 d,待切口稍干再扦插。播种一般4~5年才开花,生产上一般不用。盆栽盆土不宜太湿,夏季保持较高的空气湿度。生长期每半月施肥1次。

观赏特征与园林应用:昙花夜间开放,花开时,芳香扑鼻,光彩夺目,犹如大片飞雪,十分壮观。多用于盆栽观赏。

7.蟹爪兰(仙指花、锦上添花) *Zygocactus truncates* K. Schum.(图3-4-14)

科属:仙人掌科,蟹爪兰属

识别要点:附生性仙人掌类。叶状茎扁平多节,卵圆形,先端截形,边缘具粗锯齿,常成簇而悬垂;茎节较小,连续生长的节似蟹足状,茎节先端有刺座,刺座生有细毛。花着生于茎的顶端,花被开张反卷,花色有淡紫、黄、红、纯白、粉红、橙和双色等。浆果红色。花期10月到翌年5月。

分布与习性:原产巴西,中国部分温暖地区也有分布。喜温暖、湿润、半阴环境,夏季适当遮阴,冬季要求阳光充足,越冬温度不低于10 ℃。要求排水透气性好、富含腐殖质的土壤。

繁殖与栽培:扦插、嫁接和播种繁殖。扦插选用生长充实、发育正常的2~3个茎节,剪取后放到阴凉处干燥1~2 d,待伤口稍干燥后,插入疏松、透气的基质中,插后放阴凉处,喷水保湿。嫁接用量天尺或仙人掌作砧木,采用劈接法进行。播种一般用于培养新品种,播种出苗1个月后可进行嫁接,这样能够在较短时间内培育成开花苗。

观赏特征与园林应用:蟹爪兰形状奇特,花色丰富,花期早晚不一,从秋冬季一直开放至春末夏初。常用于盆栽,布置书房、厅堂、阳台等。

8.令箭荷花(孔雀仙人掌、孔雀兰) *Nopalxochia ackermannii* Kunth.(图3-4-15)

科属:仙人掌科,令箭荷花属

识别要点：多年生常青附生类植物，高约 50 cm。茎直立，多分枝，灌木状，基部主干细圆，分枝扁平呈令箭状，边缘呈钝齿形，齿凹入部分有刺座，具细刺。花从茎节两侧的刺座中开出，花筒细长，喇叭状，白天开花，有紫红、大红、粉红、洋红、黄、白、蓝紫等花色。果实浆果，红色。种子黑色。花期 5 ~ 7 月。

图 3-4-14　蟹爪兰

图 3-4-15　令箭荷花

分布与习性：原产美洲热带地区。我国分布于江浙、两广、福建、云南、贵州、辽宁等地。喜温暖湿润，忌阳光直射，耐半阴，耐干旱，怕雨淋，要求肥沃、疏松、排水良好的中性或微酸性的沙质壤土。生长期最适温度 15 ~ 25 ℃，冬季越冬温度不能低于 5 ℃。

繁殖与栽培：扦插、嫁接和播种繁殖。扦插繁殖最好在每年 3 ~ 4 月进行。剪取健康扁平茎作插穗，晾 2 ~ 3 d，然后插入湿润沙土或蛭石内，经常向其喷水，一般一个月即可生根并进行盆栽。嫁接繁殖宜在 25 ℃时进行。砧木可选仙人掌。

观赏特征与园林应用：令箭荷花品种繁多，花色艳丽，香气袭人。多盆栽观赏用来点缀客厅、书房。在温室中多采用品种搭配，提高观赏效果。

9. 芦荟（中华芦荟）　*Aloe vera* L. var. *Chinensis*（Haw.）Berg.（图 3-4-16）

科属：百合科，芦荟属

识别要点：多年生常绿肉质草本，茎短。叶近簇生，幼苗叶成 2 列，叶面叶背都有白色斑点，长大后叶片呈莲座状着生，白斑不褪，肥厚多肉，披针形，边缘疏生三角形齿状刺，蓝绿色。圆锥状花序，小花密集，黄色至红黄色，筒状。蒴果三角形。花期 12 月。

分布与习性：原产南非及附近岛屿，现广布世界各地，为温室盆栽花卉。生性畏寒，喜温暖、阳光充足、干燥的环境。生长适温 15 ~ 25 ℃，喜欢排水良好、疏松、肥沃的沙质壤土。

繁殖与栽培：分生和扦插繁殖。分生在 3 ~ 4 月将母株侧芽切取分种。扦插时选取母株腋芽，去除基部 2 侧叶，放置 1 ~ 2 d 后插于培养土中。

观赏特征与园林应用：芦荟种类繁多，叶片、花、果奇特，观赏性强，园林中常盆栽。

10. 生石花（石头花、石头草）　*Lithops pseudotruncatella*（Bgr.）N. E. Br.（图 3-4-17）

科属：番杏科，生石花属

识别要点：多年生小型多浆植物。茎短，常常看不见。变态叶肉质肥厚，两片对生联结,形似倒圆锥体,顶部卵圆形,有半透明凹纹,外形很像卵石。秋季从对生叶的中间缝隙中开出花朵,白色或黄色,午后开放,傍晚闭合,单朵花可开 7 ~ 10 d。品种较多,各具特色。

分布与习性:原产南非,现主要分布于热带地区,中国也有保护栽培。性喜阳光充足、干燥、温暖的环境,生长适温为 20 ~ 25 ℃,要求排水良好的沙质壤土。

图 3-4-16　芦荟

图 3-4-17　生石花

繁殖与栽培:播种、分株繁殖。播种在 4 ~ 5 月进行,种子细小,采用室内盆播,播种温度 22 ~ 24 ℃。实生苗需 2 ~ 3 年才能开花。生长期需较多的水分,但不能过湿;每半月施肥 1 次。秋季花后暂停施肥。冬季放阳光充足处养护。

观赏特征与园林应用:生石花形态奇特,小巧玲珑,色彩斑斓,花叶颇具观赏性,享有"有生命的石头"的美称。多作盆栽装饰。

11. 长寿花(矮生伽蓝菜、寿星花)　*Kalanchoe blossfeldiana* cv. tom Thumb(图 3-4-18)

科属:景天科,伽蓝菜属

识别要点:常绿多年生草本多浆植物。茎直立,株高 10 ~ 30 cm。单叶交互对生,卵圆形,肉质,上部叶缘具波状钝齿,下部全缘,亮绿色,有光泽,叶边略带红色。圆锥聚伞花序,每株有花序 5 ~ 7 个;花小,高脚碟状,具 4 裂片,花色粉红、绯红或橙红色。花期 1 ~ 4 月。

分布与习性:原产非洲,各地均有栽培。喜温暖、稍湿润和阳光充足环境,不耐寒,生长适温为 15 ~ 25 ℃。耐干旱,对土壤要求不严,以肥沃的沙壤土为好。

繁殖与栽培:扦插或组织培养法繁殖。扦插在 5 ~ 6 月或 9 ~ 10 月进行效果最好。选择稍成熟的肉质茎,剪取 5 ~ 6 cm 长,插于沙床中。如种苗不多时,可用叶片扦插。生长期每半月施肥 1 次,进行 1 ~ 2 次摘心。花芽形成过程中,增施 1 ~ 2 次磷钾肥。

观赏特征与园林应用:长寿花株形紧凑,叶片晶莹透亮,花朵稠密艳丽,冬、春开花,花期长又能控制,为优良布置室内的盆花。由于名称长寿,故节日赠送亲朋好友,寓意大吉大利、长命百岁。

12. 石莲花(宝石花、石莲掌、莲花掌)　*Echeveria glauca* Hort. ex Baker.(图 3-4-19)

科属:景天科,石莲花属

识别要点:多年生肉质草本,具匍匐枝。叶丛呈莲座状,直立紧密,叶楔状倒卵形,顶端短、锐尖,粉蓝色,无毛。花茎柔软,有苞片,被白霜;聚伞花序有花8~24朵;花冠红色,花瓣不开张,披针形。花期7~10月。

图3-4-18　长寿花

图3-4-19　石莲花

分布与习性:原产墨西哥,现世界各地均有栽培。喜温暖干燥和阳光充足环境,耐半阴,忌烈日,不耐寒;怕积水,以肥沃、排水良好的沙壤土为宜。越冬温度不低于10 ℃。

繁殖与栽培:常用扦插繁殖,茎插、叶插均可,以叶片扦插繁殖为主,四季都可进行。也可分株繁殖,最好在春天进行。石莲花管理简单,每年早春换盆,清理萎缩的枯叶和过多的子株。

观赏特征与园林应用:石莲花叶片紧密排列呈莲座形,四季碧翠,美丽如花朵。宜作盆花、盆景,也可配植于花坛边缘,点缀花境或配作插花用。

13. 龙舌兰(龙舌掌、番麻)　*Agave americana* L.(图3-4-20)

科属:龙舌兰科,龙舌兰属

识别要点:多年生常绿大型草本,无茎。叶厚而坚硬,倒披针形,灰绿色,莲座式排列,较松散;叶缘具刺,端部的硬刺尖长可达3 cm。圆锥花序高达5~15 m,着生多数小花,淡黄色,有浓烈的臭味;花期5~6月。花后植株即枯死。

主要品种及变种:

(1)金边龙舌兰(*A. americana* var. *marginata* Trel.):别名金边番麻。叶缘有黄色条纹。

(2)银边龙舌兰(var. *marginata - alba*):叶片灰绿色,边缘具有银白色镶边,叶缘生有细小针刺。

(3)金心龙舌兰(var. *mediopicta*):叶中心为金黄色。

分布与习性:原产墨西哥,我国广东、广西、云南在田埂上呈篱状栽培,起防护作用。喜温暖、干燥和阳光充足,较耐阴;耐旱,不耐寒,冬季越冬温度不低于5 ℃;要求排水良好、肥沃的沙质壤土。

繁殖与栽培:常用分株和播种繁殖。分株是于春季3~4月在母株进行翻盆换土时,将基部萌发的脚芽分开栽植。播种,采种后于4~5月播种,幼苗生长缓慢,成苗后生长迅速,10年生以上老株才能开花结实。

观赏特征与园林应用:龙舌兰叶片坚挺,四季常青,是南方园林布置的重要材料之一,北方常做盆栽观赏。

14. 燕子掌(玉树、景天树、肉质万年青)　*Crassula argentea* L. f. Suppl. （图 3-4-21）

科属:景天科,青锁龙属

图 3-4-20　龙舌兰

图 3-4-21　燕子掌

识别要点:常绿肉质半灌木,株高 1 ~ 3 m。茎粗而肉质,具明显的环状节,分枝多。叶对生,肉质,卵圆形,无柄,绿色带光亮,叶基不联合,全缘。老株春季开花,花径 2 mm,白色或淡粉色。

分布与习性:原产非洲,现栽培广泛。性喜温暖干燥和阳光充足,怕强光,稍耐阴,不耐寒,冬季温度不低于 8 ℃。喜肥沃、排水良好的沙壤土。

繁殖与栽培:扦插繁殖。在早春或晚秋,剪下叶片或茎杆,待伤口晾干后插入基质中,把插穗和基质稍加喷湿,可很快长出根系和新芽。栽培管理简单粗放,生长较快,每年春季要换盆,加入肥土,放到阳光充足处养护。

观赏特征与园林应用:燕子掌枝叶肥厚,四季碧绿,叶形奇特,株型庄重。宜于盆栽,或配以盆架、石砾加工成小型盆景。

15. 条纹十二卷(十二卷、锦鸡尾、蛇尾兰)　*Haworthia fasciata* (Willd.) Haw. L. （图 3-4-22）

科属:百合科,十二卷属

识别要点:多年生肉质草本,无茎。肉质叶排列成莲座状,多数,三角状披针形,先端细尖呈剑形,表面平滑,深绿色,背面具白色肿瘤突起,排列呈横条纹。总状花序,花葶长,小花淡棕红色,有深色条纹。蒴果。

图 3-4-22　条纹十二卷

分布与习性: 原产南非亚热带。喜温暖和半阴环境,怕低温和潮湿,生长适温 16 ~ 18 ℃;对土壤要求不严,以肥沃、疏松的沙壤土为宜。

繁殖与栽培:分株、扦插繁殖。生长期保持盆土湿润,每月施肥 1 次。冬季和盛夏半休眠期宜干燥,严格控制浇水。冬季需充足阳光。

观赏特征与园林应用:条纹十二卷株形小巧秀丽,肥厚、深绿的叶上镶嵌着白色条纹,清新高雅,很耐阴,是理想的室内小型盆栽花卉。温度高的季节中也可布置花境。

16. 绯牡丹(红牡丹、红球、红灯)　*Gymnocalycium mihanovichii* var. *friedrichii cv. hibotan*(图 3-4-23)

科属:仙人掌科,裸萼球属

识别要点:多年生肉质草本。茎扁球形,鲜红、深红、橙红、粉红或紫红色,具 8 棱,有突出的横脊。成熟球体群生子球。刺座小,无中刺,辐射刺短或脱落。花细长,着生在顶部的刺座上,漏斗形,粉红色。果实细长纺锤形,红色。花期春夏季。

分布与习性:原产南美洲,现广泛栽培。喜温暖和阳光充足,夏季高温时应稍遮阴,并使其通风;不耐寒,越冬温度不低于 8 ℃。要求肥沃和排水良好土壤。

繁殖与栽培:绯牡丹本身不含叶绿素,多以嫁接繁殖方式存活。温室中嫁接全年均可进行,以春季或初夏最好。砧木常用量天尺,亦可用仙人掌、仙人柱、虎刺等。

观赏特征与园林应用:绯牡丹自身体量较小,红色球形体,光彩夺目,花色妖艳,极为诱人,多用作小型盆栽,可嫁接于山影上或其他多浆植物配合加工成组合盆景。

17. 仙人指(仙人枝、圣烛节仙人掌)　*Schumbergera bridgesii*(图 3-4-24)

科属:仙人掌科,仙人指属

图 3-4-23　绯牡丹

图 3-4-24　仙人指

识别要点:原产地附生于树干上,多分枝,枝丛下垂。枝扁平,肉质,多节枝,每节长圆形,叶状,边缘呈浅波状,顶部平截。花单生枝顶,整齐花,有紫色、红色、白色等。花期 2 月。

分布与习性:原产南美热带,世界各国多有栽培。喜温暖湿润和阳光充足,忌夏季强光直射,生长适温 15 ~ 25 ℃,宜富含有机质及排水良好的沙壤土。

繁殖与栽培:常扦插繁殖,也可嫁接和播种繁殖。扦插时选用 2 ~ 3 个茎节作插穗,在阴凉处放 2 ~ 3 d,待切口干燥后插入沙土中,插后浇水,保持土壤潮湿,定植后一年开花。嫁接常选用仙人掌作砧木。播种繁殖生产上一般很少使用。生长季节应保持土壤湿润,每两周施薄肥一次,性略耐阴,宜处于半阴环境,夏季防强日直射。

观赏特征及园林应用:仙人指株形丰满,花繁而色艳,开花期长,又在春节前后开放,通常盆栽观赏。

18. 酒瓶兰(象腿树)　*Beaucarmea recurvata*(图 3-4-25)

科属:龙舌兰科,酒瓶兰属

识别要点：常绿小乔木，原产地高达 10 m。茎干直立挺拔，基部膨大如酒瓶；老株表皮会龟裂，状似龟甲。叶簇生于茎干顶部，丝带状下垂；叶面粗糙，稍革质，叶缘近光滑；叶色蓝绿，酷似幽兰。圆锥花序，花乳白色，较小。

分布与习性：原产墨西哥干热地区，现我国长江流域广泛栽培，北方多盆栽。喜温暖湿润及日光充足，较耐旱、耐寒。越冬温度为 0 ℃。喜肥沃、排水通气良好、富含腐殖质的沙质壤土。

繁殖与栽培：播种、扦插繁殖。播种宜在室内盆播。北方盆栽不易开花结子，只能用基部萌发的蘖芽于春季扦插，幼芽掰下须晾 1 ~ 2 d 后，插于河沙或素土中，覆薄膜保湿保温，20 ~ 25 ℃下极易生根。盆栽可用腐叶土 2 份、园土 1 份和河沙 1 份及少量草木灰混合作为基质。生长期加强肥水管理，宁干勿湿，避免盆土积水。每月施两次液肥或复合肥。

观赏特征与园林应用：酒瓶兰为观茎赏叶花卉，茎干典雅，叶姿婆娑，为盆栽室内点缀珍品。

19. 虎刺梅（麒麟刺、铁海棠） *Euphorbia milii* var. *splendens*（图 3-4-26）

科属：大戟科，大戟属

图 3-4-25　酒瓶兰

图 3-4-26　虎刺梅

识别要点：多刺直立或稍攀缘性小灌木，株高 1 ~ 2 m。多分枝，体内有白色浆汁。茎和小枝有棱，棱沟浅，密被锥形尖刺。叶片密生新枝顶端，倒卵形，叶面光滑、鲜绿色。花有长柄，具苞片 2 枚红色。蒴果扁球形。花期冬春季。南方可四季开花。

同属常见栽培品种：白花虎刺梅（var. *alba*）。还有多种花色变种及大花品种。

分布与习性：原产非洲，现世界各国多有栽培。喜温暖湿润、阳光充足，耐高温、不耐寒，冬季温度不低于 12 ℃。喜疏松、排水良好的腐叶土。

繁殖与栽培：扦插繁殖。整个生长期都可扦插。选用疏松、排水良好的腐叶土作培养土，每年春季换盆。夏、秋生长季节需较充足的水分，要及时浇水。冬、春季节若保持 15 ℃以上的温度，则能连续开花。

观赏特征及园林应用：虎刺梅浑身长刺，花期长，花色鲜艳，形姿雅致，是优良室内盆栽花卉，也可加工制做盆景。但茎中白色乳汁有毒。

【巩固训练】

实训四　本地区常见蕨类及多肉园林植物的调查识别

一、实训目的

能够正确识别本地常见蕨类及多肉植物，了解其习性，掌握其主要识别要点、观赏特征及园林应用形式；同时培养学生的团队协作、独立分析问题、解决问题及创新能力。

二、实训材料

当地花卉市场、植物园中的蕨类及多肉植物。

三、实训内容

实地指认观察常见蕨类及多肉植物，如肾蕨、铁线蕨、鹿角蕨、金琥、长寿花、条纹十二卷、山影拳、虎刺梅、酒瓶兰等。

四、实训步骤

(1)教师下达任务，并简单介绍调查、观察的方法与要求。

(2)学生分组调查花卉市场、植物园中蕨类及多肉植物的种类及类型。

(3)记录蕨类及多肉植物的形态习性及园林应用形式等内容。

(4)教师归纳总结，选取典型植物种类，对学生进行技能考核测试。

五、实训作业

将所调查、观察的蕨类及多肉植物，列表整理出来，并注明它们的科属，识别要点、习性、观赏特征及园林用途等。

六、实训考核

实训考核方式采用实操考评、素质考评、小组互评与自评等相结合。实训成绩包括：实操成绩占60%，素质考评成绩占20%，小组互评或自评成绩占20%。实操成绩由授课教师根据学生的技能测试成绩、实训报告的规范性、实习内容记录的准确性及全面性、任务完成情况等综合评定，素质考评由授课教师根据学生的表现、团队合作、观察是否认真等情况进行打分。

【思考与练习】

(1)观赏蕨类植物及多肉植物分别有什么特点？

(2)举出当地常见的观赏蕨类植物5种，简述其识别要点、观赏特征及园林用途。

(3)举出当地常见的盆栽多肉植物5种，简述其识别要点、观赏特征及园林用途。

项目四 园林植物的应用

学习目标

能力目标：能够简单运用园林植物进行造景；能够完成花坛、花境的设计；会撰写花坛、花境的设计说明。

知识目标：掌握花坛、花境设计的要点。通过案例赏析，了解花卉在园林中的综合应用。

项目导言

在当前的城市环境中，园林植物的应用随处可见，居室内、庭园中、街道、广场、公园、工厂及居住区等无不存在独具匠心的植物景观。植物造景也已成为反映一个城市、一个地区的精神文明、社会生活、园艺水平的窗口。

园林植物的应用是一门综合艺术，它是通过技术手段和艺术手段，合理运用乔木、灌木、藤本及草本植物等题材，充分发挥植物的形体、线条、色彩等自然美（也包括把植物整形修剪成一定形体）来创作植物景观。利用露地草本植物进行植物造景，着重表现其群体的色彩美、图案装饰美，具体应用形式有花坛、花境、花台、花丛、花群、花箱、模纹花带、花柱、花钵、花球及其他装饰应用等。利用木本植物进行造景时，配置方式多种多样。按配置的平面关系，其配置方式有规则式、自然式和混合式；按配置的景观，其配置方式有孤植、对植、丛植、群植、林植、绿篱及整形树等形式。

园林植物的应用又是一门专业技术，必须熟练掌握园林植物的性状，并通过各种手法表现使其达到最完美的程度。这个项目主要是训练学生简单运用园林植物进行造景的能力：花坛、花境的设计，为后续课程的学习打下基础。

任务一 花坛的设计

学习目标

能力目标：能够结合当地实际，选择合适的花卉进行花坛的设计；会撰写花坛设计说明。

知识目标：了解花坛的类型及在园林中的应用；掌握花坛设计的要点。

【任务提出】 某学校大门前有铺装广场，学校计划在正对大门口的小广场上设计“十一”临时花坛，请根据环境条件及学校要求设计一个花坛方案。要求符合节日需要，图案简洁，装饰效果好；A3 图纸。

【任务分析】 花坛是指在具有一定几何轮廓的种植床内，按照设计意图在一定形体范围内栽植观赏植物（以一二年生花卉、球根花卉、宿根花卉、低矮花灌木为主），或者不设种植床而以器皿灵活摆设以表现群体的华丽图案和鲜艳色彩的设施，是一种规则式的花卉应用形式。要完成此任务，可以从几个方面进行分析：花坛的类型，植物的选择，种植形式的选择，功能分析等。

【任务实施】 教师准备不同类型花坛图片，首先引导学生对花坛类型、花坛植物的选择进行分析；接着简单介绍花坛设计的要求及设计图的绘制；然后是学生按要求搜集资料、现场勘查，完成花坛设计，并分组汇报，最后是教师点评、总结。

一、花坛的类型分析

现代花坛式样极为丰富，某些设计形式已远远超过了花坛的最初含义。目前，花坛可按下述分类。

（一）依花材分类

1. 盛花花坛

盛花花坛也叫花丛式花坛，主要由观花草本植物组成，表现盛花时群体的色彩美或绚丽的图案景观（见图4-1-1）。可由同一种花卉的不同品种或不同花色的多种花卉组成。

2. 模纹花坛

模纹花坛主要由低矮的观叶植物或花、叶兼美的植物组成，表现群体组成的精美图案或装饰纹样，主要有毛毡花坛、浮雕花坛和彩结花坛等。

（1）毛毡花坛：是由各种观叶植物组成的精美的装饰图案，植物修剪成同一高度，表面平整，宛如华丽的地毯（见图4-1-2）。

图4-1-1　盛花花坛

图4-1-2　毛毡花坛

（2）浮雕花坛：是依花坛纹样变化，植物高度不同，部分纹样凸起或凹陷，凸出的纹样多由常绿小灌木组成，凹陷面多栽植低矮的草本植物，也可以通过修剪使同种植物因高度不同而呈现凸凹，整体上具有浮雕的效果（见图4-1-3）。

（3）彩结花坛：是花坛内纹样模仿绸带编成的绳结式样，图案的线条粗细一致，并以草坪、砾石或卵石为底色（见图4-1-4）。

图 4-1-3　浮雕花坛

图 4-1-4　彩结花坛

3. 现代花坛

现代花坛指常见两种类型相结合的花坛形式。例如在规则或几何体形植床之中，中间为盛花布置形式，边缘用模纹式，或在主体花坛中，中间为模纹式，基部为水平的盛花式等。

(二)依空间位置分类

1. 平面花坛

平面花坛是花坛表面与地面平行，主要观赏花坛的平面效果，包括沉床花坛或高出地面的花坛。

2. 斜面花坛

斜面花坛是花坛设置在斜坡或阶地上，也可以布置在建筑的台阶两旁或台阶上，花坛表面为斜面，是主要的观赏面(见图 4-1-5)。

3. 主体花坛

主体花坛是花坛向空间伸展，具有竖向景观，是一种超出花坛原有含义的布置形式，它以四面观为主。包括造型花坛、标牌花坛等形式。

(1)造型花坛：是用模纹花坛的手法，运用五色草或小菊等草本植物制成各种造型物，如动物、花篮、花瓶等，前面或四周用平面装饰(见图 4-1-6)。

图 4-1-5　斜面花坛

图 4-1-6　造型花坛

(2)标牌花坛:是用植物材料组成竖向牌式花坛,多为一面观赏(见图4-1-7)。

图4-1-7　标牌花坛

(三)依花坛的组合分类

(1)独立花坛:也叫单体花坛,常设置在广场、公园入口等较小的环境中。

(2)花坛群:由相同或不同形式的多个单体花坛组合而成,但在构图及景观上具有统一性。花坛群应具有统一的底色,以突出其整体感。花坛群还可以结合喷泉和雕塑布置,后者可作为花坛群的构图中心,也可作为装饰。

(3)花坛组:是指同一环境中设置多个花坛,与花坛群不同之处在于各个单体花坛之间的联系不是非常紧密。如沿路布置的多个带状花坛,建筑物前作基础装饰的数个小花坛等。

二、花坛植物材料的选择

花坛植物材料一般以草本花卉为主,花坛用草本花卉宜选择株型整齐、具有多花性、开花齐整、花期长、花色鲜明、抗干旱、抗病虫害的能力较强、矮生的不易倒伏的品种。常用的如金盏菊、雏菊、鸡冠花、孔雀草、万寿菊、石竹、矮牵牛、一串红、三色堇、百日草等。

三、花坛的设计

花坛在环境中可作为主景,也可作为配景。形式与色彩的多样性决定了它在设计上也有广泛的选择性。

花坛的设计首先应在风格、体量、形状诸方面与周围环境相协调,其次才是花坛自身的特色。花坛的体量、大小也应与花坛设置的广场、出入口及周围建筑的高低成比例。一般不应超过广场面积的1/3,不小于1/5,出入口设置花坛以既美观又不妨碍游人路线为原则,在高度上不可遮住出入口的视线。花坛的外部轮廓也应与建筑物边线、相邻的路边和广场的形状协调一致。

花坛要求经常保持鲜艳的色彩和整齐的轮廓。因此,多选用植株低矮、生长整齐、花期集中、株丛紧密而花色艳丽(或观叶)的种类。花坛中心宜选用较高大而整齐的花卉材料,如美人蕉、扫帚草、毛地黄、高金鱼草等;也有用树木的,如苏铁、蒲葵、海枣、凤尾兰、雪松、云杉及修剪的球形黄杨、龙柏等。花坛的边缘也常用矮小的灌木绿篱或常绿草本作镶边栽植。如雀舌黄杨、紫叶小檗、葱兰、沿阶草等。

具体来说,几种花坛设计如下。

(一)盛花花坛的设计

1. 植物选择

以观花草本为主,可适当选用少量常绿、叶色及观花小灌木作辅助材料。一、二年生花卉为花坛的主要材料,其种类繁多,色彩丰富,成本较低。球根花卉也是盛花花坛的优良材料,色彩艳丽,开花整齐,但成本较高。

适合作花坛的花卉应株丛紧密、着花繁茂。理想的植物材料在盛花时应完全覆盖枝叶,要求花期较长,开放一致,至少保持一个季节的观赏期。如为球根花卉,要求栽植后花期一致,花色明亮鲜艳,有丰富的色彩幅度变化,纯色搭配及组合较复色混植更为理想,更能体现色彩美。

不同种花卉群体配合时,除考虑花色外,也要考虑花的质感相协调才能获得较好的效果。

2. 色彩设计

盛花花坛表现的主题是花卉群体的色彩美,因此一般要求鲜明、艳丽。如果有台座,花坛色彩还要与台座的颜色相协调。其配色方法有以下几种。

(1)对比色应用:这种配色较活泼而明快。深色调的对比较强烈,给人兴奋感;浅色调的对比配合效果较理想,对比不那么强烈,柔和而又鲜明。如堇紫色 + 浅黄色(堇紫色三色堇 + 黄色三色堇、霍香蓟 + 黄早菊、荷兰菊 + 三色堇)、绿色 + 红色(扫帚草 + 星红鸡冠)等。

(2)暖色调应用:类似色或暖色调花卉搭配,色彩不鲜明时可加白色以调剂。这种配色鲜艳,热烈而庄重,在大型花坛中常用。如红 + 黄或红 + 白 + 黄(一串红或一品红 + 白早菊 + 黄早菊、红色美女樱 + 白雏菊或白色三色堇 + 金盏菊或黄三色堇)。

(3)同色调应用:这种配色不常用,适用于小面积花坛及花坛组,起装饰作用,不作主景。

色彩设计中还要注意其他一些问题:

(1)一个花坛配色不宜太多。一般花坛 2 ~ 3 种颜色,大型花坛 4 ~ 5 种足矣。配色多而复杂难以表现群体的花色效果,显得杂乱。

(2)在花坛色彩搭配中注意颜色对人的视觉及心理的影响。如暖色调给人以扩张感,冷色则收缩,因此设计各色彩的花纹宽窄、面积大小要有所考虑。

(3)花坛的色彩要和它的作用相结合考虑。如装饰性花坛、节日花坛要与环境相区别,组织交通用的花坛要醒目。

(4)花卉色彩不同于调色板上的色彩,需要在实践中对花卉的色彩仔细观察才能正确应用。同为红色的花卉,如天竺葵、一串红、一品红等,在明度上有差别,分别与黄早菊配用,效果不同。一品红红色较稳重,一串红较鲜明,而天竺葵较艳丽,后两种花卉直接与黄菊配合,也有明快的效果,而一品红与黄菊中加入白色的花卉才会有较好的效果。同样,黄、紫、粉等各色花在不同花卉中明度、饱和度都不相同。

3. 图案设计

花坛外部轮廓主要是几何图形或几何图形的组合。花坛大小要适度,一般观赏轴线以8～10 m为主。现代建筑的外形趋于多样化、曲线化,在外形多变的建筑物前设置花坛,可用流线或折线构成外轮廓,对称、拟对称或自然均可,以求与环境协调(见图4-1-8)。

图4-1-8　花坛外轮廓形状

花坛内部图案要简洁,轮廓明显。忌在有限的面积上设计烦琐的图案,要求有大色块的效果。

盛花花坛可以是某一季节观赏的花坛,如春季花坛、夏季花坛等,至少保持一个季节内有较好的观赏效果。但设计时可同时提出多季观赏的实施方案,可用同一图案更换花材,也可另设方案,一个季节花坛景观结束后立即更换下季材料,完成花坛季节交替。

(二)模纹花坛的设计

1. 植物选择

模纹花坛材料应符合下述要求:

(1)以生长缓慢的多年生植物为主,如红绿草、白草、尖叶红叶苋等。

(2)以枝叶细小、株丛紧密、萌蘖性强、耐修剪的观叶植物为主。

2. 色彩设计

模纹花坛的色彩设计应以图案纹样为依据,用植物的色彩突出纹样,使之清晰而精美。

3. 图案设计

模纹花坛以突出内部纹样精美华丽为主,因而植床的外轮廓以线条简洁为宜,可参考盛花花坛中较简单的外形图案。内部纹样可较盛花花坛精细复杂些,但点缀及纹样不可过于窄细。以红绿草类为例,不可窄于5 cm,一年生草本花卉以能栽植2株为限。设计条纹过窄则难于表现图案,纹样粗、宽,色彩才会鲜明,使图案清晰。

内部图案可选择的内容广泛,如依照某些工艺品的花纹、卷云等,设计成毯状花纹;用文字或文字与纹样组合构成图案，如国旗、国徽、会徽等；也可选用花篮、花瓶、建筑小品、各种动物、花草及乐器等图案或造型。另外，还可利用一些机器构件如电动马达等与模纹图案组成有实用价值的各种计时器，常见的有日晷花坛、时钟花坛、日历花坛等。

（1）日晷花坛：用毛毡花坛组成日晷底盘，在底盘的南方立一倾斜的指针，在晴天时指针的投影可从早7时至下午5时指出正确时间。可设置在公园、广场等有充足阳光照射的草地或广场上（见图4-1-9）。

（2）时钟花坛：用植物材料作时钟表盘，中心安置电动时钟，指针高出花坛之上，可正确指示时间，设在斜坡上观赏效果好（见图4-1-10）。

图4-1-9　日晷花坛

图4-1-10　时钟花坛

（3）日历花坛：用植物材料组成"年""月""日"或"星期"等字样，中间留出空位，用其他材料制成具体的数字填于空位，每日更换。日历花坛也宜设于斜坡上。

（三）立体花坛的设计

1. 标牌花坛

花坛以东、西两向观赏效果好，南向光照过强，影响视觉；北向逆光，纹样暗淡，装饰效果差。标牌花坛也可设在道路转角处。具体方法有以下两种：

一是用五色苋等观叶植物作为表现字体及纹样的材料，栽种在15 cm×40 cm×70 cm的扁平塑料箱内。完成整体图样的设计后，每箱依照设计图案中所涉及的部分扦插植物材料，各箱拼组在一起则构成总体图样。之后，把塑料箱依图案固定在竖起（可垂直，也可为斜面）的钢木架上，形成立面景观。

二是以盛花花坛的材料为主，表现字体或色彩，多为盆栽或直接种植在架子内。架子为阶式一面观为主，架子呈圆台或棱台样阶式可作四面观。用钢架或砖及木板制成架子，然后花盆依图案设计摆放其上，或栽植于种植槽式阶梯架内，形成立面景观。

设计立体花坛时要注意高度与环境协调。除个别场合利用立体花坛作屏障外，一般应在人的视觉观赏范围之内。此外，高度要与花坛面积成比例。以四面观圆形花坛为例，一般高为花坛直径的1/4～1/6较好。设计时还应注意各种形式的立面花坛不应露出架子及种植箱或花盆，以充分展示植物材料的色彩或组成的图案。另外，还要考虑实施的可能性及安全性，如钢木架的承重及安全问题等（见图4-1-11）。

2. 造型花坛

造型物的形象依环境及花坛主题来设计，可为花篮、花瓶、动物、图徽及建筑小品等，

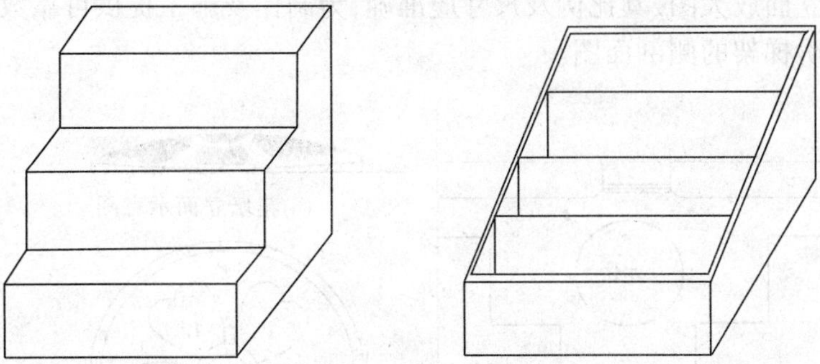

图 4-1-11 种植箱框架示意图

色彩应与环境的格调、气氛相吻合，比例也要与环境协调（见图 4-1-12）。

图 4-1-12 造型花坛

四、花坛设计图的绘制

运用小钢笔墨线、水粉、水彩、彩笔等绘制均可，花坛设计图示例见图 4-1-13。

（一）环境总平面图

环境总平面图应标出花坛所在环境的道路、建筑边界线、广场及绿地等，并绘出花坛平面轮廓。依面积大小有别，通常可选用 1∶100 或 1∶1 000 的比例。

（二）花坛平面图

花坛平面图应表明花坛的图案纹样及所用植物材料。绘出花坛的图案后，用阿拉伯数字或符号在图上依纹样使用的花卉，从花坛内部向外依次编号，并与图旁的植物材料表相对应，表内项目包括花卉的中文名、拉丁学名、株高、花色、花期、用花量等，以便于阅图。若花坛用花随季节变化需要轮换，也应在平面图及材料表中予以绘制或说明。

（三）立面效果图

立面效果图用来展示及说明花坛的效果及景观。花坛中某些局部，如造型物等细部必要时需绘出立面放大图,其比例及尺寸应准确,为制作及施工提供可靠数据。立体阶式花坛还可绘出阶梯架的侧剖面图。

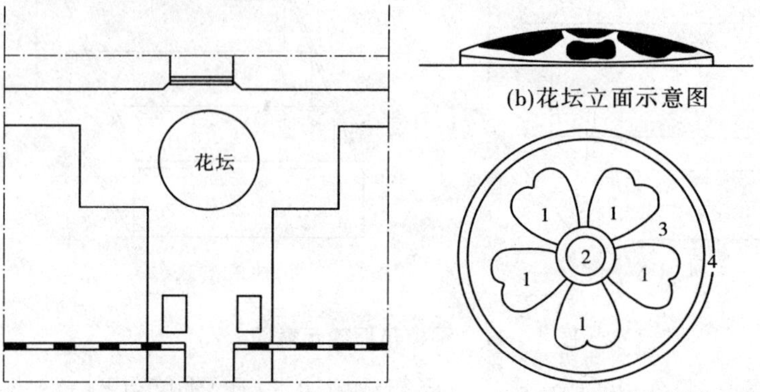

(a)花坛位置及周围环境示意　(b)花坛立面示意图　(c)花坛平面示意图

花坛设计(蔷薇花)

1—三色堇(各色);2—三色堇(黄色);3—红绿草;4—小石竹

图 4-1-13　花坛设计

(四)设计说明书

设计说明书简述花坛的主题、构思,并说明设计图中难以表现的内容,对植物材料的要求,以及花坛建立后的一些养护管理要求。

花坛用苗量计算如下:

花卉用株数 = 栽植面积/(株距 × 行距) = 1 m^2/(株距 × 行距) × 所占花坛面积 = 1 m^2所栽株数 × 花坛中占的总面积

公式中,株行距以冠幅大小为依据,不露地面为准。实际用苗量算出后,要根据花圃及施工的条件留出 5% ~15% 的耗损量。花坛总用苗量的计算:$(A + A \times 5\% \sim 15\%) + (B + B \times 5\% \sim 10\%) + \cdots\cdots$

【巩固训练】

实训一　四季花坛的设计

一、实训目的

通过实训,进一步掌握花坛设计的方法、特点、要求,并能根据周围的整体环境来考虑所要表现的园景主题、位置、形式、色彩等因素组合,应用园林艺术理论以及植物材料的生长开花习性、生态习性、观赏特性等所学知识设计一个四季有花的花坛。

二、实训材料

A3 图纸、绘图工具等。

三、实训内容

选择某街头转角、道路边或建筑物旁空地设计花坛或组合花坛。

四、实训步骤

(1)准备工具:
图纸准备:A3 图纸。
工具准备:图板、丁字尺、三角板、绘图笔等。

(2)现场勘查:到现场进行实地勘查,熟悉环境,了解周边环境建筑、绿地等的功能、特点等,以作为花坛设计的参考依据。

(3)花坛规划设计:绘制草图、修改、定稿。

(4)完成设计任务。

五、实训作业要求

(1)具体设计比例:1∶20 至 1∶100,将图案、配置的花卉种类或品种、株数、高度、栽植距离等详细绘出,并附实施的说明书。

(2)作出在不同季节中花卉种类的换植计划以及图案的变化。

【思考与练习】

(1)花坛的类型有哪些?

(2)试结合实际情况,分别列举“五一”国际劳动节和“十一”国庆节花坛布置常用的草本花卉。

(3)如何进行花坛设计?

任务二　花境的设计

学习目标

能力目标:能够结合当地实际,选择合适的园林植物进行花境设计。

知识目标:了解花境的类型及其在园林中的应用;掌握花境设计的要点。

【任务提出】 计划在某绿地道路两旁边缘设计花境,请根据周边环境条件设计一个花境方案。要求植物配置合理、立面丰富;A3 图纸。

【任务分析】 花境是根据自然风景中多种林缘野生花卉自然分散生长的规律,加以艺术提炼,而应用于园林景观中的一种植物造景方式。它是利用露地宿根花卉、球根花卉及一二年生花卉等,以带状自然式栽植在树丛、绿篱、栏杆、绿地边缘、道路两旁及建筑物前。花境是草本与木本植物结合设计的景观类型,是介于规则式与自然式之间的一种带状景观形式。花境设计首先要根据具体环境确定花境类型,然后根据花境植物配置的要求选取适合本地生长的植物进行设计,并注意立面、色彩及季相的变化等。

【任务实施】 教师准备不同类型花境图片,首先引导学生对花境类型进行分析;接着简单介绍花坛花境的植物配置、设计的要求及设计图的绘制;然后是学生现场勘查,完成花境设计,并分组汇报,最后是教师点评、总结。

一、花境的类型分析

(一)按照设计形式划分

1. 单面观赏花境

单面观赏花境是指游人仅从一侧观赏的花境。一般宽度为 2 ~ 4 m,多用于道路两边、建筑物墙基、草坪四周等地,也有用于林间以树林为背景的开旷空间。植物配置成斜面,建筑或绿篱作为背景,后面高前面低,供游人单面观赏(如图 4-2-1 所示)。

2. 双面观赏花境

双面观赏花境是指花境的两侧都可供游人观赏。一般宽度为 4 ~ 6 m,大多数设置在道路、广场、草地的中央或树丛间。植物配置一般中间高两边低,高矮错落,变化有序(如图 4-2-2 所示)。

图 4-2-1　单面观赏花境

图 4-2-2　双面观赏花境

3. 对应式花境

在园路两侧、广场、草坪中央或建筑物周围设置的呈左右二列式相对应的两个花境。在设计上统一考虑,作为一组景观,多采用拟对称的手法,力求富有韵律变化之美(如图 4-2-3所示)。

(二)按照植物组成划分

1. 专类植物花境

专类植物花境由一类或一种植物组成,如芍药花境、百合花境、鸢尾花境、菊花花境等。

2. 观赏草花境

观赏草花境多由禾本科植物组成,主要观赏植物的茎干、丛叶、花序。

图 4-2-3　对应式花境

3. 草本花境

草本花境即宿根花卉与一二年生草花花境，以春夏秋季节观花为主。

4. 混合花境

混合花境即花境中除草本花卉外，还有花灌木、小乔木或草坪等，以稍微高出的花灌木或小乔木(多为常绿类植物)作为背景植物，以花色或叶色艳丽、姿态优美的多年生草本花卉为主景植物，并在其间点缀低矮的常绿花灌木或旁边堆放景石，既满足对植物花、叶、形的观赏要求，又达到空间有层次和季相有变化。

5. 针叶树花境

针叶树花境是以松柏类针叶常绿植物进行修剪造型，拼组成各类几何图案，体现人工之美。主要应用于规则式园林。

(三)按照植物花期划分

1. 早春花境

早春花境以早春开花的植物为主景材料，加入一些彩叶、彩斑植物或针叶、剑叶、阔叶等叶色丰富、叶形别致的植物来丰富景观。

2. 春夏花境

春夏花境以多年生花卉和秋播一二年生花卉为主，其花期常常集中在中春到初夏。

3. 秋冬花境

秋冬花境通过各种秋色叶植物、观果类植物或观赏草来展现秋意，或增添常绿植物来避免冬季景观的萧条。也可适当利用植物的枯萎茎干和散落树叶营造苍劲凋零的意趣。

(四)按照花色的多少划分

1. 单色花境

单色花境由单一或相似花色的植物材料组成，可利用同一色调中的色彩明度、饱和度、纯度的不同来营造整体色彩风格的花境。

2. 双色花境

双色花境通常利用颜色的冷暖、对比、互补等特点，选择两种颜色的植物搭配协调，营造花境。

3. 多色花境

多色花境指三种以上花色构成的花境，色彩丰富，最能体现缤纷灿烂的景观效果，但应注意色彩的和谐过渡与整体协调。

(五)按照花境的应用场景划分

1. 林缘花境

林缘花境呈带状配置在景观林带的边缘,以丛林作为花境背景,起林带与草坪或道路间的衔接过渡作用。

2. 路缘花境

路缘花境指园林中布置在游步道单边或两边的花境,是园路与路边乔木、草坪的有效过渡。

3. 墙垣花境

墙垣花境指呈带状、块状布置在墙缘、植篱、栅栏、篱笆、树墙、挡土墙以及建筑物前的花境。主要以花木的软质景观特性柔化生硬的建筑边界,并起到一定的保护基础的作用。

4. 草坪花境

草坪花境位于草坪边缘或中央,由各类规则或不规则图案构成,在空间层次、颜色变化、引导视线等方面起到丰富草地景观或点缀作用。

5. 庭园花境

庭园花境指应用于庭园、花园的花境。可沿着庭园的围墙、栅栏、树丛布置,也可在庭园的中心营造,或点缀庭园的小品。

6. 临水花境

临水花境呈带状或片状配置在水体驳岸或草坡与水体衔接处,以耐水湿的多年生草花或灌木类为主要材料,赏花观叶与水景相映成趣。

二、花境植物材料的选择

(一)植物材料的选择原则

花境中应用的植物材料非常广泛,一般包括一二年生花卉、球根和宿根花卉、花灌木及观赏草。花境设计要因地制宜地选择植物材料,以营造出生机勃勃的动态花境景观。

1. 从植物生长适应性考虑

花境的植物材料通常选择适应性强、抗性强、生长健壮的乡土植物,有利于整体景观的塑造;选择花期较长、色彩艳丽、观赏价值高的植物,如芳香植物、花叶果均美的植物;选择试种成功的植物种类。

2. 从造景角度考虑

要注重花境的生物多样性,乔灌草的合理组配,既能够表现植物个体的自然美,又展示植物自然组合的群体美;注重花境的景观丰富性;还要注重花境的整体协调性。比如柔和的色彩中掺杂某种特别跳跃的颜色就显得格格不入,如果本身营造的就是鲜明亮丽的花境,突出的是互相反衬的效果,那么应用对比的色彩就显得恰如其分。

(二)花境常用植物种类

花境常用的花灌木有:月季、牡丹、梅花、火棘、构骨、金丝桃、南天竹、凤尾竹、梅花、五针松、棣棠、丁香、红瑞木、十大功劳、红枫、龙舌兰、寿星桃、苏铁、铺地柏、山茶、矮生紫薇、贴梗海棠等;常用的草本植物有:鸢尾、玉簪、麦冬、葱兰、红花酢浆草、白三叶、常夏石竹、荷兰菊、丛生福禄考、万年青、兰花、菊花、芍药、大丽花、美人蕉等。

三、花境的设计

(一)种植床设计

花境的种植床是带状的,其形状可以是规则的,也可以是不规则的。花境的边缘可以是直线,也可以是曲线,线条是连续不断的,但两边的边线必须是平行的。种植床一般应高于地面7~10 cm;土壤厚度为30~50 cm;排水坡度一般为2%~4%;单面观赏的花境宽度2~4 m,两面观赏的花境宽度多为2~6 m。

(二)色彩设计

花境的色彩主要由植物的花色来体现,同时植物的叶色,尤其是少量观叶植物的叶色的运用也很重要。

植物的色彩十分丰富,不同的颜色给人不同的心理感觉,在花境的色彩设计中巧妙地利用不同花色来创造景观效果。如白色明度最强,人看到白色易产生纯净、清雅、神圣、平安的感觉;红色对游人心理易产生比较强烈的刺激,从而使人兴奋而鼓舞;黄色始终与富丽堂皇紧密相连,具有庄严高贵之感。

花境植物在色彩设计上,要有主色、配色、基色之分。根据特定的场合确定冷色和暖色,能很好地制造出气氛来。如在入口处、喷泉、雕塑、建筑物等开旷处,需要突出、强调的地方用暖色花卉,可以起到烘托、提醒、引人注目的效果;在幽静的休息区、非重点路边、山脚等处,用冷色花卉则比较适宜。

花境色彩设计中主要有四种基本配色方法,即单色系设计、类似色设计、补色设计、多色设计。设计中根据花境大小选择色彩的数量,避免在小花境上使用过多的色彩而产生杂乱感。

花境植物色彩的设计要点:

(1)色彩单一或杂色但有主色调的花卉要集中在一起,在开花期间可以获得一片整体的统一色块。

(2)红、黄、蓝及近似的色调不论深浅要分别集中在一起种植,集中后形成集体美。

(3)同一花期的种类花色要接近,同一品种的花卉种在一起能得到花期一致、高矮一致和花色接近的效果。花境边缘植物多用叶色暗的植物,以免喧宾夺主。切忌花卉大杂烩。

(4)花卉色彩与气氛相吻合。

(5)大部分颜色让给绿色。绿色之中适当地选择重点和局部种植花卉。

总之,花境种植设计前,应注意首先考虑同时花期的植物色彩安排,是求协调还是对比;然后做出色块在整体上的面积均匀分布图,以及与季节气候的心理适应相一致的色彩安排,作出与四周环境、四周视线来源及四周要求的气氛相一致的色彩安排。

(三)花境的背景设计

单面观赏的花境需要有背景,两面观赏的花境不需要背景。背景可以是装饰性的围墙,也可以是格子篱;色彩可以是绿色,也可以是白色。最理想的是修剪好的常绿绿篱或树墙。花境与背景之间可以有一定的距离,也可以没有距离。

（四）种植设计

花境在设计过程中，首先要根据花境朝向、光照条件的不同选择相应的植物材料。最好选择花、叶及全株的形态都有美可赏、生长容易、不需要特殊照顾的植物种类，以能在当地露地越冬的多年生花卉为主，少量选用一、二年生花卉；然后根据植物的高度、冠幅、开花季节细化方案标准，哪些是常绿的、落叶的，什么时候开花、花色等，3～5株组成不规则的团块，每个团块相接，高的在后、矮的在前，互相支持、依赖并为前者的背景；整个花境的背景，最好用一种植物会形成完整统一性，但前面的植物应该选许多种，在花境中可呈不规则的重复出现，相互混合，使花期自春至秋可赏不断。设计时，多年生植物布置得空疏些，然后根据季节填充些一年生花卉。花境前面的边缘应该是最矮的植物，如多年生银叶蒿、葱兰等；花境的长度不限，主要是根据环境的情况而定，10～100 m均可。

花境的季相变化是它的特征之一。理想的花境应四季有景可观，寒冷地区应做到三季有景。花境的季相是通过种植设计来实现的，利用花期、花色和各季节所具有的代表植物来创造季相景观，如早春的报春、夏日的福禄考、秋天的菊花等。

四、花境设计图的绘制

花境设计图运用小钢笔画墨线图或用水粉、水彩、彩笔等绘制均可。

（一）花境位置图

按照一定的比例标出花境所在位置的周围环境，包括道路、建筑物、草坪及大型植物等，以有利于了解花境所处的具体环境，以及光照、风向等自然条件（见图4-2-4）。根据环境大小选用1∶100、1∶500或1∶1 000的比例绘制。

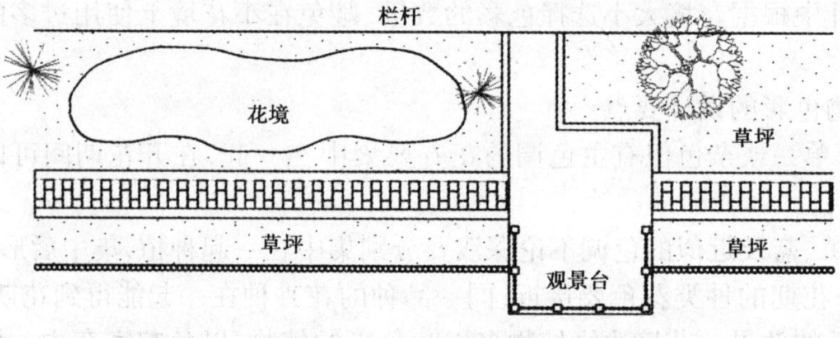

图4-2-4　花境位置图

（二）花境平面图

绘出花境边缘线、背景和内部种植区域，以流畅曲线表示，避免出现死角，力求接近种植物后的自然状态。在种植区编号或直接注明植物，编号后需附植物名录表，包括植物编号、名称、株高、花期、花色及数量等（见图4-2-5）。选用1∶50～1∶100的比例绘制。

（三）立面效果图

以一季景观为例，或分别绘出各季景观。选用1∶100～1∶200的比例绘制均可。

（四）设计说明书

简述花境设计的构思，并说明设计图中难以表现的内容，对植物材料的要求，以及花境建立后的一些养护管理要求。设计说明应该语言简练，通常附在花境的平面图上，也可

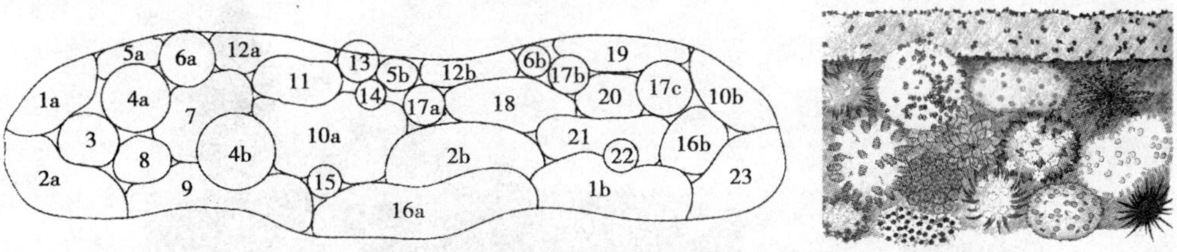

图 4-2-5　花境平面设计图(右图为精细的花境平面示意图)

以单独列出来。

花境平面、立面效果图示例见图 4-2-6 ~ 图 4-2-8。

图 4-2-6　花境立面效果图

图 4-2-7　花境平面、立面效果图(一)

图 4-2-8　花境平面、立面效果图(二)

【巩固训练】

实训二　校园中花境的设计

一、实训目的

通过设计练习,进一步掌握花境设计的基本方法、步骤和设计要求,能运用相关设计理论进行实际应用设计。

二、实训材料

A3 图纸、绘图板、铅笔等绘图工具。

三、实训内容

结合自己校园特色,对校内花境进行改造或者设计。内容包括花境位置图、花境平面图、花境主要观赏期效果图、植物名录表、设计说明书等。比例尺为 1∶100 或 1∶200。

四、实训步骤

学生接受任务,明确设计目标,并进行相关资料的收集、现场勘查,然后进行具体花境设计图的绘制。

(1)种植床设计:种植床通常为带状,边缘线为直线或曲线。长轴较大时可以分段,每段以 20 m 为宜。

(2)背景设计:单面观花境需要背景,较理想的是绿色的树篱或绿篱。

(3)边缘设计:高床边缘可用自然的石块、砖块、碎瓦、木条等垒砌,平床多用低矮植物镶边,以 15～20 cm 高为宜。

(4)种植设计:

植物选择：应注意以在当地能露地越冬，不需特殊养护且有较长的花期和较高的观赏价值的宿根花卉为主。

色彩设计：配色方法可选用类似色，以强调季节的色彩特征为主。也可选用多色配置，使其具有鲜艳热烈的气氛。色彩设计应注意与环境、季节相协调。

季相设计：季相变化是花境重要特征。设计之初应当考虑到各季节或月份的代表种类。在平面种植设计时要考虑同一季节不同的花色、株型等合理地布置于花境各处，以保证各季的观赏效果。

平面设计：采用自然块状混植方式，每块为一组花丛，各花丛大小有变化，将主花材植物分为数丛种在花境不同位置。

立面设计：要求植株高低错落有致，花色层次分明，充分利用植物的株形、株高、花序以及质地等观赏特性，创造出丰富美观的立面景观。

五、作业要求

每人完成一套花境设计图，包括花境位置图、花境平面图、花境主要观赏期效果图、植物名录表，各类植物在花境中的观赏特色，设计说明书。

【思考与练习】

(1)花境植物材料选择的原则是什么?

(2)花境与花坛的区别是什么?

(3)列出10种本地花境设计常用的园林植物。

(4)如何进行花境设计?

任务三　园林植物造景案例赏析

学习目标

能力目标：能够运用生态的、美学的观点赏析植物景观。

知识目标：进一步了解植物造景的特点与作用。

【任务提出】 所谓“庭园无石不奇，无花木则无生气”。植物造景就是以乔木、灌木、藤本及草本植物为题材创造景观，充分发挥植物本身的形体、线条、色彩等自然美，配植成一幅幅美丽动人的画面，供人们观赏。本任务就是赏析一些典型的优美园林植物造景实例。

【任务分析】 植物景观除供人们欣赏自然美外，更重要的是其产生的生态效应。完美的植物景观设计必须具备科学性与艺术性的高度统一。即既满足植物与环境在生态适应性上的统一，又要通过艺术构图原理，体现出植物个体与群体的形式美及人们在欣赏时所产生的意境美。所以,从生态的、美学的观点出发,才能达到预期的观赏效果。植物造景的艺术性则体现在多样统一、对比调和、对称均衡和节奏韵律等方面。

【任务实施】 教师准备一些典型、美丽的植物景观案例图片,引导学生运用生态的、艺术的观点进行赏析,然后可以带学生到当地公园、游园等绿地中赏析植物景观。

案例一 赤峰市漠南长廊植物景观设计

本案例选自金煜主编的《园林植物景观设计》。

一、气候条件分析

赤峰市西部新区属于温带半干旱大陆性季风气候,日光充足,全年平均气温 0 ~ 7 ℃,年平均降水量为 381 mm,降水集中于 6 ~ 7 月。

四季特征为:春季干旱,升温快,多为大风天;夏季较短,雨量较集中,平均气温 18 ~ 23 ℃;秋季降温快,霜冻早,多为晴朗天气;冬季漫长、寒冷,雪少风多。极端最高气温多在 7 月下旬出现,极端最低气温一般出现在 1 ~ 2 月,为 -28 ~ -30 ℃。

二、种植设计

(一)原则

(1)生态性、适地适树原则。首选乡土植物,如新疆杨、油松、沙地云杉、沙柳、沙棘等,同时引入一些外来的植物;模拟自然群落构成,选择适宜的植物进行组合搭配,乔灌草相结合,形成复层结构,并用野生地被代替人工草坪。

(2)观赏性、美学原则。注意植物的观赏效果,注意植物色彩、形态以及季相搭配。

(3)艺术性。我国长期以来赋予植物拟人化个性,将其融入到植物种植中。

(4)经济性。选择有经济价值的材料,如沙棘、文冠果、红松等。

(二)植物种植形式

种植形式以自然式为主,模拟自然景观以及自然植物群落构成进行植物的配置,以求在都市中再现内蒙古草原壮丽的自然风光。

(三)植物种类选择

选择乡土植物新疆杨、油松作为基调植物,以求形成连续的、统一的界面;选择当地特有的植物品种,如沙地云杉、沙棘、沙柳、山杏等作为配景。这样不但可以很好地适应当地的气候条件,还可创造出独特的地域景观。另外选择在当地生长良好的引种植物,如栾树、皂角、白蜡、垂榆等植物作为搭配,使景观融入些许都市特征;引种观赏价值高的植物,如银杏、白桦、稠李、灯台树等,根据使用及观赏的需要加以配置,所选植物品种如下:

常绿植物:油松、樟子松、红松、云杉、冷杉、塔松、落叶松;

阔叶乔木:银杏、白蜡、垂柳、梓树、皂角、臭椿、黄檗、灯台树、稠李、山杏、栾树、五角枫、花曲柳、新疆杨、国槐、火炬树、京桃、暴马丁香、龙爪槐、垂榆;

灌木：连翘、榆叶梅、红王子锦带、大花水亚木、珍珠绣线菊、树锦鸡儿、茶条槭、京山梅花、忍冬、卫矛、紫丁香、朝鲜黄杨、紫叶小檗；

剪形植物：朝鲜黄杨、水蜡、紫叶小檗、胶东卫矛；

花卉地被：景天、落新妇、地被菊等。

植物列表具体内容见表4-3-1。

表4-3-1　植物列表

植物名称	规格	造型要求	功能作用	单位	数量
樟子松	$H=5.0$ m	树形整齐	观树形，作为背景或者群植成林	株	34
红松	$H=5.0$ m	树形整齐	观树形，群植成林	株	66
臭冷杉	$H=4.0$ m	树形整齐	作为背景	株	29
落叶松	$H=5.0$ m	高大、挺拔、枝条平展	观树形，作为背景	株	64
油松	$H=5.5$ m	景观树，要求树姿优美，枝条平展	观树形，孤植	株	23
油松	$H=5.0$ m	树形整齐	观树形，群植成林，作为背景	株	209
塔柏	$H=2.5$ m	树形整齐，枝叶密集，树冠塔形	观树形，作为背景	株	100
云杉	$H=4.0$ m	树形整齐	观树形，作为背景	株	313
梓树	$D=8$ cm	树形整齐，树冠圆润，干形通直	观花、果，桑梓代表故乡，具有文化内涵	株	168
皂角	$D=8$ cm	树形整齐，树冠圆润	观树形	株	111
银杏	$D=15$ cm	景观树，要求高大挺拔，树冠整齐，干形通直	观树形、秋叶，孤植	株	6
银杏	$D=8$ cm	树形整齐，干形通直	观树形、秋叶	株	20
银白杨	$D=8$ cm	树形整齐，干形通直	观树形，作为背景	株	221
新疆杨	$D=8$ cm	树形整齐，高大挺拔，干形通直	观树形、树干，作为背景或者空间分隔和界定，体现地域特色	株	1 515
五角枫	$D=8$ cm	树形整齐，树冠圆润	观树形、秋叶	株	66
花曲柳	$D=10$ cm	树形整齐，高大挺拔，干形通直	观树形	株	9
花曲柳	$D=8$ cm	树形整齐，树冠圆润	观树形	株	150
栾树	$D=8$ cm	树形整齐，树冠圆润	观树形、花、叶、果	株	380
黄栌	$D=6$ cm	树形整齐，树冠圆润	观树形、花	株	29
国槐	$D=12$ cm	景观树，高大挺拔，树冠圆润	观树形、花，芳香	株	29
国槐	$D=8$ cm	树形整齐，树冠圆润	观树形，花，芳香	株	345
垂柳	$D=10$ cm	树形整齐，枝条垂度好	观树形	株	10

续表 4-3-1

植物名称	规格	造型要求	功能作用	单位	数量
白蜡	$D=8$ cm	景观树，树形整齐，干形通直，树冠圆润	观树形	株	24
白蜡	$D=12$ cm	树形整齐，树冠圆润	观树形	株	212
白桦	$D=8$ cm	景观树，树形整齐，干形通直	观树形、树干，白桦林景观	株	80
稠李	$D=8$ cm	景观树，树形整齐，树冠圆润，枝叶密集	观树形、花、叶、果	株	24
臭椿	$D=8$ cm	树形整齐，树冠圆润	观树形、叶	株	197
文冠果	$D=6$ cm	树形整齐	观花、果，油料植物	株	86
灯台树	$D=10$ cm	景观树，要求树姿优美，枝条平展，干形整齐	观树形	株	2
灯台树	$D=8$ cm	树姿优美，枝条平展	观树形	株	17
黄檗	$D=8$ cm	景观树，高大挺拔，树冠圆润	观树形	株	87
火炬树	$D=6$ cm	主干明确、通直	观花、秋叶	株	205
桑树	$D=8$ cm	景观树，高大挺拔，树冠圆润	观树形，果实可食用，桑梓代表故乡，具有文化内涵	株	70
山杏	$D=8$ cm	景观树，树冠圆润，枝叶密集	观树形、花	株	125
京桃	$D=8$ cm	枝条展开、虬曲，干皮纹理清晰	观树形、枝干、花	株	179
龙爪槐	$D=6$ cm	主干明确，树冠圆润，枝条密集、垂度好	观树形	株	27
核桃楸	$D=6$ cm	高大挺拔，树冠整齐	观树形、树干	株	92
垂榆	$D=6$ cm	主干明确，树冠圆润，枝条密集、垂度好，无病虫害	观树形	株	194
暴马丁香	$D=6$ cm	树冠圆润，枝叶密集	观树形、花，芳香	株	152
紫丁香	$W=1.5$ m	灌丛圆润，叶色鲜亮	观花，芳香	株	66
珍珠绣线菊	$W=0.8$ m	灌丛圆润，枝叶密集	观花、秋叶	株	311
大花水亚木	$W=1.2$ m	灌丛整齐，枝叶密集	观花	株	60
红瑞木	$W=1.5$ m	枝条通直，颜色鲜红	观枝、果、叶	株	295
红王子锦带	$W=1.2$ m	冠形整齐，枝叶密集	观花	株	62
京山梅花	$W=2$ m	冠形整齐，枝叶密集	观花	株	58
连翘	$W=1.5$ m	冠形整齐，枝叶自然拱曲	观花	株	230
忍冬	$W=1.2$ m	冠形球形，枝叶密集	观花、果	株	296
沙棘	$W=1.2$ m	冠形整齐，枝叶密集	观果	株	34

续表 4-3-1

植物名称	规格	造型要求	功能作用	单位	数量
树锦鸡儿	$W=1.2$ m	冠形整齐,枝叶密集	观花	株	64
卫矛	$W=1.5$ m	冠形整齐,枝叶密集	观果	株	120
榆叶梅	$W=1.2$ m	冠形整齐,最好为球形,枝叶密集	观花	株	235
茶条槭	$W=1.2$ m	枝叶密集	观叶	株	41
紫叶小檗	$W=0.8$ m	枝叶密集,叶色紫红色	观叶	株	56
朝鲜黄杨球	$W=0.8$ m	灌丛为球形,枝叶密集	修剪成球形	株	286
水蜡球	$W=1.0$ m	灌丛为球形,枝叶密集	修剪成球形	株	260
铺地柏	1 平方米/株	匍匐性强,枝条舒展	作为地被.用于坡面绿化	m^2	815
紫叶小檗剪形	$W=0.8$ m $H=0.5$ m	枝叶密集,叶色紫红色	组成植物模纹	m	276
朝鲜黄杨剪形	$W=0.8$ m $H=0.5$ m	枝叶密集	组成植物模纹	m	208
水蜡剪形	$W=0.5$ m $H=0.5$ m	枝叶密集	组成植物模纹	m	280
胶东卫矛剪形	$H=1.0$ m	枝叶密集,叶色鲜亮	组成植物模纹	m^2	301
景天		16 株/m^2	地被	m^2	83
落新妇		16 株/m^2	亲水栽植	m^2	20
地被菊		16 株/m^2	地被	m^2	50

注:*H*—高度;*D*—地径;*W*—冠径。

三、部分设计图纸

部分设计图纸如图 4-3-1 ~ 图 4-3-5 所示。

图 4-3-1 长廊总体鸟瞰图

图 4-3-2　长廊中心广场鸟瞰图

图 4-3-3　局部效果

图 4-3-4　入口广场效果图

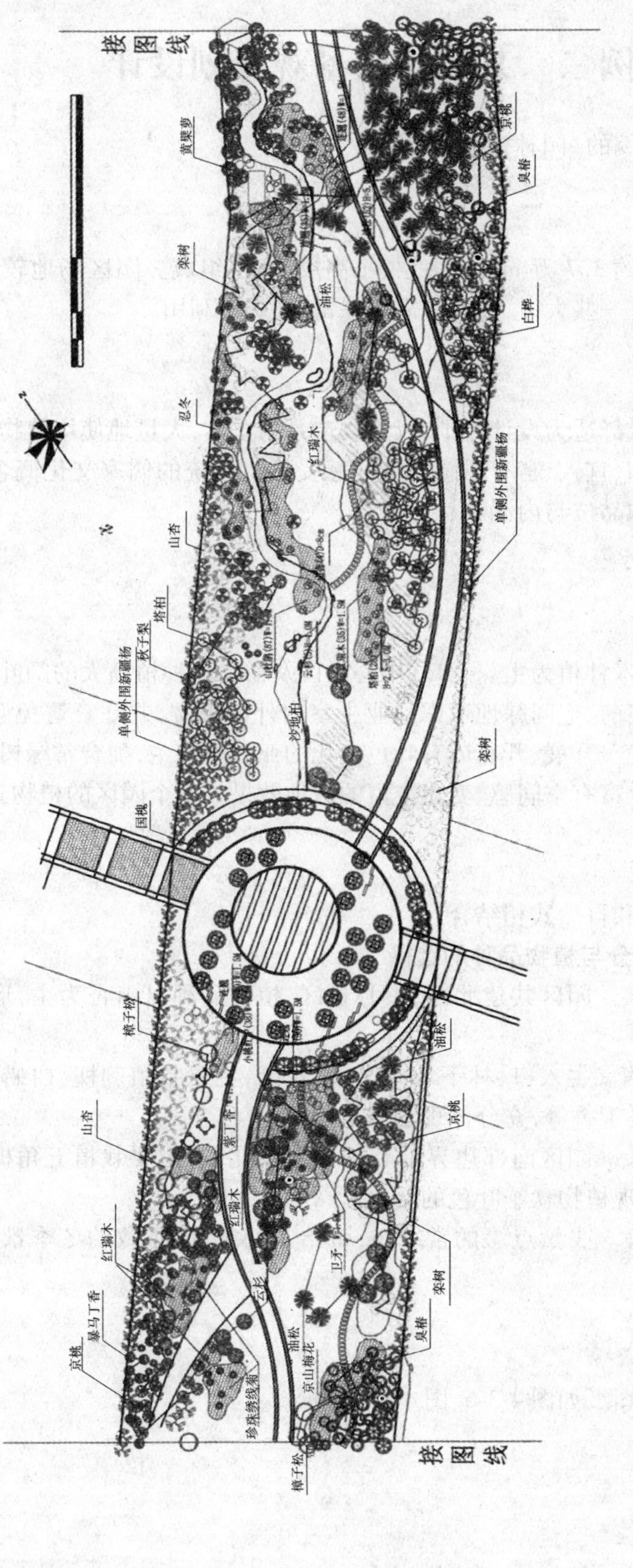

说明：
1. 本图为段落二的种植设计图
2. 本图中给定了植物的规格和数量，请尽量按图施工
3. 植物标注方式：新疆杨（**）***
分别对应：植物名称－株数或面积或延长米——规格
4. 园林小品及铺装施工参见环施相应详图

图 4-3-5　长廊植物种植平面图（部分）

案例二　某居住区景观规划设计

本案例选自金煜主编的《园林植物景观设计》。

一、现状分析

该居住区占地面积约 3.7 万 m^2，由多层、小高层、高层组成。园区场地较平整，无起伏，宅间及围墙边缘现有一些大树，设计中需要保留，并加以利用。

二、设计理念

以自然、朴实、实用、舒适为设计原则，以植物造景为主体，大量地使用植物材料，局部点缀小品，带给人们亲切、宜人、富有质感的空间感受。将传统的儒家文化概念融入到景观设计之中，增加园区的品位与内涵。

三、植物配置

(一)植物配置原则

植物配置以落叶乔木种植为主。入口、中心景区及活动区种植高大的阔叶乔木，形成宏观大气的林荫效果；宅前、宅间绿地考虑到业主室内外的观赏，并注意避免遮挡一楼住户的光线，所以以树冠优美开展、开花或有叶色变化的亚乔木为主，配合常绿树、密植的花灌木和绿篱，形成一个个富有空间感、变化丰富的绿地效果。整个园区的植物景观特色是朴素、大气、整齐、统一。

(二)植物配置方式

种植形式以规则式和自然式相结合。

(三)植物景区的划分与植物品种的选择

(1)春花澹泊而如笑。园区共建北部、中心景区，植物品种以山杏为主，形成早春繁花似锦的繁荣景象。

(2)夏荫苍翠而如滴。主入口、林下活动区、后花园，主要栽植刺槐、白蜡等，中部宅间绿地植物有栾树、暴马丁香等，充分体现夏季景观。

(3)秋叶明净而如妆。园区南部边界处和部分楼体北侧，主要栽植五角枫、白桦、茶条槭、火炬树等，充分体现植物秋季叶色的变化。

(4)冬干宁静而如睡。少量点缀的常绿树，带给人们宁静、雅致的冬季景观，主要植物品种有云杉、桧柏等。

四、部分设计图纸

某居住区部分设计图纸如图 4-3-6、图 4-3-7 所示。

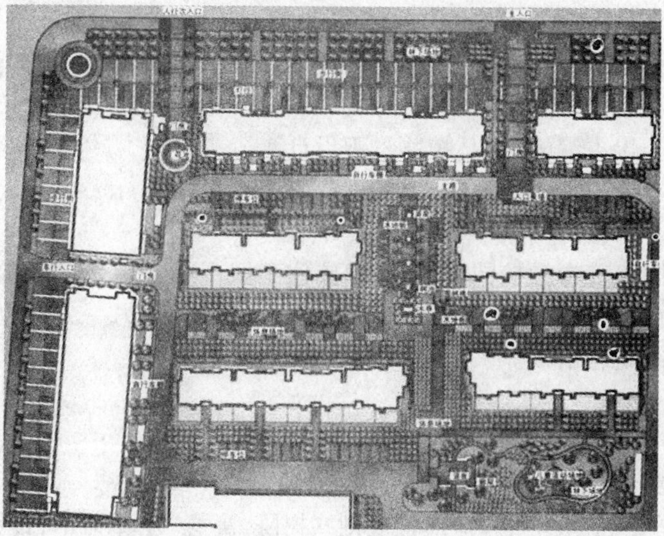

图 4-3-6　某居住区平面效果图

图 4-3-7　某居住区局部透视效果图

案例三　某中学校园后庭植物种植设计

本案例选自金煜主编的《园林植物景观设计》。

一、项目概况

本项目是沈阳市某中学校园后庭，该学校位于城市中心地带，周围高楼林立、车流量较大，本项目一方面为在校师生提供一个休闲、娱乐的场所，另一方面也作为城市绿化的组成部分与城市绿地相衔接。

二、景观设计

以植物造景为主，主要的景观如下：

(1)国槐树阵。在庭园西入口设置规则式树阵，寓意“十年树木，百年树人”。

(2)“温故亭”和“知新亭”。庭园的小广场中设计“温故”和“知新”两亭，提醒学生应该学会“温故而知新”，周围利用植物进行围合，形成半私密空间，方便学生学习和交流。

(3)绿溪。在北门前的硬质铺装中设计一条蜿蜒的“绿带”取名“绿溪”，其间布石、栽植球形灌木，象征漫长崎岖但充满新奇的求知路。

(4)杏林景观。结合微地形，自然式群植山杏，山杏早春开花，花色淡雅，树形优美，有极高的观赏价值；而且杏林还寓意讲坛，象征教书育人，能够突出校园的文化特色。

三、种植设计

(一)原则

(1)遵循生态学原理，做到适地适树。该地段地处闹市，临近街道，又位于教学楼北侧，所以该地段应该以抗污染、耐阴或者耐半阴植物为主。

(2)遵循美学原则，注意景观的创造。注意植物的观赏效果、色彩、形态以及季相等的搭配。

(3)立足校园环境，创造文化氛围。应该注意选择具有文化内涵的植物以表现校园文化特点，突出学校的特色。

(4)服务于师生，提高绿地使用功能。植物配置还应注重使用功能，该地段是为学校师生提供休闲活动的场所，所以应从师生的需要出发，合理地配置植物，比如可以利用植物为学生创造一个安静的读书角等。

(二)植物栽植方式

植物栽植以自然式为主，某些地段结合景观的需要采用规则式栽植。该地段外围栽植高大乔木，内部以花灌木为主，适当点缀造景植物。

(三)植物的选择

在场地西北角栽植高大常绿植物云杉形成防风屏障，场地的外围沿围墙栽植落叶乔木新疆杨，形成围合，内部结合地形栽植栾树、银杏、五角枫、云杉、忍冬、京桃、山杏等季相变化明显、观赏价值高的植物，在靠近建筑物的全阴区(终年无光照的区域)栽植冷杉、珍珠梅等耐阴的植物，入口空间和活动空间规则式栽植株形整齐的国槐，形成规整的林下交通空间和活动空间。

常绿植物：油松、云杉、冷杉；

阔叶乔木：新疆杨、栾树、国槐、五角枫、京桃、山杏、紫叶李；

灌木：忍冬、连翘、朝鲜黄杨、金山绣线菊、红瑞木、珍珠梅。

四、部分设计图纸

某中学校园部分设计图纸如图 4-3-8 ~ 图 4-3-11 所示。

图 4-3-8 总体鸟瞰图

图 4-3-9 休闲娱乐区景观效果

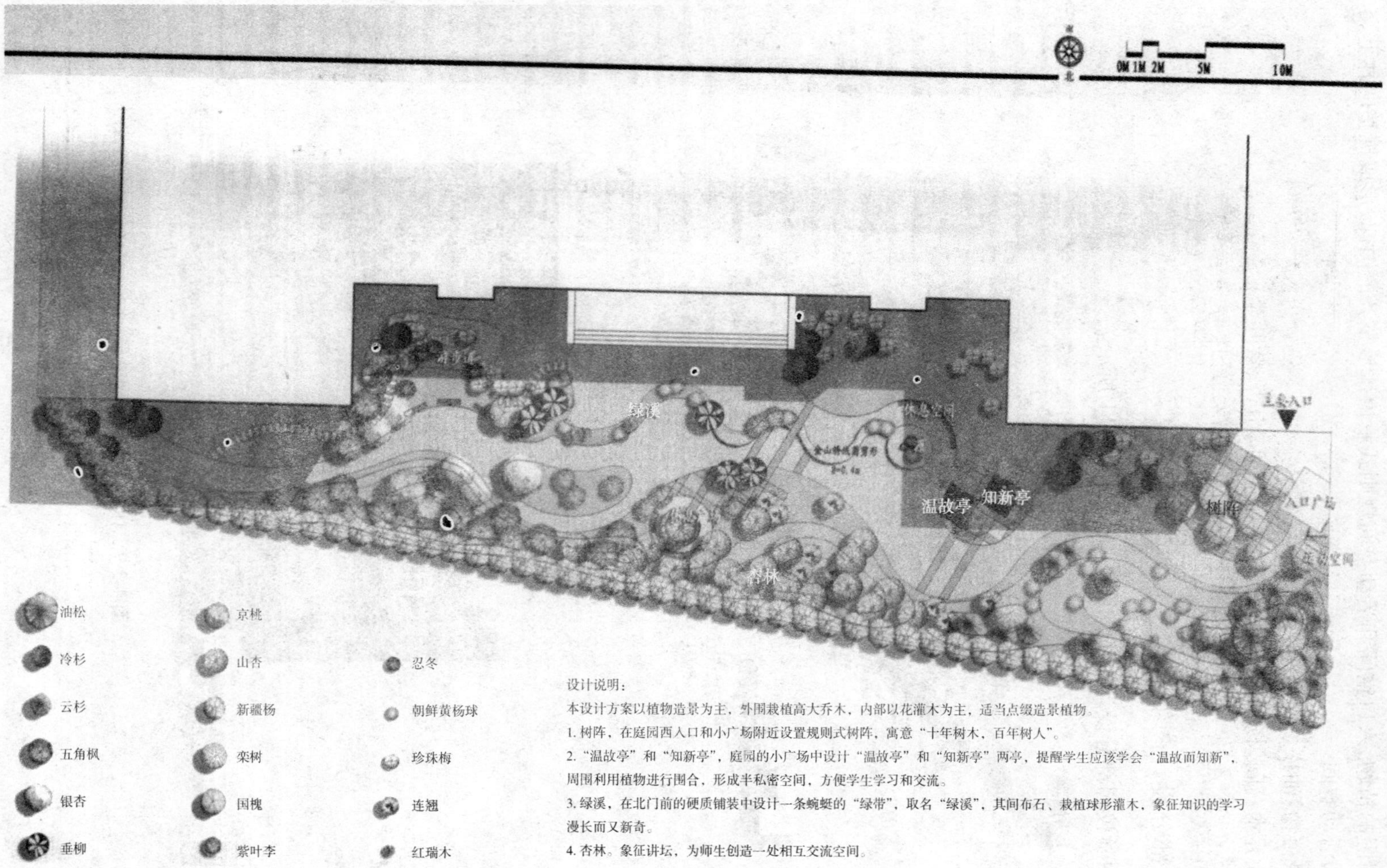

图 4-3-10　植物种植平面图

图 4-3-11　国槐树阵效果

案例四　翠怡花园别墅区绿地景观规划

选自湖南一建园林景观设计公司设计作品。

一、概况

该别墅住宅区位于长沙市韶山路东侧，规划总用地面积 18 683 m^2，总建筑面积 5 059 m^2，地下车库面积 7 389 m^2，绿地面积 6 416 m^2。

二、设计主题

人，亲水，自然。

三、设计思路及原则

以亲水为主题，尝试在住宅区内以水作为布置景观的主线，体现水的自然特性以及与水相关的自然景观，与环境融为一体；以再现自然、改善和维护小区生态平衡为宗旨，以人与自然共存为目标，达到生态效益、社会效益统一；以园林绿化的系统性、生物发展的多样性、水环境的可持续性为使命，对小区环境进行设计，达到平面上的系统性、空间上的层次性、时间上的相关性。

四、种植设计

本小区在植物的选择上充分考虑了植物四季季相变化和色彩搭配，以便在不同季节形成不同的景致。在植物配置中适度加大了乔木的栽植数量。同时，植物造景上注意了植物的多样性，乔木、灌木、草坪的合理组合，常绿树与落叶树的比例搭配等方面都更加合理。

在整个小区的绿化环境设计中，根据各区域的不同位置和使用功能的差异，在植物选择上也加以侧重。在小区的主要入口，采用种植蒲葵、桂花、香樟等，配以小乔木红枫、龙柏和低矮灌木，形成立体感强、层次丰富的植物组景作为入口对景。在老少同乐区，则配置冠大荫浓的常绿阔叶乔木如桂花、竹柏等树木，为在此区域活动的孩子和老人提供一个较为阴凉、舒适的室外场地活动环境。在休闲活动网球场的旁边配置香樟树林，形成质感很强的立体画面。在小溪两侧配置大量的秋色叶树种水杉，其高大笔直的雄姿及倒映水中的倒影相映成趣。中心大面积水景区，通过组团式配置大乔木、小乔木、灌木作主景，和宽阔的水面形成一开一合的视野场景。

五、部分设计图纸

该别墅区绿地规划部分图纸如图 4-3-12、图 4-3-13 所示。

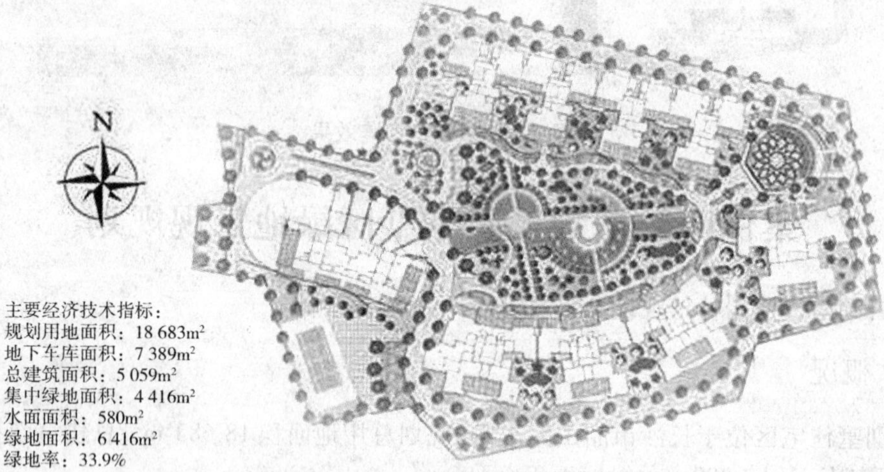

图 4-3-12　总平面图

图 4-3-13　局部效果图(旱喷广场)

案例五　北京香格里拉饭店庭园环境设计

本案例选自 EDSA Orient 公司设计作品。

一、设计内容

(1)香巴拉茶座景区环境。由富有特色的铺地、装饰花钵、灯饰,形成大堂的出口环境;通过植栽的搭配,形成一个视线通透、四季常绿、温馨自然的室外消费环境。

(2)飞花逐水景区环境。水溪由涌泉跌落形成三层小落差的流动水景,周边绿色植栽为背景,其间桃红柳绿,色彩艳丽,配以漂浮在水中的水生植物——睡莲,形成了一幅美妙生动的酒店大堂前景观。

(3)桃源香溪景区环境。保留现状中式亭廊自然水溪,以现状地形及植栽为基础,大量增加中低层植物(介于大乔木与草坪之间的小乔木、灌木及地被)。突出茂密的,错落有致的、层次感强的植栽效果。

(4)和枫雅亭景区环境。以婚庆为主题的木亭为主体,配以大树林荫,微地形起伏,清新自然的大草坪,组合成共享的环境空间,形成视觉的焦点,使环境具有参与和亲和力。

(5)望月华庭景区。将现有冬亭与溪流进行改造,结合现有地形和种植、铺地,改造成自然、安静、怡人的休息空间。

二、种植设计说明

选择适地生长的多种耐阴植物、水生植物、地被植物、常绿植物,形成多层次的配植效果,突出低矮灌木和修剪植物的成片群植以及疏林草地的景观效果,体现方案构思。创造出一种轻松愉快、山水相依、疏密有致、地形起伏、景色优美的室外环境,通过植物造景构成春夏秋冬三季有花、四季长青的人居环境。

春季以观花的花灌木、小乔木以及绿叶早出的大乔木、草坪为主要表现主景;夏季以夏季开花植物、地被花卉及高大冠形好的大乔木构成主景;秋季主要以可观赏的各色秋叶、落叶晚、秋花植物为构成主景。

三、部分设计图纸

饭店庭园环境部分设计图纸如图 4-3-14 ~ 图 4-3-16 所示。

1. FOUNTAIN 喷泉
2. EXISTING WATERWAY 现状水文
3. WEDDING GAZEBO 婚宴凉亭
4. EXISTING PAVILION 亭子
5. MANICURED LAWN 草坪
6. LOBBY TERRACE 大厅露台
7. GARDEN CAFE TERRACE 户外咖啡厅
8. LOBBY LOUNGE 酒店大堂
9. TESTAURANT 餐厅
10. FIRE TRUCK ACCESS 防火通道
11. EXISTING WALL 现状围墙
12. INDOOR TENNIS FACILITY 室内网球场
13. WATER FEATURE AT STEPS 叠水喷泉
14. EXISTING PEDESTRIAN BRIDGE 现状步行桥
15. EXISTING WATERFALL 现状瀑布
16. BAMBOOS 竹林
17. LANDSCAPING AT BUILDING 景观植栽
18. CASCADE 叠水瀑布
19. SERVICE ACCESS 服务通道
20. STAFF PAVILION 售卖亭
21. VIEWING POOL W/BUBBLERS 喷泉水池

图 4-3-14　总平面方案

图 4-3-15　局部景观效果图(一)

图 4-3-16　局部景观效果图(二)

附:部分植物景观图片

附图 1 英国谢菲尔德公园内有四个高低不等的湖面,遍植各种不同体形、色彩的乔灌木及奇异花卉,美不胜收。整个花园也以缤纷的植物色彩、美丽的植物景观而闻名。

附图 2 上海辰山植物园旱溪花境中应用了大量的观花植物,如红色系的天人菊、美丽月见草、月季等,蓝色系的密花千屈菜、柳叶马鞭草等,黄色系的大花金鸡菊、黄金菊等,白色系的滨菊、毛地黄等;还应用了大量的观赏草品种,如矮蒲苇、细叶芒等,点缀了金森女贞、银姬小蜡等彩叶花灌木,打造了三季有花、四季有景的盛景,植物景观层次丰富,还极富自然野趣。

附图3 叠泉两旁波浪状的红花(一串红)依势而下,形成声、形、色并茂的宜人景观。

附图4 庭园一隅,色彩艳丽的花卉随地势栽植或组合盆栽,为生硬的建筑增添了几分生气。

附图5 精致的坡顶竹屋巧饰悬吊盆栽及色彩丰富的草花，配以体量适中的水车，勾勒出一幅描述世俗风情的景观画面。

附图6 大王椰子呈线性列植于建筑入口前，尽现南国风情，且与长方形草境相映成趣，共同延伸空间。

参考文献

[1] 赵良军. 观赏植物生物学[M]. 北京:中国农业大学出版社,2002.
[2] 张天麟. 园林树木 1 200 种[M]. 北京:中国建筑工业出版社,2006.
[3] 陈有民. 园林树木学[M]. 北京:中国林业出版社,1990.
[4] 卓丽环. 园林树木学[M]. 北京:中国农业出版社,2004.
[5] 臧德奎. 园林树木学[M]. 北京:中国建筑工业出版社,2007.
[6] 孙居文. 园林树木学[M]. 上海:上海交通大学出版社,2003.
[7] 郑相如,等. 植物学[M]. 北京:中国农业大学出版社,2001.
[8] 北京林业大学园林系花卉教研室. 花卉学[M]. 北京:中国林业出版社,1990.
[9] 陈俊愉. 中国花卉品种分类学[M]. 北京:中国林业出版社,2000.
[10] 包满珠. 花卉学[M]. 北京:中国农业出版社,2003.
[11] 芦建国. 花卉学[M]. 南京:东南大学出版社,2004.
[12] 陈卫元. 花卉栽培[M]. 北京:化学工业出版社,2005.
[13] 刘燕. 园林花卉学[M]. 北京:中国林业出版社,2003.
[14] 金波. 花卉宝典[M]. 北京:中国林业出版社,2005.
[15] 张建新. 园林植物[M]. 北京:科学出版社,2005.
[16] 陆时万,吴国芳,等. 植物学[M]. 北京:高等教育出版社,1991.
[17] 邓小飞. 园林植物[M]. 武汉:华中科技大学出版社,2008.
[18] 傅国立,陈潭清,等. 中国高等植物(第三卷)[M]. 青岛:青岛出版社,2000.
[19] 张文静,许桂芳. 园林植物[M]. 郑州:黄河水利出版社,2010.
[20] 郭淑英,曾佑炜. 园林花卉[M]. 北京:中国水利水电出版社,2012.
[21] 潘文明. 观赏树木[M]. 北京:中国农业出版社,2008.
[22] 顾昌华,刘明智. 园林植物识别技术[M]. 南京:江苏教育出版社,2011.
[23] 张建新,许桂芳. 园林花卉[M]. 北京:科学出版社,2011.
[24] 苏雪痕. 植物造景[M]. 北京:中国林业出版社,1991.
[25] 鲁涤非. 花卉学[M]. 北京:中国农业出版社,2002.
[26] 李宇宏. 景观设计基础[M]. 北京:电子工业出版社,2010.
[27] 周洪义,张清,等. 园林景观植物图鉴[M]. 北京:中国林业出版社,2009.
[28] 中国数字植物标本馆 http://v2. cvh. org. cn/
[29] 中国花卉网 http://news. china - flower. com/
[30] 金煜. 园林植物景观设计[M]. 沈阳:沈阳科学技术出版社,2008.
[31] 刘荣凤. 园林植物景观设计与应用[M]. 北京:中国电力出版社,2008.
[32] 区伟耕. 园林景观设计资料集. 园林植物[M]. 乌鲁木齐:新疆科技卫生出版社,2002.